职业教育园林园艺类专业系列教材

园林植物病虫害防治

主　编　吴庆丽　杨晓朱
副主编　秦　刚　王海荣　姚　丽
参　编　曹艳春　侯慧锋　蒋跃军　雷　琼　李海辉　刘润叶
　　　　刘　挺　刘　玮　黄艳飞　孙龙华　武目涛　杨　林
　　　　阳　淑　卓　侃
主　审　廖金铃

机械工业出版社

本书主要内容包括园林植物昆虫基础知识、园林植物病害基础知识、园林植物病虫害管理的原理及方法、园林植物主要害虫及防治、园林植物主要病害及防治5个单元。

本书可作为职业院校园林技术、园林工程技术、风景园林、观赏园艺、休闲农业等专业的核心教材，也可作为成人教育相关专业教材，亦可为市政园林管理人员和家庭养花爱好者提供借鉴，还可供农林生产企业的技术主管、部门经理、技术人员、农资销售人员及自主创业者参考。

为方便教学，本书配有电子课件、习题答案与微课视频，凡选用本书作为授课教材的教师均可登录 www.cmpedu.com 以教师身份注册、下载，或加入机工社园林园艺专家群（425764048）索取。如有疑问，请拨打编辑电话 010-88379373。

图书在版编目（CIP）数据

园林植物病虫害防治/吴庆丽，杨晓朱主编 . —北京：机械工业出版社，2018.5（2023.8 重印）
职业教育园林园艺类专业系列教材
ISBN 978-7-111-59561-8

Ⅰ.①园… Ⅱ.①吴…②杨… Ⅲ.①园林植物-病虫害防治-职业教育-教材 Ⅳ.①S436.8

中国版本图书馆 CIP 数据核字（2018）第 063297 号

机械工业出版社（北京市百万庄大街 22 号 邮政编码 100037）
策划编辑：覃密道 责任编辑：覃密道
责任校对：刘雅娜 封面设计：马精明
责任印制：单爱军
北京虎彩文化传播有限公司印刷
2023 年 8 月第 1 版第 7 次印刷
210mm×285mm·12.5 印张·372 千字
标准书号：ISBN 978-7-111-59561-8
定价：39.80 元

电话服务 网络服务
客服电话：010-88361066 机 工 官 网：www.cmpbook.com
010-88379833 机 工 官 博：weibo.com/cmp1952
010-68326294 金 书 网：www.golden-book.com
封底无防伪标均为盗版 机工教育服务网：www.cmpedu.com

前　言

随着国民生活质量的提高，我国园林绿化事业发展迅速。然而园林植物在生长发育过程中，常遭受病、虫、杂草的为害，严重影响园林植物的经济价值及观赏价值。随着生态园林理念的提出，园林病虫害的可持续控制显得尤为重要。

本书根据职业教育特点，在广泛收集国内外有关园林植物病虫害防治资料的基础上，结合编者多年来从事园林植物病虫害教学和园林生产一线技术指导的经验，理论联系实际，本着加强科学性、针对性、实用性和创新性的原则，介绍了园林植物病虫害防治基础知识和基本技能。

全书分为园林植物昆虫基础知识、园林植物病害基础知识、园林植物病虫害管理的原理及方法、园林植物主要害虫及防治、园林植物主要病害及防治5个单元。

本书由成都农业科技职业学院吴庆丽、广东生态工程职业学院杨晓朱担任主编，成都农业科技职业学院秦刚、辽宁农业职业技术学院王海荣、成都农业科技职业学院姚丽担任副主编。全书由吴庆丽负责统稿，廖金铃主审。编写分工如下：单元1课题1、单元2课题4、单元3课题2、实训11、实训15、各单元复习题由吴庆丽编写；单元2课题5、单元5课题1、实训8由杨晓朱编写；单元1课题2、单元2课题2、单元4课题3、实训1~3由秦刚编写；单元3课题1、实训14由王海荣编写；单元1课题4、单元4课题1、实训4~6由姚丽编写；单元3课题3、实训16~17由黄艳飞编写；单元1课题3由曹艳春编写；单元4课题2由侯慧锋编写；单元4课题4由雷琼编写；单元2课题1、实训7由刘挺编写；单元2课题3由武目涛编写；单元5课题2由李海辉编写；单元5课题3由卓侃编写；实训9由孙龙华编写；实训10由刘玮编写；实训12由蒋跃军编写；实训13由杨林编写；实训18由阳淑编写；实训19由刘润叶编写。

本书的编写得到了成都农业科技职业学院、广东生态工程职业学院、河南职业技术学院、杨凌职业技术学院、广州起义烈士陵园、都江堰市职业中学、广州市林业和园林科学研究院、广东出入境检验检疫局的专家、领导和老师的大力支持和关心，在此表示感谢。

本书可作为职业院校园林技术、园林工程技术、风景园林、观赏园艺、休闲农业等专业的核心教材，也可作为成人教育相关专业教材，亦可为市政园林管理人员和家庭养花爱好者提供借鉴。

由于编者水平有限，书中错误、疏漏之处在所难免，敬请各位专家和同行批评指正，以便及时改进、补充和完善。

编　者

目　录

单元1 园林植物昆虫基础知识

 学习目标

通过对昆虫外部形态、内部器官、生物学特性、分类知识、昆虫与环境等相关内容的学习，为园林植物害虫综合防治奠定基础。

 知识目标

1. 掌握昆虫口器、触角、足和翅的类型以及目科分类知识。
2. 熟悉昆虫的生殖、各发育阶段特点及变态类型。
3. 了解昆虫口器类型、体壁构造与害虫防治的关系。
4. 了解昆虫与环境的关系。

 能力目标

1. 能准确识别昆虫的口器、触角、足和翅的类型。
2. 能正确使用体视显微镜。
3. 能熟练制作昆虫标本。
4. 对常见园林昆虫能准确鉴定到目、科。

对园林植物有害的动物中，绝大多数是昆虫。昆虫属于动物界，节肢动物门，昆虫纲，是动物界中最大的类群。昆虫的种类繁多，形态各异，而且分布广，适应性强，遍布于人类所能到达的每一个地方。无论是在冰雪覆盖的极地和高山，还是在几米深的土壤中；无论是在江河、湖泊、海洋，还是在干热的沙漠、阴湿的雨林，都能见到它们的踪迹。

昆虫与人类的关系密切。许多昆虫为害园林植物，如天牛、刺蛾、蓑蛾、蚜虫、介壳虫等；有些昆虫还能传染人畜疾病，如蚊、蝇、跳蚤等，这些昆虫对人类有害，称为害虫。有些昆虫可以帮助人们消灭害虫，如螳螂、捕食性瓢虫、寄生蜂等，称为天敌；有些昆虫能帮助植物授粉或为人类创造财富，如蜜蜂、家蚕、白蜡虫、紫胶虫、五倍子蚜等，它们都对人类有益，称为益虫。识别和研究与园林植物有关的害虫和天敌，加以防治或利用，是园林植物保护的重要任务之一。

课题1 昆虫的外部形态

昆虫因为种类、虫期、性别、地域分布及季节差异，其外部形态变化很大，但其基本结构是一致的。昆虫纲成虫的共同特征是：①体左右对称，由一系列体节组成，整个身体被一层坚韧的体壁所包围，称为"外骨骼"。②身体分为头、胸、腹3个体段。头部有口器和1对触角，通常还有1对复眼和1~3个单眼；胸部由3个体节组成，具有3对足和2对翅；腹部一般由9~11个体节组成，末端有外生殖器，有的还有1对尾须（图1-1）。③中后胸及腹部1~8节两侧各有1对气门，用气管呼吸。④从卵变为成虫的发育过程中要经过变态。

广义的农林害虫还包括一些螨类和软体动物。螨类和常见的蜘蛛都不是昆虫，属于节肢动物门蛛形纲。蜘蛛身体分为头胸部和腹部两部分，有4对足，无翅，无触角；其中许多能捕食害虫，应加以保护。螨类个体很小，体不分节，有4对足。多数是植食性螨类，为害植物，常造成很大损失。还有一些肉食性螨类可以捕食害虫，如智利小植绥螨，现已研究利用。软体动物主要有蜗牛和蛞蝓等，属于软体动物门腹足纲。蜗牛有椭圆形的贝壳，头上有2对触角；蛞蝓无贝壳。它们啃食园林植物的花、芽、嫩茎及果实，造成叶片缺刻、孔洞及幼苗倒伏、果实腐烂。

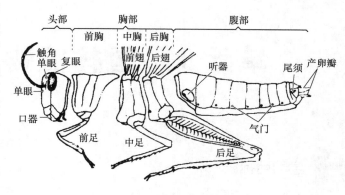

图 1-1　蝗虫体躯的构造

一、昆虫的头部

头部是昆虫的第一个体段，它以膜质的颈与胸部相连。头部通常生有口器，1对触角，1对复眼，1~3个单眼，是昆虫感觉和取食的中心。

（一）触角

触角着生在头部的前方或两复眼之间，表面有许多与神经相连的感觉器，具有嗅觉和触觉的功能，可以帮助昆虫觅食、求偶和寻找产卵场所，是昆虫感觉和信息传递的重要器官。触角由柄节、梗节、鞭节3部分构成（图1-2）。

昆虫因种类、性别不同，常具有不同的触角类型（图1-3），人们可根据触角的类型辨别昆虫的种类和性别。

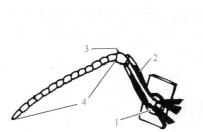

图 1-2　触角的基本构造
1—触角窝　2—柄节
3—梗节　4—鞭节

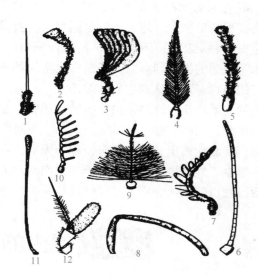

图 1-3　昆虫触角的构造与类型
1—刚毛状　2—锤状　3—鳃片状　4—羽毛状（双栉齿状）　5—念珠状
6—丝状（线状）　7—锯齿状　8—膝状（肘状）　9—环毛状
10—栉齿状（梳状）　11—棒状（球杆状）　12—具芒状

丝状（线状）：触角细长如丝，除柄节、梗节略粗外，其余各节大小、形状相似，向端部逐渐变细，如蝗虫、螽斯、蜡、天牛等的触角。丝状触角是昆虫中最常见的类型。

刚毛状：触角短，柄节与梗节较粗大，其余各节细似刚毛，如蝉、叶蝉、蜻蜓等的触角。

棒状（球杆状）：结构与线状触角相似，但近端部数节逐渐膨大如棒，如蝶类的触角。

鳃片状：鞭节的端部数节（3~7节）延展成薄片状叠合在一起，状如鱼鳃，如金龟甲的触角。

念珠状（串珠状）：鞭节由近似圆珠形的小节组成，大小一致，像一串念珠，如白蚁的触角。

锯齿状：鞭节的各亚节向一侧突出，呈锯齿状，如芜菁和多数叩头甲的触角。

栉齿状（梳状）：鞭节各亚节向一侧突出成梳齿，整个触角形如梳子，如雄性绿豆象等的触角。

羽毛状（双栉齿状）：鞭节各亚节向两侧突出成细枝状，形如篦子或羽毛，如许多雄蛾的触角。

膝状（肘状）：柄节极长，梗节短小，鞭节由若干大小相似的亚节组成，在柄节与鞭节之间呈膝状或肘状弯曲，如蜜蜂、蚂蚁、胡蜂、部分象甲的触角。

具芒状：触角较短，一般分为3节，第三节特别膨大，其上有一刚毛状的构造，称为触角芒，芒上有时还有许多细毛，如蝇类的触角。

环毛状：除柄节和梗节外，鞭节的各亚节环生一圈细毛，愈靠近基部的细毛愈长，如雄蚊和摇蚊的触角。

（二）眼

眼是昆虫的视觉器官。在栖息、觅食、繁殖、避敌和决定行动方向等各种活动中起着很重要的作用。昆虫的眼有复眼和单眼两种。

单眼一般为3个，位于两复眼之间，排列成倒三角形。单眼只能分辨光线的强弱和方向，不能看清物体的形状。单眼的有无、数目和着生位置常被用作分类特征。

复眼为1对，由许多小眼组成，是昆虫的主要视觉器官，可分辨物体的颜色和形象。复眼对光的强度、波长、颜色等很敏感，它能看到波长在330~400nm的紫外线光，所以黑光灯具有强大的诱虫作用。很多昆虫表现出趋色反应，多数是由复眼接收不同的光波而决定的。如蚜虫在飞翔活动中，往往选择在黄色的物体上降落，对黄色具有趋性，就是这个道理。

（三）口器

口器是昆虫的取食器官。由于食性和取食方式的不同，形成了不同的口器类型。常见的主要是咀嚼式和吸收式两大类。吸收式口器又因吸收方式不同，分为咀嚼式、刺吸式、虹吸式、锉吸式和舐吸式等。

1. 咀嚼式口器

咀嚼式口器构造简单，由上唇、上颚、下颚、下唇和舌5部分组成（图1-4）。常见的一些园林植物害虫，如蝗虫、蝼蛄、天牛、叶甲、金龟甲等的成虫和幼虫，刺蛾、蓑蛾、潜叶蛾、叶蜂等的幼虫，都是咀嚼式口器。咀嚼式口器昆虫为害植物的共同特点是咬食植物组织，使植物形成缺刻、孔洞，严重时将叶肉吃光，仅留网状叶脉，甚至全部被吃光。钻蛀性害虫常将茎秆、果实等蛀成隧道和孔洞等。有的钻入叶中潜食叶肉，形成迂回曲折的蛇形隧道。有的啃食叶肉和下表皮，留下透明的上表皮。有的咬断幼苗的根或根茎，造成幼苗萎蔫枯死。还有的吐丝卷叶、缀叶等。

2. 刺吸式口器

刺吸式口器由咀嚼式口器演化而成。上唇退化成三角形小片，下唇延长成管状的喙，上、下颚特化为口针。取食时上下颚口针交替刺入植物组织内吸取植物汁液（图1-5）。

刺吸式口器的害虫对园林植物的为害主要表现为三点：一是吸取植物汁液，造成植物营养丧失，生长衰弱；二是分泌的唾液中含有毒素、抑制素或生长激素，使得植物叶绿素破坏而出现黄斑、变色，细胞分裂受到抑制而形成皱缩、卷曲，细胞增殖而形成虫瘿等；三是传播植物病毒病，如蚜虫、叶蝉、木虱等，其传播病毒病所造成的损失往往大于害虫本身所造成的危害。

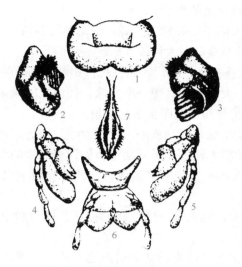
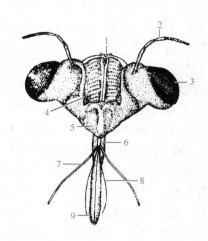

图1-4　咀嚼式口器（蝗虫）
1—上唇　2、3—上颚　4、5—下颚
6—下唇　7—舌

图1-5　刺吸式口器（蝉）
1—单眼　2—触角　3—复眼　4—唇基　5—前唇基
6—上唇　7—上颚　8—下颚　9—下唇

　　了解昆虫口器的类型及其为害特点，对识别昆虫和防治害虫具有重要意义。我们可以根据植物的被害状判断害虫的类别。同时，还可以针对不同口器类型的特点，选用适宜的农药进行防治。咀嚼式口器害虫必须将固体食物切磨后吞入肠胃中，因此，应用胃毒作用的杀虫剂喷洒到植物表面或做成毒饵，通过进食致死害虫。刺吸式口器的昆虫以口针刺入植物体内吸食汁液，胃毒剂不能进入它们的消化道而发生致毒作用，只有内吸性杀虫剂才能达到较好的防治效果。而触杀和熏蒸作用的药剂则不受口器类型限制，无论对咀嚼式还是刺吸式口器的害虫都具有致毒作用。

二、昆虫的胸部

　　胸部是昆虫的第二个体段，由前胸、中胸和后胸3个体节组成。每一胸节着生1对分节的足，依次称为前足、中足和后足。大多数昆虫的中胸和后胸的侧上方各着生1对翅，分别称为前翅和后翅。足和翅是昆虫的运动器官，因此胸部是昆虫的运动中心。

（一）胸足

　　昆虫成虫胸足一般分为6节，由基部向端部依次称为基节、转节、腿节、胫节、跗节和前跗节（图1-6）。

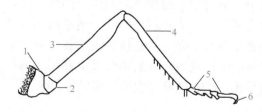

图1-6　昆虫成虫胸足的基本构造
1—基节　2—转节　3—腿节　4—胫节　5—跗节　6—前跗节

　　因生活环境和生活方式不同，昆虫胸足的形状和构造也发生了相应变化。常见的胸足类型有如下几种（图1-7）。

　　步行足：是昆虫中最常见的一种类型，足的各节无特殊变化。一般比较细长，适于行走，如步甲、天牛、瓢甲等的足。

跳跃足：腿节特别膨大发达，胫节细长，适于跳跃，如蝗虫、螽斯、蟋蟀等的后足。

开掘足：胫节宽扁，外缘有齿。适于土壤中生活，有利于切断根茎，开掘隧道，如蝼蛄等在土中活动的昆虫的前足。

捕捉足：基节延长，腿节腹面有槽，槽的外缘有刺，胫节的腹面也有刺，可嵌合在腿节的槽内，似一把铡刀，用以捕捉和抓紧猎物，防止其逃脱，如螳螂、猎蝽等的前足。

携粉足：胫节宽扁，外侧凹入，边缘嵌有长毛，形成一个"花粉篮"，用以采集和携带花粉，如蜜蜂中工蜂的后足。

游泳足：足扁平，胫节和跗节生有较长的缘毛，用于划水，如龙虱、仰蝽、负子蝽等水生昆虫的后足。

抱握足：足粗短，跗节膨大，有吸盘状构造，在交尾时用以抱住雌体，如雄性龙虱的前足。

攀缘足：各节较粗短，胫节端部具一指状突起，跗节和前跗节弯钩状，构成一个钳状构造，能牢牢抓住寄主毛发，如虱类的足。

了解昆虫足的构造及类型，对于识别昆虫、推断其栖息场所，研究它们的生活习性和为害方式，以及防治害虫和利用益虫都有一定的意义。

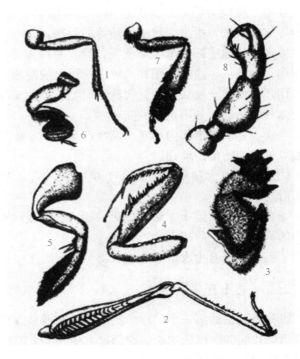

图 1-7 昆虫胸足的类型

1—步行足 2—跳跃足 3—开掘足 4—捕捉足
5—游泳足 6—抱握足 7—携粉足 8—攀缘足

（二）翅

翅是昆虫的飞行器官，昆虫一般具有 2 对翅，少数昆虫如蝇、蚊及介壳虫雄虫等只有 1 对前翅，后翅退化成平衡棒。有些昆虫的翅完全退化或消失，如蚂蚁、白蚁的工蚁和兵蚁等；有些昆虫雄虫具翅，而雌虫无翅，如蓑蛾、介壳虫；有些昆虫则在不同季节或某个世代无翅和有翅交替出现，如蚜虫。

1. 翅的构造

昆虫的翅一般为膜质，翅上有纵脉、横脉和翅室。近三角形，有 3 条边、3 个角、3 条褶，4 个区。前面的边叫前缘，外侧的边叫外缘，后面的边叫后缘。前后缘在胸部相连处所成的角叫肩角；前缘与外缘所夹的角叫顶角；外缘与后缘所夹的角叫臀角。翅上的基褶线、轭褶线、臀褶线分别把翅分成臀前区、臀区、轭区和腋区。有的昆虫翅的前缘有色深加厚的区域，称为翅痣（图 1-8）。

2. 翅的类型

昆虫翅的主要作用是飞行，一般为膜质。但有些种类的昆虫为了适应其特殊的生存环境，其翅的质地、形状和发达程度也发生了相应的变化，形成了各种不同类型的翅（图 1-9）。翅的质地类型是昆虫分目的重要依据之一。

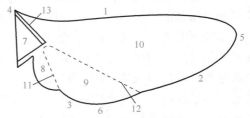

图 1-8 昆虫翅的基本构造

1—前缘 2—外缘 3—内缘 4—肩角 5—顶角 6—臀角
7—腋区 8—轭区 9—臀区 10—臀前区
11—轭褶 12—臀褶 13—基褶

膜翅：质地为膜质，薄而透明，翅脉清晰，如蜂类、蝉、蜻蜓等的前后翅；甲虫、蝗虫、蟒等的后翅。

覆翅：质地坚韧似革，半透明，静止时覆盖于体背，起保护作用，如蝗虫、螽斯、蟋蟀、螳螂等昆虫的前翅。

鞘翅：质地坚硬如角质，翅脉不可见，不用于飞行，用来保护体背和后翅，如甲虫类的前翅。

半翅：翅的基半部为革质，端半部为膜质，膜质区的翅脉清晰可见，如蝽类的前翅。

鳞翅：质地为膜质，但翅面上覆盖有鳞片，如蛾蝶类的前、后翅。

缨翅：质地为膜质，翅脉退化，翅狭长，翅缘有细长的缨毛，如蓟马的前、后翅。

平衡棒：翅退化成很小的棒状物，飞行时用以保持身体的平衡，如蚊、蝇的后翅。

图 1-9　昆虫翅的类型
1—覆翅　2—膜翅　3—鳞翅　4—半翅
5—缨翅　6—鞘翅　7—平衡棒

三、昆虫的腹部

腹部是昆虫的第三个体段。昆虫的内脏器官大部分在腹腔内，腹部末端有外生殖器，所以，腹部是昆虫新陈代谢和生殖的中心。腹部通常由 9~11 节组成，腹部 1~8 节两侧各有一对气门，用于呼吸。有些昆虫的腹部末端还有一对尾须。

四、昆虫的体壁

体壁是昆虫骨化了的皮肤，包被在昆虫体躯的外围，称为"外骨骼"。具有支撑身体、着生肌肉、保护内脏，防止体内水分过度蒸发及外部水分、微生物、有害物质的侵入。还能接受外界刺激，分泌各种化合物，调节昆虫的行为。

1. 体壁的构造

体壁由里向外分为底膜、皮细胞层和表皮层。底膜是紧贴在皮细胞层下的薄膜，是体壁与内脏的分界；皮细胞层由单层细胞所组成，部分细胞在发育的过程中特化成各种不同的腺体、刚毛、鳞片、刺、距等外长物。表皮层由内向外分为内表皮、外表皮、上表皮三层（图 1-10）。

2. 体壁与害虫防治的关系

体壁对昆虫具有良好的保护作用。体壁坚硬的程度、上表皮护蜡层、蜡层的厚度及体壁上被覆物（刚毛、鳞片、蜡粉）的有无等与害虫防治有密切关系。不同种类的昆虫及不同的龄期，其体壁的厚薄、软硬和被覆物的多少各不一致。凡体壁硬厚的（甲虫），或蜡质层厚的（如蚜虫、介壳虫等），杀虫剂就不容易透过，而像翅、节间膜、中垫等体壁薄弱的部分则是药剂侵入体内的主要途径。同一种昆虫幼龄期体壁较薄，尤其在刚蜕皮时，外表皮尚未完全形成，药剂也容易透过，所以，早期用药防

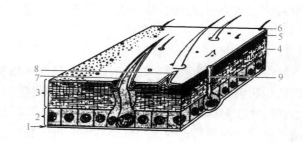

图 1-10　昆虫体壁的构造
1—底膜　2—皮细胞层　3—表皮层　4—内表皮　5—外表皮
6—上表皮　7—刚毛　8—表皮突起　9—皮细胞腺

治，可以提高杀虫效果。由于上表皮的亲脂性特点，油乳剂容易渗入体内，比同类药剂的粉剂和可湿性粉剂能发挥更大的杀虫作用。同样道理，药剂中加入一些矿物油和有机溶剂，也可提高杀虫效果。现代科学利用电离辐射，破坏虫体的蜡层，造成脱水死亡，或使用灭幼脲药剂，使虫体几丁质的合成受阻，不产生新皮，最终导致幼虫蜕皮受阻而死。

实训1 昆虫外部形态观察

1. 目的要求

1）认识昆虫体躯外部形态的一般特征。

2）了解昆虫的头式、口器、触角、足、翅及外生殖器等附器的基本构造及类型。

2. 材料及用具

蝗虫、蜜蜂、蝉、蝼蛄、家蝇、蝴蝶、蛾类、蟀、螳螂、龙虱、草蛉、金龟甲、步行虫、蚜虫、蓟马、象甲等浸渍标本或针插标本。

放大镜、体视显微镜、解剖剪、挑针、镊子。

3. 内容与方法

1）观察昆虫体段划分。用放大镜观察蝗虫的体躯，注意体外包被的外骨骼、体躯分节情况和头、胸、腹3个体段的划分。触角、眼（复眼、单眼）、口器、足、翅以及气门、听器、尾须、雌雄外生殖器等的着生位置和形态。

2）触角的观察。

3）足的观察。

4）翅的观察。

5）昆虫口器的观察。

6）观察头式。取步行虫、蝗虫、蟀，观察其口器在头部着生的位置和方向，区分前口式、下口式和后口式。

4. 实训作业

1）昆虫的咀嚼口器和刺吸口器在构造上有何主要区别？

2）描述供试昆虫口器类型。

3）描述供试昆虫触角类型。

4）列表描述供试昆虫前足和后足类型。

5）列表描述供试昆虫前翅和后翅类型。

复习题

1. 填空题

1）昆虫的头式分为（　　）、（　　）、（　　）三种类型。

2）昆虫触角的基本构造由（　　）、（　　）和（　　）三个部分构成。

3）触角类型有（　）、（　）、（　）、（　）、（　）、（　）、（　）等。

4）昆虫的眼有（　　）和（　　）两种。

5）各种昆虫因食性和取食方式的不同，口器在构造上有不同的类型，主要有（　　）、（　　）、（　）、（　）、（　）等。

6）昆虫的胸部由3个体节组成，依次为（　　）、（　　）和（　　）。每个胸节的下侧方各生有（　　）对分节足，依次为（　　）、（　　）和（　　）足，多数昆虫在中、后胸上方各有（　　）对翅，依次为（　　）和（　　）翅。

7）昆虫成虫的胸足由（　）、（　）、（　）、（　）、（　）和（　）组成。

8）昆虫翅有三对边分别称（　　）、（　　）和（　　）。

9）昆虫体壁由（　　）、（　　）和（　　）三部分组成。

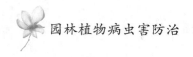

2. 简答题

1）简述昆虫成虫的一般特征。

2）如何根据昆虫口器类型进行药剂防治。

3）举例说明昆虫触角的功能。

4）简述昆虫体壁的功能。

3. 案例分析题

1）在某公园，有害虫将紫叶李的叶吃成孔洞和缺刻，严重情况下只残留叶柄和叶脉，你分析一下这类害虫是哪一类口器的害虫？对这一类害虫应选择哪类农药进行防治？

2）校园内的碧桃被害虫为害后，叶片变黄、皱缩、卷曲，不能正常生长。这一类害虫是哪一类口器的害虫？对这一类害虫应选择哪类农药进行防治？

3）某技术员张某看到绿地里的花卉被害虫严重为害，捉到虫子又不认识，你能帮助他吗？说一说你的识别方法。

课题 2　昆虫的生物学特性

一、昆虫的繁殖

昆虫在复杂的环境中经过长期的适应，其生殖方式也多种多样。归纳起来，主要有以下几种。

1. 两性生殖

两性生殖是昆虫最普遍的生殖方式，即通过雌雄交配，受精后产生受精卵，再发育成新的个体。

2. 孤雌生殖

也称单性生殖，指雌虫不经过交配，卵不受精就能发育成新个体。孤雌生殖可以在短时间内形成庞大的种群，对昆虫的广泛分布、种群的繁衍起到十分重要的作用。这种生殖方式可以看作是昆虫对不良环境的适应。

3. 多胚生殖

一个卵产生两个或更多胚胎的生殖方式。如赤眼蜂、小蜂、茧蜂等内寄生蜂。多胚生殖是昆虫对活物寄生的一种适应。

4. 卵胎生

卵在母体内孵化，直接从母体内产出幼体的生殖方式，如蚜虫。

昆虫多种多样的生殖方式和强大的生殖力是昆虫赖以生存的适应手段。如一头小地老虎雌蛾一生可产卵 800～1000 粒，1 只蜜蜂、白蚁甚至可产卵十万到几百万粒。有些昆虫个体产卵数量不多，但每年可以繁殖很多代，仍然能在短期内产生数量惊人的群体。了解害虫的生殖方式及繁殖能力，对防治工作具有重要意义。

二、昆虫的变态

昆虫在生长发育过程中，要经过一系列外部形态、内部器官和生活习性的变化，这种现象称为变态。常见变态有下列两种类型。

1. 不完全变态

发育过程分为卵、若虫、成虫 3 个虫期。若虫与成虫的外部形态和生活习性很相似，仅个体的大小、翅及生殖器官发育程度不同，所以幼虫称为若虫。如蝗虫、叶蝉、蜻类、蚜虫等（图 1-11）。

2. 完全变态

发育过程分为卵、幼虫、蛹、成虫 4 个虫期。由卵孵化出来的幼虫和成虫在外部形态和生活习性方面完全不同，这类幼虫必须经过不活动的蛹期才能转变为成虫。常见的如金龟甲、天牛等鞘翅目昆虫，蛾、蝶等鳞翅目昆虫，蚊、蝇等双翅目昆虫，以及草蛉等脉翅目昆虫等均属于完全变态（图 1-12）。

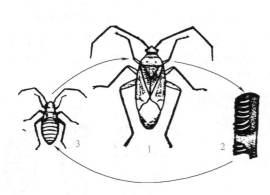

图 1-11　不完全变态
1—成虫　2—卵　3—若虫

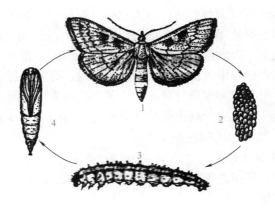

图 1-12　完全变态
1—成虫　2—卵　3—幼虫　4—蛹

三、昆虫发育的各个虫期

（一）卵期

卵是昆虫个体发育的第一个阶段，昆虫自卵产下到孵化出幼虫（若虫）所经历的时期称为卵期。昆虫卵是一个大型细胞，外层有一层起保护作用的坚硬卵壳，具有高度的不透性，一般杀虫剂很难侵入。各种昆虫卵的大小、形状、颜色和表面花纹都不相同。产卵的方式和场所也不一样，因而在鉴别昆虫种类和害虫防治上都具有一定的实践意义。

（二）幼虫期

幼虫或若虫破壳而出的过程称孵化。昆虫从卵孵化出来后到出现成虫特征前（不完全变态变为成虫或完全变态化蛹）的整个发育阶段，都可称为幼虫期（或若虫期）。幼虫期是昆虫取食生长期，也是主要为害时期。幼虫或若虫取食生长到一定阶段，受体壁限制，必须脱去旧皮，才能继续生长，这种现象，称为蜕皮。昆虫每蜕一次皮，就增加一龄。两次蜕皮间的时期为龄期。低龄幼虫体小取食少，暴露取食，群集危害植物，体壁薄，对药剂抵抗力弱；高龄幼虫体大取食多，隐蔽取食，分散危害植物，体壁增厚，对药剂抵抗力强。因此，药剂防治害虫的关键时期是低龄幼虫期。

完全变态类的昆虫因食性、习性、生活环境等都十分复杂，因此幼虫在形态上的变化极大。根据足的有无和数目，可以把完全变态的昆虫幼虫分为多足型、寡足型和无足型三类（图 1-13）。

1. 无足型

这类幼虫一般生活在极易获得食物的环境中，足基本退化。幼虫既无胸足，也无腹足，如蚊、蝇、天牛、象甲等幼虫。

2. 多足型

幼虫除有 3 对胸足外，还有 2~8 对腹足。腹足的数目随种类而异。一般蝶蛾类幼虫有 2~5 对腹足，膜翅目叶蜂类幼虫有 6~8 对腹足。

3. 寡足形

幼虫只有 3 对发达的胸足，但没有腹足，如金龟甲、瓢虫、叶

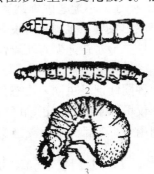

图 1-13　完全变态昆虫幼虫的类型
1—无足型　2—多足型　3—寡足型

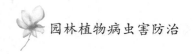

甲、草蛉的幼虫等。

（三）蛹期

末龄幼虫脱去最后的皮称为化蛹。蛹是一个不活动的虫期，缺少防御和逃避敌害的能力，易受敌害侵袭，而且对外界的不良环境抵抗力差，所以蛹期是昆虫生命活动的薄弱环节，也是防治的有利时机。如翻耕晒垡，捣毁蛹室，使其暴晒致死，或因暴露而增加天敌捕食、寄生的机会。蛹是完全变态类昆虫在胚后发育过程中，由幼虫转变为成虫时，必须经过的一个特有的静止虫态。蛹的生命活动虽然是相对静止的，但其内部却进行着将幼虫器官改造为成虫器官的剧烈变化。

完全变态昆虫的蛹根据其外部形态，可以分为 3 种类型，即离蛹（裸蛹）、被蛹和围蛹（图 1-14）。

1. 离蛹（裸蛹）

触角、足和翅等附肢与蛹体分离，可以活动，如金龟甲、蜂类、天牛等的蛹。

2. 被蛹

触角、足、翅等附肢紧贴蛹体上，不能活动，如蝶类、蛾类的蛹。

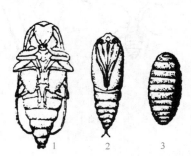

图 1-14　完全变态昆虫蛹的类型
1—离蛹　2—被蛹　3—围蛹

3. 围蛹

蛹体被末龄幼虫脱下的皮所形成的桶形蛹壳包住，里面是裸蛹，如蚊、蝇、虻类及一些蚧类雄虫的蛹。

（四）成虫期

不完全变态的若虫和完全变态的蛹，脱去最后一次皮变为成虫的过程叫羽化。从成虫羽化到成虫死亡所经过的时期称为成虫期。成虫期的主要任务是交配、产卵、繁殖后代。有些昆虫在羽化时，性器官已发育成熟，羽化后不需要取食即可交配产卵。这类成虫大多口器已经退化，寿命较短，一般对园林植物危害不大，如一些蛾类等。但多数昆虫羽化后，性器官并未成熟，需要继续取食，以满足其性器官发育对营养的需求，称为补充营养。

成虫期是昆虫个体发育的最后阶段，体型结构已经固定，种的特征已经显示，所以成虫的形态是昆虫分类的主要依据。部分昆虫成虫往往在雌雄之间或同种个体之间表现出形态上的差异，出现性二型和多型现象。

1. 性二型现象

大多数昆虫成虫的雌雄个体外形相似，仅外生殖器和性腺等第一特征不同，但也有许多昆虫成虫，除第一性征不同外，在体型、体色以及生活行为等方面还有着差异，这种现象称为"性二型"或"雌雄二型"。例如，小地老虎雄蛾触角羽毛状，雌蛾为丝状；蓑蛾的雌虫无翅，终生生活在护囊内，而雄虫具翅可飞出虫囊；雄蝉具有发音器而雌蝉没有；介壳虫雄虫具翅，雌虫无翅，这些都是显而易见的雌雄差别。性二型对快速调查雌雄性比，估测田间卵的数量，具有实际意义。

2. 多型现象

同种同性别昆虫同一虫态具有两种或两种以上个体类型的现象，称为多型现象。了解昆虫的多型现象，不仅可以帮助我们正确区分昆虫的种类和性别，同时对昆虫发生数量的预测预报，以及防治害虫、保护利用益虫等都具有重要意义。

四、昆虫的休眠和滞育

昆虫在生活周期中，常常出现生长发育或生殖暂时停止的现象，这种现象多发生在严冬和盛暑来临之前，故称为越冬或越夏。越冬和越夏是昆虫度过不良环境的一种适应方式。从生理上可分为两种不同情况，即休眠与滞育。

休眠是由不良的环境条件引起的生长发育暂时停止的现象。不良环境消除后即可恢复生长发育。假如把休眠的昆虫放在适宜其生长发育的条件下，饲以食料，则一年四季都能生长和繁殖。引起昆虫休眠的环境因子主要是温度和湿度。

滞育是由于外界环境条件和昆虫的遗传稳定性支配，造成昆虫的发育暂时停止的现象。滞育并非不利环境引起。一旦昆虫进入滞育，即使给予适宜的外界条件，也不能马上恢复生长发育，而必须通过一定的刺激因素，经过一定的时间，才能解除滞育状态。所以说滞育具有一定的遗传稳定性，这一点是与休眠根本上的不同。引起昆虫滞育的因子有光周期、温度和食料等，其中以光周期的作用最大。

五、世代和生活年史

1. 世代

昆虫自卵或幼体离开母体到成虫性成熟为止的个体发育周期，称为世代。各种昆虫完成 1 个世代所需时间（世代历期）不同，在 1 年内能完成的世代数也不同。有的昆虫 1 年只发生 1 代，如天幕毛虫、舞毒蛾等。有的昆虫 1 年能发生 2 代或更多代，如杨扇蛾一年可发生 2～6 代，蚜虫可多达 10 余代甚至 20～30 代。另外一些昆虫，完成 1 个世代所需时间很长，如金针虫 3 年完成 1 代。世代历期的长短和 1 年内发生的世代的多少，受种性遗传的支配，但也受气候因子（主要是温度）的影响。一般温暖地区比寒冷地区世代历期短，一年中发生的代数多。

2. 生活年史

昆虫由当年越冬虫态开始活动起，到第二年越冬结束为止的发育过程，称为生活年史。昆虫生活年史包括越冬（越夏）虫态和栖息场所、1 年中发生的世代、各世代各虫态的历期及生活习性等。了解害虫的生活年史，就能掌握其活动规律和生活周期中的薄弱环节，采取有效防治措施，进行防治。

六、昆虫的主要习性

昆虫的习性包括昆虫的活动和行为。昆虫的重要习性有食性、趋性、群集性、迁飞性和自卫性等几个方面。

1. 食性

昆虫在长期演化过程中，形成了对食物的一定要求。根据食物的来源不同，昆虫的食性可以分为植食性、肉食性、腐食性、杂食性。

植食性：以植物的各部分为食料，如蚜虫、松毛虫等均属此类。

肉食性：以其他动物为食料，又可分为捕食性和寄生性两类，如七星瓢虫、草蛉、寄生蜂、寄生蝇等，它们在害虫生物防治上有着重要意义。

腐食性：以动物的尸体、粪便或腐败植物为食料，如埋葬虫、蝇蛆等。

杂食性：兼食动物、植物等，如胡蜂、蜚蠊等。

昆虫在上述食性分化的基础上，还可根据其取食范围的广窄又可分为单食性、寡食性、多食性等。

单食性：以 1 种植物为食料，如葡萄天蛾。

寡食性：以 1 个科或少数近缘科植物为食料，如菜粉蝶。

多食性：以多个科的植物为食料，如蝗虫。

了解害虫的食性及其食性专化性，可以有效地实行轮作倒茬，利用合理的作物布局等农业措施防治害虫，同时对害虫天敌的选择与利用也有重要意义。

2. 趋性

趋性是昆虫对外界刺激所产生的定向反应。按照刺激物的性质，昆虫的趋性主要有趋光性、趋化性、趋温性、趋湿性、趋色性等。其中预测预报和防治中经常利用的趋性主要是趋光性和趋化性。

3. 群集性

群集性是指同种昆虫的大量个体高密度地聚集在一起的习性。群集性有永久群集和临时群集之分。

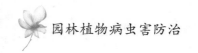

临时群集只是在某一虫态和某一段时间内群集在一起，过后便分散。例如茶毛虫、斜纹夜蛾等，初龄幼虫群集在一起，老龄时则分散为害。而永久性的群集，则是终生群集在一起，一旦群集，不再分散，而且群体向一个方向迁徙或进行远距离的迁飞，如蝗虫。根据昆虫群集的特性，可以在害虫群集时进行挑治和人工捕杀。

4. 迁飞与扩散

某些昆虫在成虫期，成群地从一个发生地长距离迁到另一个发生地，称为迁飞，如粘虫等。有些昆虫在环境不适应或食料不足时，由一个发生地近距离向另一个发生地迁移的特性称扩散。了解害虫迁飞、扩散规律，有助于人们掌握害虫消长动态，以便在其扩散之前及时防治。

5. 自卫性

昆虫在长期适应环境的演化中，获得了多种多样的保护自身免受其害的习性，称为自卫习性。其中，最为常见的是假死性、拟态和保护色。

假死性：有些昆虫遇到惊动后，立即收缩附肢，蜷缩一团坠地装死，称假死性，如金龟子、叶甲的成虫。人们可以利用其假死性，人为进行振落捕杀害虫。

拟态：昆虫模拟某些动物或植物的形态，从而使自己得到保护的现象。如食蚜蝇模拟蜜蜂，竹节虫模仿树枝，枯叶蝶模仿枯叶，从而可以逃避敌害。

保护色：某些昆虫具有与其生活环境背景相似的颜色，以此来躲避捕食性天敌的视线而保护自己。如蝗虫在青草地上呈绿色，到了秋季呈枯草色；枯叶蛾幼虫体色似枯树皮；枯叶蝶呈枯叶的颜色等，都是保护色的典型例子。

实训 2 昆虫变态和虫态观察

1. 目的要求

了解昆虫的变态类型，认识全变态和不全变态昆虫不同发育阶段各种主要类型的形态特征，为进一步识别害虫和学习昆虫的分类打下基础。

2. 材料及用具

蜻、斑衣蜡蝉、金龟甲、天牛、美国白蛾、黄守瓜、樟叶蜂、瓢虫、菜粉蝶、蝇类、蝗虫等生活史标本；瓢虫、草蛉、螟蛾、天幕毛虫、螳螂、蝗虫、菜粉蝶等的卵或卵块；各种幼虫的浸渍标本：蛴螬、金针虫、天牛、象鼻虫、瓢虫、天蛾、尺蛾、叶蜂、蝇类等；各种若虫标本：斑衣蜡蝉、蝗虫、蜻、蝉、蟋蟀等；昆虫各种蛹标本：蛾类、蝴蝶、天牛、胡蜂、金龟甲、瓢虫、蝇类等；凤蝶、介壳虫、白蚁等成虫的性二型和多型现象标本。

放大镜、镊子、体视显微镜、搪瓷盘、泡沫板等。

3. 内容与方法

1）比较观察樟叶蜂全变态和蝗虫不全变态昆虫生活史标本的主要区别。

2）观察各种昆虫的卵块形状、大小、颜色或卵块特点，如排列情况及有无保护物等。

3）观察比较蝗虫、蜻等若虫与成虫在形状上的异同，注意翅芽的形状。

4）观察瓢虫、蛾类（天蛾、尺蛾）、粉蝶、蝇类、金龟甲等幼虫与成虫的显著区别，注意其所属幼虫类型及其特征。

5）观察蝇类、粉蝶、蛾类、金龟甲、瓢虫、胡蜂等蛹的形态，注意其类型及其特征。

6）观察所给标本如凤蝶、介壳虫、白蚁等成虫的性二型及多型现象。

4. 实训作业

1）列表描述所观察昆虫卵的形态特点和幼虫、蛹各属何种类型？

2）不全变态的若虫和成虫形态上有何主要区别？

复习题

1. 填空题

1) 昆虫的繁殖方式有（　　　）、（　　　）、（　　　）、（　　　）。

2) 昆虫变态的类型可分为（　　　）和（　　　）两种类型。完全变态具有（　　　）、（　　　）、（　　　）、（　　　）四个虫期；不完全变态经过（　　　）、（　　　）、（　　　）三个虫期。

3) 虫龄与蜕皮次数关系是（　　　）。

4) 根据昆虫幼虫足式不同，幼虫可分为（　　　）、（　　　）、（　　　）三个类型。

5) 根据昆虫蛹的形态不同，蛹可分为（　　　）、（　　　）、（　　　）三个类型。

6) 昆虫的一生自（　　　）产下起至成虫性成熟为止，在（　　　）和内部构造上，要经过若干次由量变到（　　　）的过程，从而形成几个不同的发育阶段，这种现象称为（　　　）。

7) 不完全变态的若虫和完全变态的（　　　），蜕去最后一次皮变为成虫的过程称为（　　　）。

8) 幼虫生长到一定程度，必须将束缚的旧表皮脱去，重新形成（　　　）表皮，才能继续生长，这种现象称为（　　　）。

9) 卵期是（　　　）自产下后到孵化为幼虫或（　　　）所经过的时间。

10) 黄板诱杀的昆虫有（　　　）、（　　　）、（　　　）。

11) 灯光主要诱杀（　　　）、（　　　）类的昆虫。

2. 简答题

1) 举例说明什么是昆虫性二型。

2) 为什么药剂防治害虫要在低龄幼虫期进行？

3) 如何利用昆虫主要生活习性进行害虫防治？

课题 3　昆虫与环境的关系

昆虫的发生发展，除受其遗传因子（种群基数、繁殖力、适应能力等）的影响外，环境条件对其生长发育、繁殖扩展、数量变动也有重要影响。研究昆虫与环境关系的科学称为昆虫生态学。

昆虫生态学是害虫测报、防治害虫和益虫利用的理论基础。在林业生态系统中，对昆虫种群兴衰影响较大的因素主要有非生物因素和生物因素，非生物因素中包括气候因素和土壤因素，生物因素包括食物因素、天敌因素和人类活动。

一、非生物因素

（一）气候因素

气候因素包括温度、湿度、风、光、雨等。在自然条件下，这些因素总是同时存在，并且相互影响，综合作用于昆虫。但是，各种因素的作用并不相同，其中以温度、湿度对昆虫的影响作用最为突出。

1. 温度

昆虫是变温动物，体温基本上取决于周围环境温度。因此，它的新陈代谢和行为在很大程度上受环境温度的支配。

（1）昆虫对温度的反应　能使昆虫正常生长发育、繁殖的温度范围，称有效温度范围或有效温区。在温带地区通常为 8～40℃，最适温度为 22～30℃。有效温区的下限称发育起点，一般为 8～15℃。有效温区的上限称临界高温，一般为 35～45℃。在发育起点以下，有一段低温区使昆虫生长发育停止，称停育低温区或滞育低温区，一般为 -10~8℃。停育低温以下昆虫会立即死亡，称致死低温区，一般为 -40~-10℃。在临界高温以上，有一段高温区使昆虫的生长发育处于停滞状态，叫停育高温区，通常为 40~45℃。在停育高温以上昆虫会立即死亡，称致死高温区，通常 45~60℃。

昆虫因种类、地区、季节、发育阶段、性别及营养状况不同，对温度的反应不一样。因此，在分析温度与昆虫种群消长变化规律时，应进行综合分析。

（2）有效积温定律（法则）　在有效温度范围内，昆虫的生长发育速度与温度正相关。昆虫完成一定发育阶段（虫期或世代），需要一定的温度积累，发育所需天数与该期内有效温度的乘积为一个常数，该常数称为有效积温，这个规律称为有效积温定律（法则）。用公式表示：

$$K = N(T - C) \text{ 或 } N = K/(T - C)$$

式中，K 是常数；N 是发育天数；T 是平均温度；C 是发育起点温度。

有效积温法则在害虫的预测预报和益虫的利用上主要有如下价值：

1）预测害虫发生期　例如，已知槐尺蛾卵的发育起点温度为 8.5℃，卵期有效积温为 84℃，卵产下时的日平均温度为 20℃，若天气无异常变化，根据 $N = 84/(20 - 8.5) = 7.3$（天），预测 7 天后槐尺蛾的卵就会孵出幼虫。

2）控制昆虫发育进度　室内饲养益虫，如赤眼蜂等。当确定了释放日期后，根据公式 $T = K/(N + C)$ 计算和调控室内饲养温度，以便适时获得所需要的虫态或虫期。

3）估测一种昆虫在不同地区的年发生代数　例如，已知槐尺蠖完成 1 代所需要有效积温为 458℃，发育起点 9.5℃，北京 4—8 月的有效积温总和为 1873℃，则槐尺蠖在北京地区一年可能发生的世代数为：

$$\text{世代数} = \text{某地全年发育有效积温总和(℃)}/\text{某虫完成一代所需的有效积温(℃)} = 1873/458 \approx 4(\text{代}/\text{年})$$

2. 湿度

湿度和降雨，实质是水的问题。水是昆虫进行生命活动的重要介质，昆虫的不同种类以及同种昆虫不同的发育阶段，对水分的要求不同。它对昆虫的发育速度、繁殖力和成活率有明显影响。一般来说，多数昆虫产卵时要求高湿度。低温延缓发育天数，降低繁殖率和成活率。特别是裸露的害虫对空气湿度较为敏感，一般要求 70%~90% 的相对湿度。但对于刺吸式口器害虫，由于靠吸食植物的汁液补充水分，一般不会缺水，反而在干旱条件下由于寄主体内干物质含量较高而改善了营养条件，从而加速繁殖。如蚜虫、叶蝉等昆虫在干旱季节，发生危害严重。

3. 温湿度的综合影响

自然界中，温度与湿度总是互相影响，综合作用于昆虫。温湿度都处在适宜范围，有利于昆虫的发育和繁殖；温湿度均不适宜时，则昆虫的发育受到抑制；两个因素中如果有一个适宜，则昆虫对另一个因素的适应力增强。因此，分析昆虫消长时必须考虑温湿度的综合影响。为了正确反映温湿度对昆虫的综合作用，常以温湿度系数来表示，公式为：

$$\text{温度系数} = \text{平均相对湿度}/\text{平均温度}$$

在一定的温湿度范围，相应的温湿度组合能产生相近或相同的生物效能。但不同的昆虫必须限制在一定的温度、湿度范围，因为不同的温度、湿度组合可得出相同的系数，它们对昆虫的作用却截然不同。温湿系数可以作为预测害虫发生量的指标。

4. 光

光主要影响昆虫的活动与行为，协调昆虫的生活周期，起信号作用。光的性质、光照强度、光周期等都可以影响昆虫的活动、行为和滞育等。

光的性质以波长来表示，不同的波长，显示出不同的颜色。昆虫可见光偏于短波光，许多昆虫对波长 330~400nm 的紫外光表现正趋性，黑灯光波长为 360nm 左右，所以诱虫最多。不同的昆虫对不同颜色的光，分辨能力不同，蜜蜂能区分红、黄、绿、紫 4 种颜色，蚜虫对黄色敏感。

光照强度对昆虫的活动与行为影响也很明显，如蝶类在白天强光下飞翔；蛾类喜在夜间弱光下活动；有的昆虫习惯在阴暗的环境，回避强光，如钻蛀性昆虫。

光周期是指光照与黑暗的交替节律，它是时间与季节变化最明显的标志。不同昆虫对光周期的变化有不同的反应。光周期变化是引起昆虫滞育的重要因素，季节周期性变化影响着昆虫的年生活史。试验证明，许多昆虫的孵化、化蛹、羽化都有一定的昼夜节奏特性，与光周期变化有密切关系。

5. 风

风可以降低温度和湿度，影响昆虫的体温和体内水分的蒸发，特别是对昆虫的迁飞和扩散影响较大。如蚜虫可借风迁移 1220～1440km，松干蚧卵囊可被气流带到高空随风漂移。但风力过大，特别是暴风雨，常给弱小昆虫或初龄幼（若）虫以致命打击。

昆虫栖息地的小气候也不容忽视，大气候虽然不适于某种昆虫大发生，但由于栽培条件、肥水管理、植被状况等影响，昆虫所处的小环境（田间气候）适宜，也会出现局部严重发生的情况。

（二）土壤因素

土壤是昆虫的一个特殊的栖息环境，自然界中几乎所有的昆虫在其生活史中与土壤都有或多或少的关系。土壤的温度、湿度、物理结构和化学特性等，与终身生活在土壤中的昆虫或部分虫态生活在土壤中的昆虫的生长、发育、活动分布都有密切的联系。

1. 土壤温度

土壤温度对昆虫的影响与大气温度对昆虫的影响基本是一致的。但土温变化不像气温变化那么剧烈，再加上土壤本身的保护作用，土壤成了昆虫越冬和越夏的良好场所。生活在土壤中的昆虫，也因土层温度的变化，活动和栖息深度发生垂直变动。一般土温适宜时，害虫上升到表土层对植物造成危害，而温度过高过低时，害虫便潜入土壤深层。例如，地下害虫一般春秋两季为害重，进入夏季后为害轻，冬季则到土壤深层越冬。

2. 土壤湿度

土壤湿度主要取决于土壤含水量，在很大程度上决定着土壤栖息昆虫的水平分布。同时，许多在土壤中越冬的昆虫，其出土时间、数量也受土壤含水量的影响。一般土壤水分过多可迫使害虫暂时下移或出土，所以旱作地块在地下害虫为害较重的季节，灌水可以消灭地下害虫或迫使其向耕作层下迁移而减轻危害。

3. 土壤的理化性状

土壤的机械组成、有机质含量及酸碱度等，也会影响土栖昆虫的分布。具有团粒结构和土中空隙较大而且质地疏松的土壤，常常比较适合昆虫的活动。但是，对于一些在土壤中活动能力较强的昆虫（如蝼蛄），喜欢含砂质较多的土壤，在这样的土壤中便于拨土前进。另外，金针虫喜欢在酸性土壤中生活，金龟甲喜欢在施用大量充分腐熟的有机肥的土壤中产卵。

人们掌握了昆虫对土壤环境的要求之后，可以通过耕作、施肥、灌溉等各种措施改变土壤条件，达到控制害虫、保护益虫的目的。

二、生物因素

生物因素主要指昆虫的寄主植物和天敌以及人类的活动。温湿度、土壤因素等非生物因素对于昆虫的作用一般是单方面的，而生物因素和昆虫的作用是相互的，不仅生物因素作用于昆虫，反过来昆虫也影响着寄主和天敌。

（一）食物因素

1. 食物对昆虫的影响

每种昆虫都有它最喜食的植物种类，不同的食物对昆虫的生长发育和繁殖力表现出不同的影响。昆虫在取食喜食的食物时，生长发育快，死亡率低，繁殖力强。同种植物不同的发育阶段对昆虫也有影响，取食同一植物的不同器官，昆虫的发育历期、蛹重、羽化率、死亡率等也各不相同。

2. 植物的抗虫性

植物对昆虫的取食危害所产生的抗性反应，称为植物的抗虫性。根据其抗虫机制不同，把抗虫性分为如下三类：

（1）抗选择性　植物由于其形态、结构、生理生化等方面的原因而不被害虫取食或趋避害虫的特性，称为抗选择性。如植物具有拒避产卵或抗拒取食的特殊化学或物理性状，或者昆虫的发育期与植物的发育期不适应，而不被危害，都属于抗选择性的范畴。

（2）抗生性　植物体内含有对昆虫有毒、有害物质或缺少昆虫生长的必需营养物质，导致害虫取食后发育不良、寿命缩短、生殖力减弱，甚至死亡，这种抗性称为抗生性。

（3）耐害性　有些植物在被昆虫危害后具有很强的增长能力以补偿由于被为害而带来的损失，称为耐害性。

（二）天敌因素

天敌泛指害虫的所有生物性敌害，主要包括捕食性天敌、寄生性天敌和昆虫病原微生物三大类。

1. 捕食性天敌

捕食性天敌的范围最广，其中以昆虫为最多，如瓢虫、草蛉、食蚜蝇、螳螂、步甲、虎甲、猎蝽、蜻蜓等。还有蛛形纲的一些蜘蛛和捕食性螨类，也可捕食多种害虫。另外，捕食性天敌还包括一些动物，如青蛙、蟾蜍、鸟类以及鸡、鸭等。

2. 寄生性天敌

昆虫的寄生性天敌种类也很多，其中以膜翅目寄生蜂和双翅目寄生蝇作用最大。其寄生方式又可以分为外寄生和内寄生两种。昆虫的寄生性天敌在抑制害虫数量方面起着重要作用。其中赤眼蜂已经可以人工饲养释放，用来防治多种林业害虫。

3. 昆虫病原微生物

这类微生物常使昆虫在生长发育过程中染病死亡，利用病原微生物防治害虫已经受到人们的重视。昆虫病原微生物主要包括细菌（如苏云金杆菌）、真菌（如白僵菌、绿僵菌）和病毒（如核型多角体病毒、颗粒体病毒）等。有些昆虫病原微生物已经商品化生产。

（三）人类活动

人类的生产活动对林业生态系统有巨大的影响，从而引起昆虫发生数量的变化。人类活动对昆虫的影响主要表现在：

1. 改变一个地区的昆虫组成

人类在生产活动中，频繁调运种苗，可能将某些当地从未发生过的害虫引入，或者有目的地引进天敌昆虫，都会使当地昆虫组成发生变化。如美国白蛾、烟粉虱等随园林植物调运从国外传入我国；澳洲瓢虫相继被引进各国，控制了吹绵蚧的危害。

2. 改变昆虫的生存条件

人类培育出抗虫、耐虫植物，大大减轻了受害程度；大规模的兴修水利、植树造林和治山改水等活动，从根本上改变昆虫的生存环境，可从生态上控制害虫的发生，如对东亚飞蝗的防治就是一个例子。

3. 人类直接消灭害虫

为保护园林植物不受或少受害虫的危害，常用栽培技术、化学、物理、生物的方法，直接或间接地消灭害虫，达到控制害虫种群数量，保证园林生态安全，又保护环境的目的。

复习题

1. 填空题

1）影响昆虫的环境因子包括（　　　）、（　　　）、（　　　）、（　　　）因子。

2）昆虫的食性根据取食植物的范围可分为（　　　）、（　　　）、（　　　）。

3）植物的抗虫性表现有（　　　）、（　　　）、（　　　）。

4）昆虫病原微生物主要包括（　　　）、（　　　）、（　　　）等。

5）昆虫是（　　　）动物，其体温随环境温度的高低而变化。

6）在害虫的预测预报中，可根据有效积温法则中的（　　　）公式进行害虫发生期的预测。

2. 简答题

1）何谓有效积温法则，在生产上主要运用在哪些方面？

2）食物和天敌两大因素如何影响昆虫种群数量的变动？

3）试述光对昆虫都有哪些影响？

课题 4　园林植物昆虫的主要类群

一、昆虫分类的意义和基本方法

昆虫分类是研究昆虫科学的基础。昆虫和其他生物一样，遵循着由低等到高等的进化规律。各种昆虫间的亲缘程度表现出了形态特征上的相同或相异。因此，我们可以根据昆虫的形态、生理、生态等特征把昆虫分成许多大小不同的分类单位，并以"种"作为分类的基本单位。

昆虫分类阶元是界、门、纲、目、科、属、种。为了更精确起见，还在纲、目、科、属下设"亚"级，如亚纲、亚目、亚科、亚属；在目、科上加"总"级，如总目、总科；亚科与亚属之间还可以加"族"级；在种下增加"亚种"和"生态型"。每一种昆虫都有它的分类地位。

昆虫分类和其他动植物分类一样，目前仍以外部形态为主要依据，并以成虫形态特征为主，因为成虫是昆虫个体发育的最后阶段，形态已固定，种的特征已显示。

昆虫的科学名称称之为学名，且只使用拉丁语。学名的命名方法和其他生物一样，采用"双名法"，即"属名＋种名"。拉丁文的第一个词是属名，第二个词是种名，属名在前，种名在后，属名的首字母要大写，其余的全部小写，在印刷时排成斜体。例如美国白蛾 *Hyphantria cunea*。实际上完整的学名还要在种名后面加上这个种命名人的姓，命名人的姓一律用正体字。例如苹褐卷蛾 *Pandemis hoparana* Sohiffermiller。

二、与园林植物有关昆虫的主要"目"的特征概述

昆虫纲一般分为 34 个目，与园林植物关系密切的主要有 10 个目。

（一）等翅目（Isoptera）

本目昆虫通称白蚁。中小型昆虫，体软多为白色。头部坚硬，触角短，念珠状；口器咀嚼式。足短，跗节 4~5 节。尾须短，2~8 节。不完全变态。为具有多型现象的社会生活昆虫。有生殖蚁和非生殖蚁之分。生殖蚁有有翅型、短翅型和无翅型之分。有翅型有翅 2 对，膜质，前后翅大小形状和脉序都相同，故得名等翅目。休息时两对翅平叠腹背，翅基部有条肩缝，成虫婚飞后，翅可沿翅脱落留下一个鳞状残翅称翅鳞。非生殖型白蚁不能繁殖后代，完全无翅。包括若蚁、工蚁、兵蚁 3 大类。工蚁白色，无翅，头圆，触角长。兵蚁类似工蚁，但头较大，上颚发达（图 1-15，图 1-16）。危害园林植物的种类有黑翅土白蚁和家白蚁等。

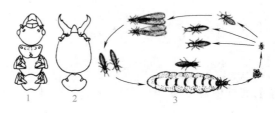

图 1-15　黑翅土白蚁
1—有翅成虫头、胸部　2—兵蚁头部　3—生活史示意图

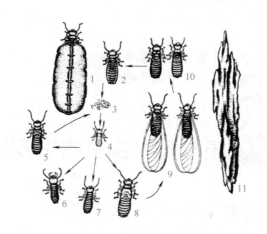

图 1-16　家白蚁
1—蚁后　2—蚁王　3—卵　4—幼蚁　5—补充繁殖蚁　6—兵蚁　7—工蚁　8—长翅繁殖蚁
9—长翅雌雄繁殖蚁　10—脱翅雌雄繁殖蚁　11—木材被害状

（二）直翅目（Orthoptera）

体中至大型，触角丝状或线状，咀嚼式口器，下口式。前胸背板发达，呈马鞍状，中后胸愈合。前翅为覆翅，后翅为膜翅，静止时呈扇状纵褶在前翅下，前翅的翅脉多是直的，故此得名。多数种类后足为跳跃足，有些种类前足为开掘足。雌虫产卵器发达，腹部具听器。雄虫常有发音器。多为植食性，不完全变态。园林上重要的科有蝗科、蟋蟀科、蝼蛄科、螽斯科（图 1-17）。

1. 蝗科（Locustidae）

俗称蝗虫或蚂蚱。体粗壮，触角短于身体，丝状，前胸背板马鞍状，产卵器粗短，凿状，后足为跳跃足。雄虫能以后足腿节摩擦前翅发音。产卵于土中，块产，外有卵囊保护。本科包括许多重要农业、园林植物害虫，如竹蝗、东亚飞蝗、短额负蝗等。

2. 螽斯科（Tettigoniidae）

触角比较长；产卵器扁而阔，刀状或剑状。跗节 4 节。尾长，不分节。翅通常发达，也有无翅和短翅的种类；多为绿色；一般植食性，少数肉食性；常产卵于植物组织之间。

3. 蟋蟀科（Gryllidae）

身体粗壮，色暗。触角比体长。产卵器发达，细长呈针状或长矛状。雄虫发音器在前翅近基部，昼夜发出鸣声。跗节 3 节。尾须长而多毛，不分节。常见的大蟋蟀和南方油葫芦等，是常见的苗圃害虫。另有部分种类习性好斗且鸣声响亮，民间常用作观赏娱乐，如斗蟋蟀等。

4. 蝼蛄科（Gryllotalpidae）

典型的土栖昆虫，躯体结构适宜于在土中生活。触角比体短。前足开掘足。前翅短，后翅长，尾须长。产卵器不发达，不外露。为地下害虫，不仅咬食种子、嫩茎、树苗，而且在土中挖掘隧道时，使植物和土壤分离，失水死亡，造成缺苗断垄。如华北蝼蛄、非洲蝼蛄（东方蝼蛄）等。

（三）缨翅目（Thysanoptera）

本目昆虫通称蓟马，是一些很微小的种类。成虫体长一般 1～2mm，小则 0.5mm。虫体细长、略扁，黑色、褐色或黄色。锉吸式口器，常锉破植物表皮吮吸汁液。触角 6～9 节，线状，略呈念珠状。翅膜质狭长，无脉或最多两条纵脉，翅缘着生很多长而整齐的缨状缘毛，故得名缨翅目。足短小，末端膨大呈泡状。不完全变态。多数植食性，少数捕食蚜虫、螨类等。与园林植物关系密切的有蓟马科和管蓟马科。

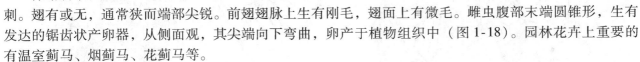

图 1-17　直翅目昆虫
1—蝗科　2—螽斯科　3—蟋蟀科　4—蝼蛄科

1．蓟马科（Thripidae）

体略扁平。触角 6～8 节，末端 1～2 节形成端刺。翅有或无，通常狭而端部尖锐。前翅翅脉上生有刚毛，翅面上有微毛。雌虫腹部末端圆锥形，生有发达的锯齿状产卵器，从侧面观，其尖端向下弯曲，卵产于植物组织中（图 1-18）。园林花卉上重要的有温室蓟马、烟蓟马、花蓟马等。

2．管蓟马科（Phleothripidae）

体暗褐色或黑色。触角 8 节，少数种类 7 节。翅白色、烟煤色或有斑纹。翅表面光滑无毛，前翅无翅脉；腹部末节呈管状，无产卵器（图 1-19）。常见有中华蓟马、稻管蓟马、百合蓟马等。

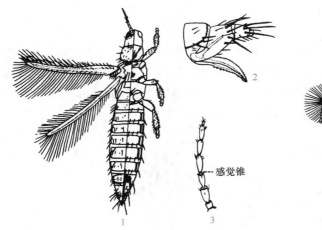

感觉锥

图 1-18　蓟马科代表——烟蓟马
1—成虫　2—雌成虫腹末　3—触角

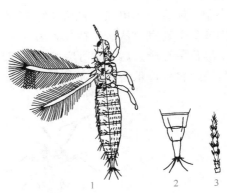

图 1-19　管蓟马科代表–稻管蓟马
1—成虫　2—虫腹末　3—触角

（四）半翅目（Hemiptera）

称椿象或蝽。体型有小有大，体壁坚硬，身体略扁平。口器刺吸式，自头的前端伸出，不用时贴在头胸的腹面。触角多为丝状，3～5 节，单眼 2 个或无。前翅为半鞘翅，后翅为膜翅。前胸背板发达，中胸有三角形小盾片。跗节通常 3 节。很多种类有臭腺，多开口于腹面后足基节旁，能散发出类似臭椿的气味，因此被称为"椿象"或"臭屁虫"。不完全变态。多为植食性，少数肉食性。

1．蝽科（Pentatomidae）

体小至大型，体色多变。头小三角形，触角多 5 节，喙 4 节，通常具 2 单眼。中胸小盾片发达，三角形,常超过爪片的长度。前翅分为革区、爪区、膜区3部分,膜区有多数纵脉,且多出自一基横脉上。臭腺发达。多为植食性(图1-20)。常见种类有为害园林树木的梨蝽象、荔蝽、赤条蝽、麻皮蝽等。

2. 网蝽科（Tingidae）

小型种类,体扁,无单眼。触角4节,末节常膨大;前胸背板向后延伸盖住小盾片,前翅无革区和膜区之分,前翅及前胸背板全部呈网状。成、若虫均群集叶背为害,被害植物叶片正面呈苍白色,背面常有粘稠状分泌物及脱下的皮。卵产在植物组织内,若虫体侧有刺状突起(图1-21)。危害园林植物常见的有梨冠网蝽、杜鹃冠网蝽等。

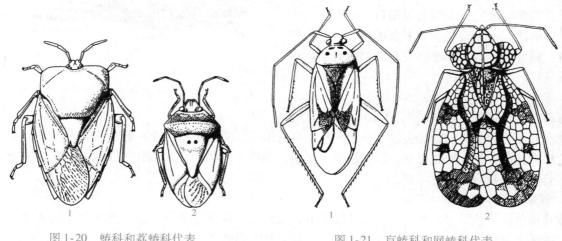

图 1-20　蝽科和荔蝽科代表　　　　　图 1-21　盲蝽科和网蝽科代表
1—方肩荔蝽　2—小卷蝽　　　　　　　1—中黑苜蓿盲蝽　2—钩樟冠网蝽

3. 盲蝽科（Miridae）

体多小型,体扁,无单眼。触角及喙均为4节。前翅分为革区、楔区、爪区、膜区4个部分,膜区基部翅脉围成2个翅室,从这一特征容易与所有蝽类相区别(图1-22)。本科种类行动活泼善飞。有植食性的如中黑苜蓿盲蝽、烟盲蝽等吸食植物繁殖器官,也可在枝叶上吸汁,并传播病毒。也有肉食性的如黑肩绿盲蝽、食虫齿爪蝽,常捕食小型昆虫、螨类和虫卵,是益虫种类。

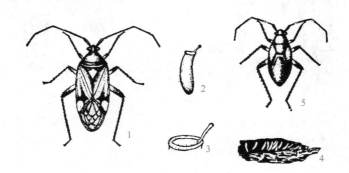

图 1-22　三点盲蝽
1—成虫　2—卵　3—卵盖,正面观　4—产在树皮内的越冬卵　5—第五龄若虫

4. 缘蝽科（Coreidae）

体中至大型,多狭长,两侧缘略平行。常为褐色或绿色。触角4节,生在缘基部与复眼连线之上,缘4节。中胸小盾片小,三角形,不超过爪区长度。前翅膜区有多条分叉纵脉,且均出自一条横脉。足较长,有些后足腿节粗大(图1-23)。全为植食性。

5. 猎蝽科（Reduviidae）

均为肉食性种类，能捕食害虫。体中型，头部尖，在眼后收缩如颈。喙短，3 节，基部弯曲，不紧贴于腹面，端部尖锐。前胸背板常有横沟，前翅膜区基部常有 2 个大的翅室，从它们上面伸出 2 条纵脉（图 1-24）。

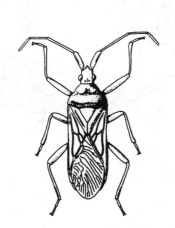

图 1-23　缘蝽科代表——云南岗缘蝽

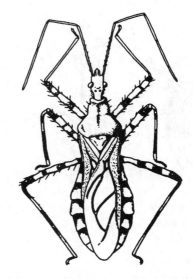

图 1-24　猎蝽科代表——环斑猛猎蝽

（五）同翅目（Homoptera）

体小型至大型。口器刺吸式。触角短，刚毛状或线状。缘 1～3 节，通常 3 节。单眼 2 或 3 个。前翅质地均匀，膜质或革质，静止时呈屋脊状覆于体背。少数种类无翅。多数种类有蜡腺。不完全变态。植食性。有些种类在刺吸植物汁液的同时能传播植物病毒，如叶蝉。

1. 蝉科（Cicadidae）

体中至大型。头部生单眼 3 个，触角刚毛状，生于两复眼前方。翅膜质透明，翅脉粗大。前足开掘式，腿节具齿或刺（图 1-25）。雄蝉腹部第一节具有发达的发音器。雌蝉产卵器发达，产卵于植物嫩枝内，常导致枝条枯死。成虫生活在林木上，吸取枝杆汁液。若虫生活在地下，吸取根部汁液。老熟若虫夜间转出地面羽化，脱的皮称为"蝉蜕"，可入药。

2. 叶蝉科（Cicadellidae）

小型昆虫。头部较圆，触角刚毛状，着生两复眼

图 1-25　蝉科的代表
1—成虫　2—雄虫体躯腹面观（示发声器）　3—若虫

间。前翅覆翅，后翅膜翅。后足发达善跳跃，胫节下方有两排刺（图 1-26）。常见有大青叶蝉、小绿叶蝉等。

3. 蜡蝉科（Fulgoridae）

中大型种类。头圆形或延伸成象鼻状，触角刚毛状，基部两节膨大，着生于复眼下方。前翅端区翅脉多分叉，并多横脉，造成网状。后翅臀区翅脉也多网状（图 1-27）。常见的种类有北方危害椿树的斑衣蜡蝉和南方为害荔枝龙眼的龙眼鸡等。

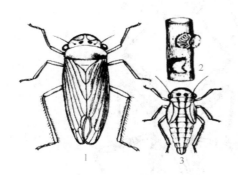

图 1-26　叶蝉科的特征（大青叶蝉）

1—成虫　2—卵　3—若虫

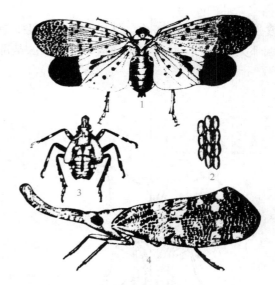

图 1-27　蜡蝉科代表

1—成虫　2—卵块　3—若虫　4—龙眼鸡成虫侧面观（仿周尧）

4. 木虱科（Psyllidae）

　　小型种类，外形似小蝉，善跳。触角丝状，10 节，末节顶端具 2 条刚毛。单眼 3 个，喙 3 节，跗节 2 节，有 2 个爪。前翅革质，从基部出来只一条翅脉，到中途分为 3 支，每支 2 分叉。后足基节有疣状突起，胫节端部有刺，适于跳跃（图 1-28）。若虫体扁，翅芽突出在身体侧面，常分泌蜡丝覆盖虫体，有些种类若虫期能形成虫瘿。常见种类有梧桐木虱、梨木虱等。

5. 粉虱科（Aleyrodidae）

　　体小纤弱，体翅均被蜡粉。单眼 2 个，触角 7 节。前翅仅有 2 条纵脉，并呈交叉状，后翅只有一条脉。跗节 2 节。若虫、成虫腹末背面有皿状孔，是本科显著特征（图 1-29）。不完全变态。成、若虫吸吮植物汁液，是许多木本植物和温室花卉的重要害虫。常见的种类有黑刺粉虱、温室白粉虱等。

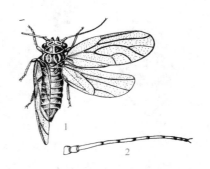

图 1-28　木虱科特征——中国梨木虱

1—成虫　2—触角（仿杨集昆）

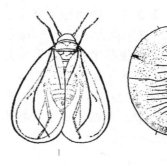

图 1-29　粉虱科特征

1—成虫　2—伪蛹壳

6. 蚜科（Aphididae）

　　身体微小，柔软，触角长，通常 6 节，很少 5 节或 3 节，第一节、第二节短粗，其余各节细长，末节中部起突然变细。分无翅和有翅两种类型，翅膜质透明，前翅大后翅小，前翅前沿有翅痣。腹部第六节和第七节背面两侧生有腹管，末节中央有突起的尾片（图 1-30）。常有世代交替和转主现象。成、若蚜多群集在叶片、嫩枝、花序，少数在根部，刺吸植物汁液。受害叶片常常卷曲、皱缩，或形成虫瘿，引起植物发育不良，并排泄蜜露，引发煤污病，还传播植物病毒病。常见的有棉蚜、绣线菊蚜等。

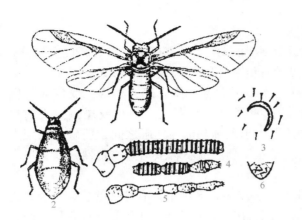

图 1-30 蚜科的形态特征
1—有翅孤雌蚜成虫 2—无翅孤雌蚜成虫（蜡毛全去掉） 3—无翅孤雌蚜腹管
4—有翅孤雌蚜触角 5—无翅孤雌蚜触角 6—无翅孤雌蚜尾片

7. 蚧总科

俗称介壳虫。雌雄异型，雌虫无翅，雄虫有翅。多数种类被有介壳，以若虫或雌成虫固定在植株上吸取汁液为害，对园林植物危害较大，常引起枝叶干枯或整株死亡。包括绵蚧科（如草履蚧、日本松干蚧等），粉蚧科（如橘小粉蚧），蚧科（如红蜡蚧、日本龟蜡蚧、褐软蚧等），盾蚧科（如松突圆蚧、矢尖蚧、椰圆蚧等）。下面以蚧科为例：

蚧科（Coccidae），雌雄异型。雌虫体圆形、长卵圆形、半球形或圆球形。体壁坚硬或富弹性，很多种类虫体边缘有褶，体外被有蜡粉或坚硬的蜡质蚧壳。体节分节不明显，腹部无气门；腹末有深的臀裂，肛门上有 2 个三角形肛板，盖于肛门之上。雄虫体长纤弱，无复眼，触角 10 节，交配器短，腹部末端有 2 长蜡丝（图 1-31）。我国常见种类有红蜡蚧、龟蜡蚧、褐软蚧等。

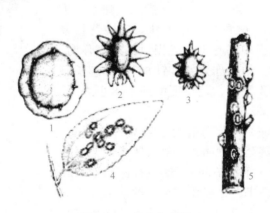

图 1-31 日本龟蜡蚧
1—雌成虫 2—雄成虫 3—若虫 4、5—被害状

（六）鞘翅目（Coleoptera）

本目通称甲虫。是昆虫纲中最大的一个目。体小型至大型，体壁坚硬。前翅角质为鞘翅；后翅膜质，静止时折叠于鞘翅下，少数种类后翅退化。口器咀嚼式。触角形状多变，有丝状、锯齿状、锤状、膝状或鳃片状等，一般 10 节或 11 节。复眼发达，一般无单眼。跗节 5 节或 4 节，很少 3 节。多数成虫有趋光性和假死性。完全变态。幼虫寡足形或无足型。蛹为离蛹。

本目昆虫食性复杂，有植食、肉食、腐食和杂食等类群。根据其食性，鞘翅目可分为肉食亚目和多食亚目。

1. 肉食亚目（Adephaga）

后足基节固定在后胸腹板上不能活动，并将腹部第一节腹板完全划分开。前胸背板与侧板间有明显的背侧缝。多为肉食性，常见的有步甲科和虎甲科（图1-32）。

（1）步甲科（Carabidae） 体小至大型。体色暗，黑褐、黑色或古铜色，具有金属光泽，少绒毛，有的鞘翅上有点刻、条纹或斑点。头前口式，比前胸狭。复眼小。触角着生于上颚基部与复眼之间，两触角间距大于上唇宽度。后翅通常退化，不能飞翔。成、若虫均为捕食性，如金星步甲等。

（2）虎甲科（Cicindelidae） 体中型，多绒毛，有鲜艳的色斑和金属光泽。头下口式，比胸部略宽。复眼突出。触角着生于上颚基部的额区，两触角间距大于上唇宽度。后翅发达，能飞。幼虫生活于土中隧道内捕食昆虫，如中华虎甲等。

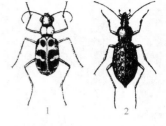

图1-32 肉食亚目
1—虎甲科的代表（中华虎甲）
2—步甲科的代表（皱鞘步甲）

2. 多食亚目（Polyphaga）

后足基节不固定在后胸腹板上不能活动，也不将腹部第一节腹板完全划分开。前胸背板背侧缝没有或不明显。食性复杂，有水生和陆生两大类群。与园林生产关系密切的有（图1-33）：

（1）金龟甲科（Melolonthidae） 体小至大型，较粗壮，触角鳃片状，通常10节，末端3～5节向一侧扩张呈瓣状，少毛。前足胫节端部宽扁具齿，适于开掘，跗节5节。后足着生位置接近中足而远离腹末。幼虫身体柔软多皱，向腹面弯曲呈"C"形，称蛴螬。成虫取食植物叶、花、果部位，幼虫土栖，以植物根、土中的有机质及未腐熟的肥料为食，有些种类为重要地下害虫。常见有小青花潜、铜绿丽金龟等。

（2）叩头甲科（Elateridae） 体狭长，末端尖削，略扁，中等大小，灰褐或黑褐色。头小，触角长，锯齿状。前胸背板发达，后缘两侧有刺突，前胸腹板中间有1齿。当虫体被压住时，头和前胸上下能活动，似叩头。幼虫称为"金针虫"，体细长坚硬，圆柱形，呈黄褐色，生活于地下，是重要的地下害虫之一。如沟金针虫、细胸金针虫等。

（3）天牛科（Cerambycidae） 中型至大型甲虫，体狭长。触角多丝状或鞭状，与体等长甚至超过体长。复眼肾脏形，半围在触角基部。足跗节为隐5节（第四节隐）。幼虫长圆筒形，乳白或淡黄色，前胸背板很大，扁平，足退化，腹部前6节或7节的背面及腹面常呈卵形肉质突，称步泡突，便于在坑道内行动。多为钻蛀性害虫，蛀食林木、果树的树干、枝条及根部。常见的有为害杨、柳、榆的光肩星天牛，危害荔枝的龟背天牛、桑天牛。

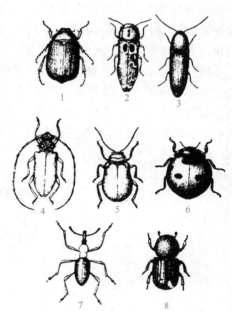

图1-33 多食亚目常见科代表
1—金龟甲科 2—吉丁甲科 3—叩头甲科
4—天牛科 5—叶甲科 6—瓢甲科
7—象甲科 8—小蠹科

（4）象甲科（Curclionidae） 通称"象鼻虫"。体小至大型，体粗糙，色暗（少数鲜艳）。头部向前延伸成象鼻状或鸟喙状，咀嚼式口器着生在延伸部分的端部。触角膝状，末端3节膨大呈棒状。身体坚硬。跗节5节。幼虫黄白色，无足。体肥粗而弯曲呈"C"形。成、幼虫多食叶蛀茎或食根蛀果。成虫有假死性。常见的有竹象甲（笋子虫）。

（5）吉丁甲科（Buprestidae） 体长形，末端尖削。成虫近似叩头甲，但体色较艳，有金属光泽。触角锯齿状。前胸不能上下活动（叩头）。前胸背板后缘两侧齿突。后胸背板上有一条明显的横沟，跗节5节。幼虫近似天牛幼虫，乳白色，无足，头小，前胸大而扁平，气门呈"C"型。多为钻蛀性害虫。

（6）瓢甲科（Coccinellidae）俗称"花大姐"。体小至中型，体背隆起呈半球状，腹面平坦，外形似扣放圆瓢。体色多样，色斑各异。头小，部分隐藏在前胸背板下。触角短小，棒状，11节。跗节隐4节（第三节隐）。幼虫身体有深或鲜明的颜色，行动活泼；体上被有枝刺或带毛的瘤突。多数种类为肉食性，如异色瓢虫、七星瓢虫等，还有一些为害植物的，如二十八星瓢虫。

（7）叶甲科（Chrysomelidae）又称金花虫。体中小型，颜色变化较大，多具金属光泽。触角线状，长不及体长之半。复眼圆形，着生位置接近前胸。跗节隐5节。幼虫胸足发达，体上具肉质刺及瘤状突起。成虫均为害植物叶片，幼虫还有潜叶、蛀茎及咬根的种类，如为害柑橘的恶性叶甲、为害泡桐的泡桐叶甲、为害棕榈科植物的椰心叶甲等。

（8）小蠹科（Scolytidae）体微小或小，圆筒形，色暗，缘短而阔，不发达。触角略呈膝状，端部呈锤状，上唇退化，下颚强大。足短粗，前足胫节外缘有小齿。幼虫白色，粗短，头部发达，无足。成虫和幼虫蛀食树干的边材及形成层，构成各种图案的坑道系统，很多种类是林木的重要害虫。

（七）鳞翅目（Lepidoptera）

包括所有的蛾和蝶类。体小型至大型，颜色变化较大。前后翅均为鳞翅。触角多节，线状、羽毛状或球杆状。复眼发达，单眼2个或无。口器虹吸式，喙管不用时呈发条状卷曲在头下方。前翅大、后翅小，少数种类雌虫无翅。全变态。幼虫多足型，咀嚼式口器。蛹为被蛹。本目成虫一般不为害植物。幼虫多为植食性，有食叶，卷叶，潜叶，钻蛀茎、根、果实的等。

鳞翅目昆虫种类繁多，按其触角的类型、活动习性和静息时的状态，可分为异角亚目和锤角亚目2大类。

1. 异角亚目（Heterocera）

通称蛾类。多为夜间活动。触角形状各异，但不呈棒状或球杆状，休息时双翅平放于体背或斜放在身体上呈屋脊状。

（1）蓑蛾科（Psychidae）又名袋蛾、避债蛾（图1-34）。雌雄异形。雄虫具翅，触角双栉状，喙退化，翅上鳞片稀薄近于透明。雌蛾无翅，幼虫型，终生生活在幼虫所缀成的囊内，交配时也不离囊，卵就产在囊内。幼虫肥胖，胸足发达，能吐丝，缀枝叶为袋形的囊，终生背着行走，取食时头部伸出袋外。常见的有茶蓑蛾、白囊蓑蛾等。

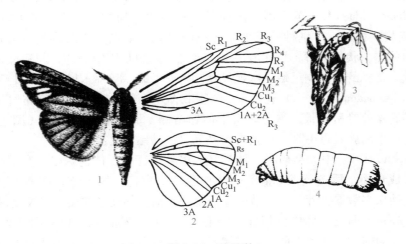

图1-34 蓑蛾科
1—成虫 2—脉序 3—幼虫 4—蛹

（2）刺蛾科（Eucleidae）体中型，短而粗壮多毛，多呈黄、褐或绿色，具红或暗色斑纹。喙退化。雄蛾触角栉齿状，雌蛾线状。前后翅中室内有"M"脉主干存在。翅宽而被厚鳞片。幼虫又称洋辣子或八角丁，蛞蝓型，头小能缩入前胸内。胸足退化，腹足呈吸盘状。体常被有毒枝刺或毛簇，化蛹在光滑而坚硬的类似雀卵的茧内。如黄刺蛾（图1-35）、褐边绿刺蛾等。

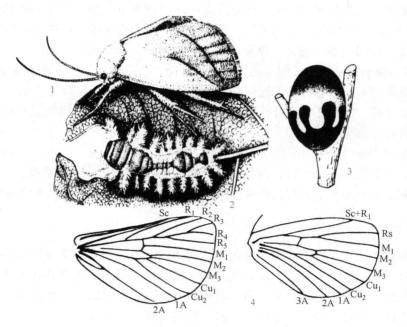

图1-35　黄刺蛾
1—成虫　2—幼虫　3—茧　4—脉序

（3）卷蛾科（Tortricidae）　中小型蛾类，行动活泼，有保护色。鳞毛紧贴而光滑，多为黄、褐、棕、灰等色。前翅略呈长方形，肩区发达，顶角突出，休息时两翅合拢似吊钟状，前翅的基斑、中带、端纹明显，翅脉直接从基部或中室生出，不分叉。幼虫圆柱形，体色因种而异，卷叶、缀叶为害。如松褐卷蛾、苹果卷叶蛾（图1-36）、槐小卷叶蛾等。

（4）螟蛾科（Pyralidae）　小至中型，体细长脆弱，腹末尖削。多数种类色暗淡。鳞片细密而紧贴，身体光滑。触角线状。下唇须长，伸出头的前方。前翅狭长三角形，后翅有发达的臀区，臀脉3条。幼虫体细长光滑，无次生刚毛，多钻蛀或卷叶为害。如松梢螟（图1-37）、竹织叶野螟等。

（5）尺蛾科（Geometridae）　小至大型，体瘦长，鳞毛少。翅宽大而薄，静止时四翅平展，前后翅颜色相似并常有波状纹相连，个别种类雌虫无翅或翅退化。幼虫有3对胸足，第六节和末节各有一对腹足，行动时一曲一伸，状似拱桥，故称造桥虫。静息时用腹足固定身体，与栖枝成一角度，模拟植物枝条状。幼虫食叶。常见的有油桐尺蛾、国槐尺蠖、木撩尺蛾、丝绵木尺蛾（图1-38）等。

（6）枯叶蛾科（Lasiocampidae）　中至大型，体粗壮多毛。触角羽毛状。后翅肩角扩大，由一根或数根肩脉；有些种类后翅外缘呈波状，休息时露于前翅两侧，形似枯叶而得名（图1-39）。幼虫粗壮，体被长短不齐的长毛，中后胸具毒毛带。如黄褐天幕毛虫、马尾松毛虫等。

（7）夜蛾科（Noctuidae）　中大型蛾类。体粗壮，多毛而蓬松，体色深暗。有单眼。前翅狭长，三角形，密被鳞毛，形成色斑。后翅比前翅宽，多为白色或灰白色。触角丝状或羽毛状。幼虫多光滑少毛，体粗壮，色深。幼虫多数取食叶片，少数蛀茎或隐蔽生活。如地老虎类、斜纹夜蛾（图1-40）等。

（8）毒蛾科（Lymantriidae）　体中型粗壮，鳞毛蓬松。触角栉齿状，口器和下唇须退化。无单眼。静止时多毛的前足长伸向前方。雌虫有的无翅或翅退化，多数种类雌虫腹末有毛丛。幼虫体被长短不齐的鲜艳簇毛，有毒，能伤人。腹部第六节、第七节背面各具一翻缩腺。如黄尾毒蛾（图1-41）、舞毒蛾、侧柏毒蛾、乌桕毒蛾等。

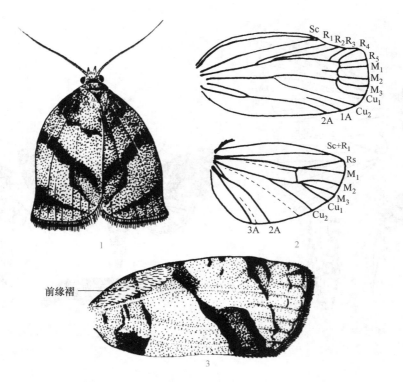

图 1-36　苹果卷叶蛾

1—成虫　2—脉序　3—前翅

前缘褶

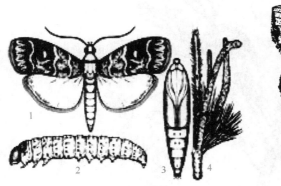

图 1-37　松梢螟

1—成虫　2—幼虫　3—蛹　4—被害状

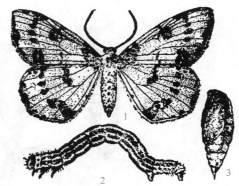

图 1-38　丝绵木尺蛾

1—成虫　2—幼虫　3—蛹

（9）木蠹蛾科（Cossidae）　中型至大型，体粗壮肥大。触角栉状或线状，口器短或退化。翅多灰色有黑斑纹。幼虫粗壮，常白色、黄褐或红色，口器发达，幼虫常蛀食枝干木质部，少数为害根部。常见的有芳香木蠹蛾（图 1-42）、咖啡木蠹蛾等。

（10）天蛾科（Sphingidae）　多为大型蛾类。体粗壮呈纺锤形。行动活泼，飞翔力强。触角中部加粗，末端弯曲成钩状。喙发达，有时长过身体。前翅大而狭长，后翅短小。幼虫粗大，圆筒形，多为绿色，有的种类体侧常有斜纹或眼状斑，第八腹节背面有尾角。为害园林植物的如蓝目天蛾（图 1-43）、豆天蛾等。

（11）舟蛾科（Notodontidae）　也称天社蛾。中至大型，体灰褐或浅黄色。触角丝状或锯齿状。前翅后缘中央常有突出的毛簇，休止时翅呈屋脊状，毛簇竖起如角。幼虫身体光滑或具次刚毛，体上常有峰突、角突、刺突。幼虫臀足常退化，休息时头尾上翘似舟。如杨扇舟蛾、国槐羽舟蛾、双尾天社蛾（图 1-44）等。

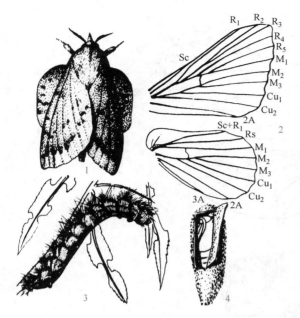

图 1-39　柳星枯叶蛾

1—成虫　2—脉序　3—幼虫及为害状　4—茧内的蛹

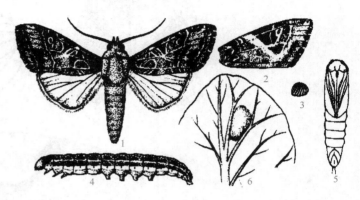

图 1-40　斜纹夜蛾

1—雌成虫　2—雄成虫前翅　3—卵　4—幼虫　5—蛹　6—叶片上的卵块

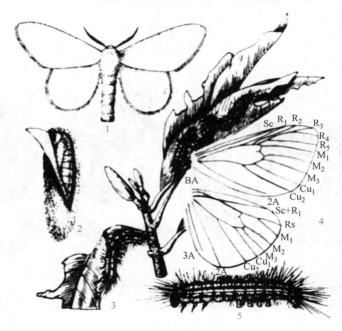

图 1-41　黄尾毒蛾

1—成虫　2—茧内的蛹　3—幼虫为害状　4—脉序　5—幼虫

2. 锤角亚目（Rhopalocera）

通称蝴蝶。白天活动。触角棒状或球杆状，休息时双翅竖立于体背。

（1）凤蝶科（Papilionidae）　多为大型颜色鲜艳种类。底色黄或绿色，带有黑色斑纹，或底色黑色带有蓝、绿、红等色斑。前翅三角形，后翅外缘波状，臀角常有尾突。飞翔迅速。幼虫体色深暗，光滑无毛，前胸背中央有一"Y"形或"V"形红色或黄色臭"丫"线，受惊动时伸出，散发臭气。如柑橘凤蝶、樟青凤蝶、玉带凤蝶（图 1-45）等。

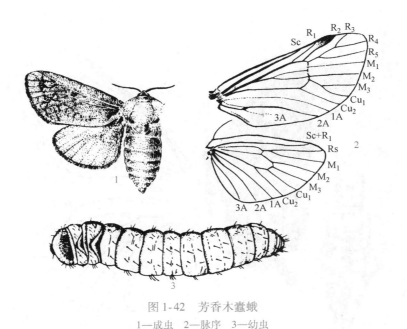

图 1-42　芳香木蠹蛾
1—成虫　2—脉序　3—幼虫

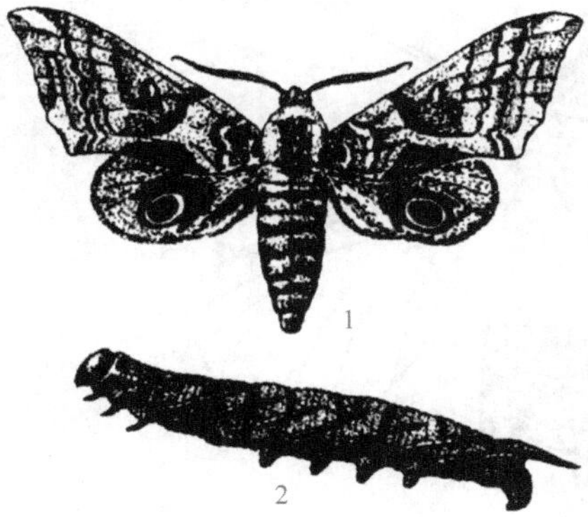

图 1-43　蓝目天蛾
1—成虫　2—幼虫

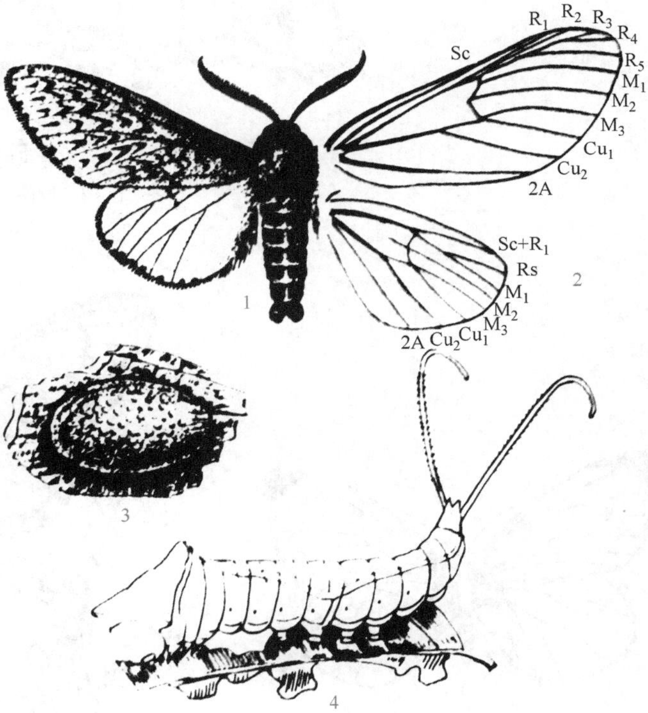

图 1-44　双尾天社蛾
1—成虫　2—脉序　3—茧　4—幼虫

（2）粉蝶科（Pieridae）　体中型，多为白色，黄色或橙色，有黑色的缘斑或红色斑点。前翅三角形，后翅卵圆形。幼虫圆柱形，细长，绿或黄色，多皱纹，表面有许多绒毛和毛瘤。如菜粉蝶（图 1-46）。

（3）蛱蝶科（Nhymphalidae）　中至大型蝶类。前足退化，短小，常缩起，中、后足正常，称"四足蝶"。前翅三角形，后翅卵圆形，翅外缘呈波状，少数种类后翅臀角有尾突。翅色彩鲜艳。有的种类具金属闪光，飞翔迅速而活泼，静息时四翅不停地扇动。幼虫头部常有头角，似猫头，腹末具臀刺，全身多刺（图 1-47）。

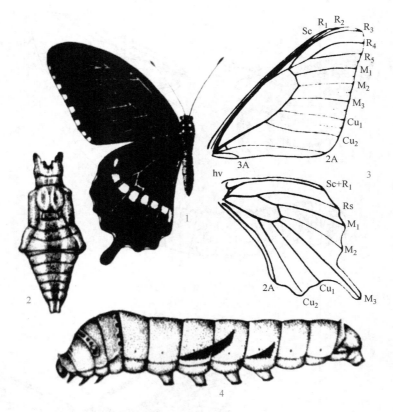

图 1-45　玉带凤蝶
1—成虫　2—蛹　3—脉序　4—幼虫

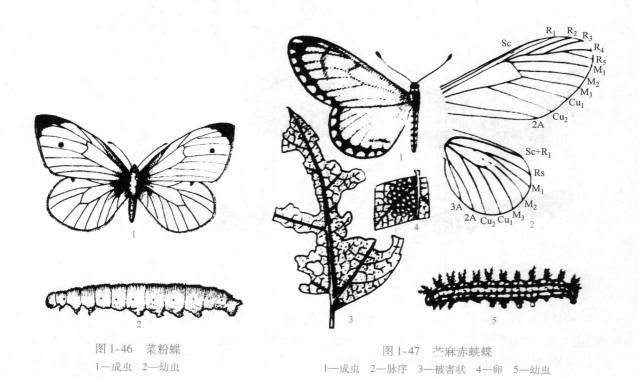

图 1-46　菜粉蝶
1—成虫　2—幼虫

图 1-47　苎麻赤蛱蝶
1—成虫　2—脉序　3—被害状　4—卵　5—幼虫

　　（4）灰蝶科（Lycaenidae）　小型种类，纤弱而美丽。翅正面蓝色、铜色、暗褐或橙色，反面颜色较暗，有眼斑或细纹。触角上有白环，复眼四周绕一圈白色鳞片环，雌虫前足正常，但雄虫前足缩短，跗节愈合，后翅常有纤细尾状突起（图1-48）。幼虫一般取食叶片、花或果实。我国南方常见有曲纹紫灰蝶，为害苏铁。

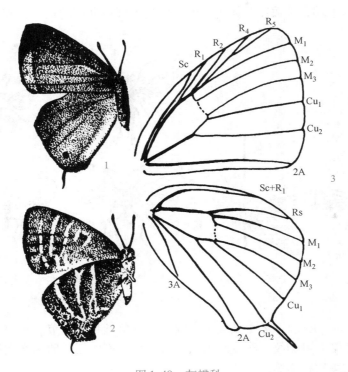

图1-48　灰蝶科
1—成虫正面观　2—成虫反面观　3—脉序

（八）膜翅目（Hymenoptera）

包括蜂和蚁。是昆虫纲中较进化的目。除一部分植食性外，大部分是捕食性和寄生性，是害虫的重要天敌。体小型至大型。口器咀嚼式或嚼吸式。复眼发达。触角雄性12节，雌性13节，线状或膝状等。前后翅均为膜翅。雌虫都有发达的产卵器，多数针状或变成螫刺。有的种类腹部第一节并入胸部，成为胸部的一部分，称为并胸腹节。第二节常缩小成"腰"，称为腹柄。全变态。一般植食性幼虫为多足型，肉食性幼虫为无足型。裸蛹，有的有茧。

根据成虫腹部连接处是否腰状缢缩，可分为广腰亚目和细腰亚目。

1. 广腰亚目（Sympyta）

胸部与腹部广接，不收缩呈腰状。足的转节2节，翅脉较多，后翅至少有3个基室。产卵器锯状或管状。幼虫多足型，腹部常有6~8对腹足，无趾钩。全为植食性。其重要科有叶蜂科和茎蜂科。

（1）叶蜂科（Tenthredinidae）　小至中型，体粗壮，触角丝状，7~15节，多数为9节。前足胫节有2端距，前胸背板深凹。产卵器锯状不外露。幼虫多食叶，体光滑多皱，腹足6~8对（图1-49）。如樟叶蜂等。

（2）茎蜂科（Cephoidae）　体中小型，细长。触角丝状。前足胫节端部有1个距。前胸背板后缘平直。幼虫多蛀茎。如梨茎蜂、月季茎蜂（图1-50）等。

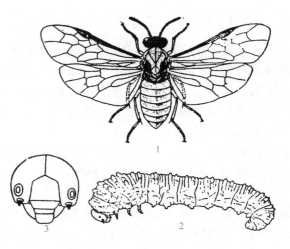

图1-49　叶蜂科
1—成虫　2—幼虫　3—幼虫头部

2. 细腰亚目（Apocrita）

胸、腹部连接处收缩成细腰状或延长为柄状，翅上脉纹较少，后翅最多两个基室。腹部末节腹板多纵裂，产卵器外露于腹部末端，少数缩于体内。绝大多数为可被利用的捕食性和寄生性天敌，蜜蜂则为传粉昆虫（图1-51）。

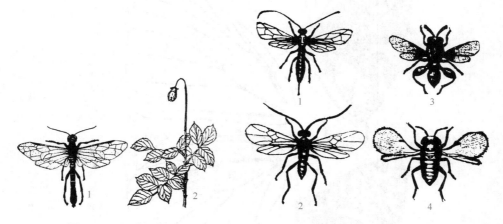

图1-50　月季茎蜂　　　　　　　　图1-51　细腰亚目常见科代表
1—成虫　2—被害状　　　　　1—姬蜂科　2—茧蜂科　3—小蜂科　4—赤眼蜂科

（1）姬蜂科（Lchneumonidae）　体小到大型，细长。触角丝状，多节。前翅端部第二列有一个小翅室和第二回脉，并胸腹节常有雕刻纹。雌虫腹末纵裂从中伸出产卵器。卵多产在鳞翅目、鞘翅目幼虫和蛹体内，如黑尾姬蜂、袋蛾瘤姬蜂等。

（2）茧蜂科（Braconidae）　小至微小型种类。触角线状，静止时触角不停抖动。只有一条回脉，2个盘室，无"小室"。产卵于鳞翅目幼虫体内，老熟在寄主体内或体外附近结黄白色小茧化蛹。如松毛绒茧蜂、螟蛉绒茧蜂、桃瘤蚜茧蜂等。

（3）小蜂科（Chalcididae）　微小至小型，有黑、褐、黄、白、红等色。触角膝状。头横阔，眼大。头胸部常有黑或褐色粗点刻如黄或橙色的斑纹。后足腿节膨大，胫节向内弯曲。多寄生于鳞翅目、双翅目、鞘翅目、同翅目幼虫或蛹内。如广大腿小蜂等。

（4）赤眼蜂科（Trichogrammatidae）　又名纹翅卵蜂科。体微小，长0.3~1mm；触角短膝状，复眼多红色，故得名。胸腹交界处不细。翅脉极度退化，前翅宽，翅面有纵横排列的微毛，后翅狭，刀状。跗节3节。寄生于鳞翅目昆虫卵内。如松毛赤眼蜂、广赤眼蜂等。

（九）双翅目（Diptera）

包括蚊、蝇、虻等多种昆虫。体小至中型。成虫为刺吸式或舐吸式口器。复眼发达。触角有芒状、念珠状或丝状，或长而多节，或短而少节，或只有3节。只有一对膜质而脉序简单的前翅，后翅特化为平衡棒，全变态。幼虫蛆式无足。多数围蛹，少数被蛹。

根据触角长短和构造，可分为长角亚目、短角亚目和芒角亚目。

1. 长角亚目（Nematocera）

泛指蚊类。触角细长，6节以上，多者可达40节。触角线状或念珠状，无触角芒。幼虫为全头型，具有骨化的头壳。重要的科有瘿蚊科。

瘿蚊科（Cecidomyiidae）（图1-52）。体小似蚊。身体纤细，复眼发达，合眼式。触角细长，念珠状，每节有两个或一个膨大，生有普通毛或环生放射状细毛。翅上脉纹很少，只有3~5条。足细长。幼虫纺锤形，前胸腹板上有剑骨片。如柳瘿蚊、柑橘花蕾蛆等。

2. 芒角亚目（Aristocera）

泛指蝇类。触角短，3节，末端膨大，第三节背面具触角芒。幼虫蛆式无头。口器舐吸式。幼虫头部不骨化，多缩入前胸内。

（1）食蚜蝇科（Syrphidae）　体小至中型，形似蜜蜂，体常有黄白相间的横斑。头大；翅大，前翅外缘有和边缘平行的伪脉。幼虫水生种类体多白色，而陆生食蚜种类多为黄、红、棕、绿等色。多数捕食蚜、蚧、粉虱、叶蝉、蓟马等小型农林害虫，如黑带食蚜蝇（图 1-53）、细腰食蚜蝇等。

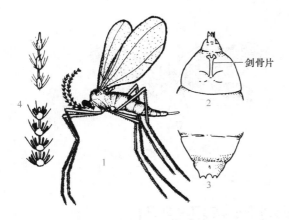

图 1-52　瘿蚊成虫和幼虫

1—雌成虫及触角　2—虫前端　3—幼虫后端　4—触角

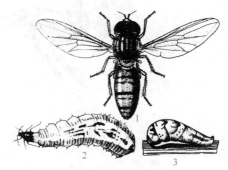

图 1-53　黑带食蚜蝇

1—成虫　2—幼虫　3—蛹

（2）潜叶蝇科（Agromyzidae）　体微小，黑色或黄色，前缘近基部 1/3 处有 1 折断。幼虫蛆形，常潜食植物叶肉组织，留下不规则形的白色潜道。如豌豆潜叶蝇（图 1-54）。

（3）花蝇科（Anthomyiidae）（图 1-55）　又名种蝇科，小至中型。体细长多毛，黑灰色或黄色。成虫活泼。翅的后缘基部连接身体处有一片质地较厚的腋瓣，翅脉匀直，直达翅缘。幼虫蛆式，圆柱形，后端截平，有 6 ~ 7 对突起包围的气门板，腐食或植食性。

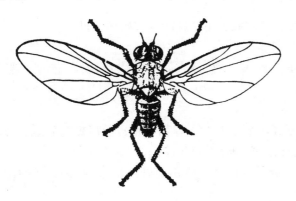

图 1-54　豌豆潜叶蝇

图 1-55　花蝇科

3. 短角亚目（Brachycera）

通称虻类。触角短，通常 3 节，第三节较长，具端刺。幼虫为半头式，部分缩于前胸内，水生或陆生。本亚目捕食性和腐食性种类较多，也有部分植食性和寄生性。

食虫虻科（Asilidae）（图 1-56）。又称盗虻科。体粗壮多毛，口器长而坚硬，适于吸食猎物，足多毛。头大有细颈，头顶在两复眼间向下凹陷，腹部细长而略呈锥形。幼虫长筒状，头端尖，分节明显，胸部每节有侧鬃一对。多生活于土中及腐质植物中，成虫性猛，飞翔快速，擒食小虫。常见的有中华盗虻。

（十）脉翅目

体小至大型，口器咀嚼式，前后翅均膜质，脉多如网。完全变态，肉食性。

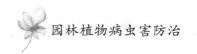

草蛉科（Chrysopidae）（图1-57）。多数种类绿色，复眼具金属闪光。触角丝状。翅的前缘区有30条以下的横脉，不分叉。幼虫体长形，两头尖削，胸部与腹部两侧有毛瘤。

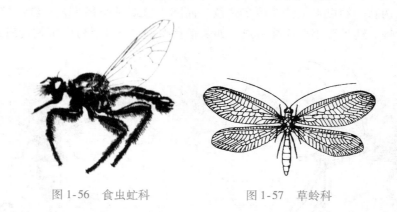

图1-56 食虫虻科　　　　　　图1-57 草蛉科

实训 3　昆虫主要科目特征识别（一）

1. 目的要求

认识直翅目、半翅目、同翅目昆虫目及其主要科的形态特征和常见种类。

2. 材料及用具

直翅目的蝗科、螽斯科、蟋蟀科、蝼蛄科；半翅目的蝽科、网蝽科、猎蝽科、缘蝽科；同翅目的叶蝉科、蝉科、蜡蝉科、木虱科、介壳虫等各主要科的代表昆虫针插标本或浸渍标本，蚜科的玻片标本，以上3个目的分类示范标本。

放大镜、体视显微镜、镊子、挑针、泡沫板、培养皿、昆虫挂图、多媒体课件等。

3. 内容与方法

1）观察直翅目、半翅目、同翅目的分类示范标本，把所给标本按昆虫分类的依据，鉴定出所属目、科。

2）观察以上3个目代表科的特征：

①观察蝗科、螽斯科、蟋蟀科、蝼蛄科的触角形状、长短，口器类型；前后翅的质地、形状，前胸背板特征，前足和后足的类型，听器的位置及形状、产卵器及尾须状态等。

②观察半翅目的蝽科、网蝽科、猎蝽科、缘蝽科的口器（喙由何处伸出）、触角、翅的质地及膜区翅脉的状态，臭腺开口部位等。

③观察同翅目的叶蝉科、蝉科、蜡蝉科、木虱科、介壳虫、蚜虫的触角类型，喙处伸出；前后翅的质地、休息时翅的状态，前后足的类型及蝉的发音位置，蚜虫的腹管位置及形状，介壳虫的雌雄介壳形状及虫体的形状等。

4. 实训作业

列表比较直翅目、半翅目、同翅目昆虫各目及科的主要特征。

实训 4　昆虫主要科目特征识别（二）

1. 目的要求

认识鞘翅目、鳞翅目昆虫及其亚目和主要科的形态特征。

2. 材料及用具

鞘翅目的步甲科、虎甲科、金龟甲科、瓢甲科、象甲科、叶甲科、天牛科、叩头甲科、吉丁甲科和鳞翅目的粉蝶科、凤蝶科、蛱蝶科、夜蛾科、螟蛾科、尺蛾科、刺蛾科、毒蛾科、天蛾科、螟蛾科、卷蛾科、舟蛾科、枯叶蛾科等各科的分类示范标本。

放大镜、体视显微镜、镊子、挑针、泡沫塑料板、培养皿、昆虫挂图、多媒体课件等。

3. 内容与方法

1）观察鞘翅目、鳞翅目昆虫分类示范标本，各有何主要特征？

2）观察步甲、虎甲、金龟甲、瓢甲、象甲、叶甲、天牛等昆虫的前后翅各属何种类型？头式、触角形状、足的类型、跗节数目等特征如何？幼虫类型、口器特征怎样？并观察比较步甲和金龟甲腹部第一节腹板是否被后足基节臼（窝）分开？

3）观察粉蝶、天蛾等的成虫、幼虫的口器，触角，翅各属何种类型？粉蝶、蛱蝶、凤蝶科的主要区别有哪些？夜蛾、螟蛾、天蛾科的主要区别有哪些？

4. 实训作业

1）列表比较鞘翅目、鳞翅目主要科成虫的形态特征。

2）以步甲、金龟甲为代表比较肉食亚目和多食亚目昆虫的主要区别。

3）以粉蝶、夜蛾为代表比较锤角亚目和异角亚目昆虫的主要区别。

实训 5　昆虫主要科目特征识别（三）

1. 目的要求

认识双翅目、膜翅目、脉翅目、缨翅目昆虫及其常见科的主要形态特征。

2. 材料及用具

双翅目、膜翅目常见昆虫的示范标本。双翅目的食蚜蝇科、瘿蚊科、花蝇科、种蝇科，膜翅目的叶蜂科、茎蜂科、赤眼蜂科、小蜂科、姬蜂科、蜜蜂科、胡蜂科等成虫的针插标本，幼虫浸渍标本。其他主要目如脉翅目的草蛉，缨翅目的蓟马的针插、液浸或玻片标本。

体视显微镜、放大镜、镊子、挑针、泡木板、培养皿、昆虫挂图、多媒体课件等。

3. 内容与方法

1）观察双翅目、膜翅目常见昆虫的示范标本，认识其他常见种类。

2）观察双翅目。了解这些昆虫的口器类型、触角形状，后翅变成的平衡棒及前翅特征，幼虫形态特征。

3）膜翅目的观察。各种昆虫的触角形状、口器类型、脉翅变化情况，以及产卵器的形状。观察对应的幼虫的形态、大小及腹足的有无和腹足数目。

4）观察其他主要目代表，如草蛉（脉翅目）、蓟马（缨翅目）成虫及幼虫的主要形态特征。

四、实训作业

列表比较双翅目、膜翅目、脉翅目、缨翅目及其常见科昆虫的主要特征。

复习题

1. 填空题

1）昆虫的分类阶元是界、（　　　）、纲、（　　　）、科、属、种。（　　　）是分类的基本单位。

2）昆虫的学名是由（　　　）、（　　　）和（　　　）等部分构成，其中（　　　）和（　　　）的第一个字母要大写，其余（　　　），在印刷时属名和种名应排（　　　），命名人（　　　）。

2. 选择题

1）金龟科的幼虫称为（　　　）。

A. 蛴螬　　　　　　　B. 金针虫　　　　　　　C. 叩头虫　　　　　　　D. 地老虎

2）蚜虫是哪个目（　　　）。

A. 同翅目　　　　　　B. 双翅目　　　　　　　C. 脉翅目　　　　　　　D. 直翅目

3）下列昆虫属于不完全变态的是（　　　）。

A. 草蛉　　　　　　　B. 蝉类　　　　　　　　C. 蛾类　　　　　　　　D. 天牛

4）下列哪个目没有天敌昆虫（　　　）。

A. 半翅目　　　　　　B. 同翅目　　　　　　　C. 脉翅目　　　　　　　D. 鞘翅目

5）草履蚧雌虫有（　　　）对翅。

A. 0　　　　　　　　　B. 1　　　　　　　　　　C. 2

6）幼虫将单片新叶以主脉为轴二边对包，缀为成饺子状的是（　　　）。

A. 银纹夜蛾　　　　　B. 梨星毛虫　　　　　　C. 黄刺蛾　　　　　　　D. 天幕毛虫

7）为害植物的（　　　），又被称为顶针虫。

A. 天幕毛虫　　　　　B. 梨星毛虫　　　　　　C. 黄刺蛾　　　　　　　D. 地老虎

8）糖醋液可以诱杀（　　　）。

A. 斑蛾类　　　　　　B. 灯蛾类　　　　　　　C. 夜蛾类

9）鲜马粪和鲜草可以诱杀（　　　）。

A. 蝼蛄类　　　　　　B. 枯叶蛾类　　　　　　C. 象甲类　　　　　　　D. 黄刺蛾

10）赤眼蜂主要用来防治（　　　）害虫。

A. 同翅目　　　　　　B. 鞘翅目　　　　　　　C. 鳞翅目　　　　　　　D. 直翅目

11）食蚜蝇幼虫是（　　　）。

A. 无足型　　　　　　B. 多足型　　　　　　　C. 寡足型　　　　　　　D. 一对足

12）蛾类、蝶类幼虫是（　　　）。

A. 无足型　　　　　　B. 多足型　　　　　　　C. 寡足型　　　　　　　D. 一对足

13）蛾类、蝶类蛹是（　　　）。

A. 离蛹　　　　　　　B. 被蛹　　　　　　　　C. 围蛹

3. 简答题

1）举例说明与园林树木有关的昆虫主要有哪些目？各目有哪些主要特点？

2）昆虫与螨类有哪些区别？

单元2 园林植物病害基础知识

 学习目标

通过对植物病害的症状、病原物特性、植物病害的发生发展规律等相关内容的学习，为园林植物病害综合防治奠定基础。

 知识目标

1. 掌握植物病害的概念和类型。
2. 掌握植物病害的症状类型。
3. 掌握植物病害的发生发展规律。
4. 掌握植物病害诊断的基本方法。

 能力目标

1. 能准确识别植物病害的主要症状类型。
2. 识别植物病原真菌、细菌、病毒、线虫中的重要类群的形态特征及所致病害症状特点。
3. 能正确诊断常见的园林植物病害。

课题 1 园林植物病害的概念与类别

一、园林植物病害的概念

园林植物在生长发育或贮藏运输过程中，受到病原生物或不良环境条件的持续干扰，其干扰的强度超过了能够忍耐的程度，在生理上、组织上、形态上表现出异常，从而降低了花木的产量和质量，造成经济损失，严重影响观赏价值和园林景观，这一现象叫园林植物病害。

园林植物发生病害有一定的病理变化过程，主要表现在生理功能、内部组织、外部形态上的变化。而植物受到的动物咬伤、害虫齿伤、雹伤、风灾及各种机械损伤，是植物短时间内受外界因素的作用突然形成的，没有发生病理变化的过程，因此不能称为病害而称为伤害。

任何植物病害的形成，植物和致病因素是两个基本要素。引起植物致病的因素有很多，包括植物自身的因素、不适宜的环境因素、外来生物因素。引起植物发生病害的生物，统称为病原生物。一般情况下只要有一种病原生物侵害了植物就会发生病害，但有时只有病原生物和寄主植物两方面存在还不一定发生病害，因为病原生物可能无法接触到植物，或接触但不能成功侵染，因此还需要有合适的媒介和一定的环境条件才能促使病害的发生及流行。如温室灰霉病的发生，往往是由于温室内湿度大、温度较高、通风透光不良而引起该病的发生和流行；若调控温室内的湿度和温度，注意通风透光，使环境条件不利于病害的发生，则发病少。这种需要病原生物、寄主植物和一定的环境条件三者配合才能引起病害的观点称为"病害三角"或"病害三要素"。病害三要素在植物病害的诊断以及防治上占有非常重要的地位。但随着社会的发展，人类的活动对园林植物的影响越来越大，因此与植物病害的发生也有着密切联系。如不同地区苗木的培育选种、栽培措施等可以助长或抑制病害的发生发展；远距离调运带病苗木，可以导致病区迅速扩大；绿化过程中，操作人员未按照规范的操作流程栽植苗木，造成苗木生长不良，加大了患病的概率。

二、园林植物病害的症状

园林植物受病原物侵染或不良环境因素影响后，在组织内部或外部表现出来的异常状态，称为症状。症状在植物病害诊断中具有重要的意义。根据症状在植物体内或体表显示的部位，可分为内部症状和外部症状。内部症状是园林植物受病原物侵染后细胞形态或组织结构发生的变化，一般要光学或电子显微镜下才能辨别。外部症状是在肉眼或放大镜就能辨别的可见的植物外部病态特征。

症状包括病状和病征。病状是感病植物本身所表现出的不正常状态。病征是病原物在发病部位表现出来的特征。如山茶炭疽病，在叶片上形成的近圆形或半圆形的浅褐色或灰色病斑，即为病状，后期在病斑上散生或轮纹状排列的黑色小点，即为病征。所有的园林植物感病后都会出现病状，而病征只在由真菌、细菌、寄生性种子植物和藻类引起的病害上表现较明显；病毒、类病毒和植原体等引起的病害无病征；非侵染性病害无病征；线虫主要在植物体内寄生，体外病征不明显。各种病害大多都有其独特的症状，但是不同的病害发生在不同的植物上，可有相似的症状，而同一病害发生在同一植株的不同部位、不同生育期、不同发病阶段和不同环境条件下，也可表现不同的症状。

常见的植物病害症状很多，每一种都有其特点，归纳起来有以下类型（图2-1）。

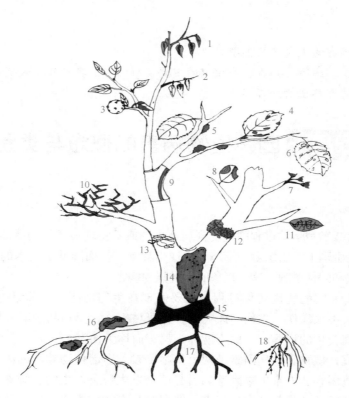

图 2-1　植物病害症状示意图

1—枯梢　2—萎蔫　3—疮痂　4—坏死（叶斑）　5—流胶　6—穿孔　7—花腐　8—炭疽斑

9—维管束褐变　10—丛枝　11—变色（花叶）　12—冠瘿　13—木腐　14—溃疡

15—黑脚（胫）　16—肿瘤　17—根腐　18—根结

（一）病状类型

1. 变色

植物患病后整株或局部叶片失去正常的绿色或发生颜色变化。大多出现在病害症状的初期。变色主要有两种：一种是植物绿色部分均匀变色，主要表现为褪绿变黄，称之为黄化。一般主要由生理原因引起。如栀子花缺铁性黄化病、茉莉黄化病等。另一种是叶片不均匀地变色，颜色出现深浅不一，深绿、浅绿、黄绿、黄色部分相互杂间，不同变色部分的轮廓比较清楚，称之为花叶。一般由病毒引起。如五色椒病毒病、石竹病毒病等。此外有的叶绿素合成受到抑制，而花青素生成过多，叶片变红或变紫称为红叶。

2. 坏死

植物细胞和组织受到破坏而死亡，称为坏死。因受害部位的不同坏死的症状也不同。

1）在叶片上组织坏死常表现为叶斑和叶枯。叶斑的形状、大小和颜色不同，但轮廓较清楚。有的叶斑是几层同心圆组成，称为轮斑或环斑，如炭疽病类引起的叶部病害大多具轮纹斑；有的叶斑受叶脉的限制，形成角斑，如紫荆角斑病；有的叶斑呈条形，称为条斑。有的叶斑组织坏死后可脱落形成穿孔症状，如桃细菌性穿孔病。病斑可以不断扩大，连成一片，造成叶枯。一般由真菌和细菌引起。

2）在叶片、果实和枝条上组织坏死有时表现为表面粗糙，有的局部细胞增生并形成木栓化而稍微突起，称为疮痂。如柑橘疮痂病。一般由真菌引起。

3）在枝干上有大片组织坏死的称为溃疡。坏死的部分主要是皮层，病部稍凹陷，病斑周围常为木栓化愈伤组织所包围，限制病斑的进一步扩展，后期病部常开裂，并在坏死的皮层上出现黑色小颗粒或小型盘状物。如槐树溃疡病、杨树溃疡病等。一般由真菌、细菌或日灼等引起。

4）在植物幼苗近土面的茎组织发生坏死，病部缢缩，引起幼苗倒伏的称为猝倒，坏死而不倒伏的称为立枯。一般由真菌引起。

5）在木本植物的枝条顶端形成的坏死称为梢枯。枝条从顶端向下枯死，一直扩展到主干上。如大叶黄杨梢枯病、马尾松梢枯病等。一般由真菌、细菌或生理原因引起。

3. 腐烂

植物组织发生较大面积的分解和破坏，称为腐烂。腐烂和坏死有时很难区别。一般说来，腐烂是整个组织和细胞受到分解和破坏，而坏死多少还保持原有组织和细胞的轮廓。植物的根、茎、花、果都可以发生腐烂。幼嫩多汁的组织常发生湿腐和软腐，如君子兰软腐病、仙客来软腐病等。含水较少、较硬的组织常发生干腐，如女贞干腐病，一般由真菌和细菌引起。此外，流胶的性质与腐烂相似，是从病部组织流出的细胞和组织分解的产物。如桃流胶病、槐树流胶病等，一般由真菌、细菌或生理原因引起。

4. 萎蔫

植物由于失水而导致枝叶下垂的现象称为萎蔫。造成萎蔫的情况有两种：一种是生理性萎蔫，这种情况是由于土壤含水量少或高温时过强的蒸腾作用而使植物出现暂时缺水，若及时供水，则植物可恢复正常；另一种是病理性萎蔫，这种情况是由于植物的根或茎的维管束组织受到破坏而发生供水不足所出现的凋萎现象，这种凋萎大多不能恢复，甚至引起植物死亡。如大丽花青枯病、大叶黄杨枯萎病、唐菖蒲枯萎病等，一般由真菌、细菌或生理性原因引起。

5. 畸形

植株受病原物产生的激素类物质的刺激而表现出的生长受阻或过度增生而造成的异常形态称为畸形。植物发生生长受阻，通常表现为植株矮缩，叶片皱缩、卷叶等，如桃缩叶病、蜡梅萎缩病。病组织或细胞发生增生，通常表现为丛枝、发根、肿瘤、毛毡，如竹丛枝病、蜡梅冠瘿病、樱花根癌病、阔叶树毛毡病，一般由真菌、螨类或其他原因引起。

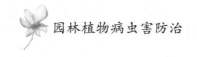

（二）病征类型

1. 霉状物

植物发病部位出现各种颜色的霉层，如霜霉（月季霜霉病）、灰霉（仙客来灰霉病）、青霉（金橘青霉病）等。

2. 粉状物

植物发病部位出现白色、黑色或铁锈色粉层，如白粉病（蔷薇白粉病、月季白粉病、大叶黄杨白粉病）、煤污病（山茶煤污病、月季煤污病、天竺桂煤污病）、锈病（柳树锈病、玫瑰锈病、草坪草锈病）的病征。

3. 粒状物

植物发病部位产生的颗粒状物。不同病害部位粒点的大小、形状、颜色及着生情况都不相同，如炭疽病类后期病斑上出现的黑色粒状物。

4. 索状物

植物受害部位表面产生紫色或深色的菌丝索，即真菌的根状菌索。如白绢病类由菌丝形成的绳索状物。

5. 脓状物

潮湿条件下受害部位溢出灰白色、黄褐色的液滴，干燥后形成黄褐色的薄膜或胶粒。此为细菌性病害的特有病征。如鸡冠花软腐病、美人蕉芽腐病、樱花细菌性根癌病等。

此外，木本植物树干上出现的蕈类，实为某些高等菌类的子实体，也应作为病征的一种。如女贞木腐病、贴梗海棠木腐病、桃花木腐病等。

三、园林植物病害的类别

园林植物病害的种类很多，病因也各不相同，造成的病害也多种多样。同一种植物上可发生多种病害，同一种病原物也可侵染多种植物，引起不同症状的病害。根据引起植物发病的原因，可将病害分为两大类，即侵染性病害和非侵染性病害。

（一）侵染性病害

由病原生物侵染植物引起的病害称为侵染性病害。其病原生物包括，真菌、细菌、病毒、植原体、类病毒、寄生性种子植物、线虫、原生动物等。由这类生物引起的植物病害都有侵染过程，且能相互传染。发病时往往会先出现中心病株，然后向四周扩散危害。

（二）非侵染性病害

由不良环境条件引起的病害称为非侵染性病害。这类病害没有病原生物的侵染，没有侵染过程，不能在植物个体间相互传染，所以也称为非传染性病害或生理病害。此类病害常大面积发生或整株发病，若采取相应的措施，改善环境条件，植株一般可以恢复健康。

侵染性病害和非侵染性病害之间常相互影响、相互促进。由病原生物引起的侵染性病害，会降低植物的抗病能力，从而增加发生非侵染性病害的概率，如叶斑病不仅引起木本植物提早落叶，也使植株更容易受冻害和霜害。反之在不适宜植物生长的环境条件下，往往会促使一些病原生物的大量繁殖侵染植株。如冻害不仅可以使细胞组织死亡，还往往导致植物的生长势衰弱，使许多病原物更易于侵入；刚移栽的树木，由于树体离开水肥土较好的苗圃，加上起苗、运输至栽植过程中根系受损、树皮受伤；栽植时选地不当，树坑过小，栽植方式欠妥，根系不舒展，导致树木移植后1～2年内生长缓慢，树干发生溃疡病、腐烂等。因此，加强园林养护管理，改善园林植物的生长环境，及时处理传染性病害，可减轻两类病害的恶性互作。

实训 6 植物病害主要症状类型识别

1. 目的要求

了解园林植物常见的病害类型，掌握主要病害的症状表现及其特点，学会植物病害症状的描述，为今后植物病害的诊断奠定基础。

2. 材料及工具

实体显微镜、手持放大镜、水果刀、载玻片；植物病害的盒装标本、瓶装浸渍标本及新鲜标本（不同类型的病状和病征的标本可根据当地的情况准备）；各种症状的挂图、模型、多媒体课件等。

3. 内容与方法

根据当地实际，结合教学的有关内容对实验材料进行观察，主要观察各类病害的症状特点及病原物的特征。

（1）病状观察

1）变色。栀子花缺铁性黄化、五色椒病毒病、石竹病毒病的病状特征。

2）坏死。观察山茶炭疽病、富贵竹炭疽病、君子兰褐斑病、大叶黄杨褐斑病、枣灰斑病、紫荆角斑病、一品红枝枯病、杨树溃疡病的病状特征。

3）腐烂。君子兰软腐病、万寿菊花腐病、郁金香茎腐病、女贞干腐病的病状特征。

4）萎蔫。植物失水的症状、大丽花青枯病、菊花青枯病的病状特征。

5）畸形。竹丛枝病、桃缩叶病、樱花根癌病、杜鹃饼病的病状特征。

（2）病征的观察

1）粉状物：月季白粉病、蔷薇白粉病、天竺桂煤污病、碧桃煤污病。

2）霉状物：一串红灰霉病、仙客来灰霉病、月季霜霉病、金橘青霉病。

3）点状物：山茶炭疽病、富贵竹炭疽病。

4）锈状物：海棠锈病、玫瑰锈病。

5）索状物：菊花白绢病、兰花白绢病。

6）脓状物：鸡冠花软腐病、美人蕉芽腐病。

（3）其他病害的观察

菟丝子、藻斑病、根结线虫、流胶病等。

4. 实训作业

将植物病害症状标本观察结果填入表 2-1。

表 2-1 植物病害症状标本观察结果

寄主名称	病害名称	发病部位	病状类型	病征类型

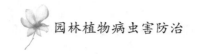
课题 2
非侵染性病害

非侵染性病害是由于植物自身的生理缺陷或遗传性疾病，或由于在生长环境中有不适宜的物理、化学等因素直接或间接引起的一类病害。它和侵染性病害的区别在于无病原生物的侵染，在植物不同的个体间不能互相传染，所以又称为非传染性病害或生理性病害。

引起非侵染性病害的主要因素有植物营养失调、土壤水分失调、温度不适、有毒物质的污染等。

一、植物营养失调

植物营养失调包括营养元素缺乏、各种营养元素间的比例失调或营养过量，这些因素可以诱使植物表现各种病态。

植物所必需的营养元素有氮、磷、钾、钙、镁和微量元素铁、硼、锰、锌、铜、钼等十几种。缺乏这些营养元素时，就会出现缺素症。如缺氮出现新叶淡绿、老叶黄化枯焦、早衰；缺磷茎叶暗绿或呈紫红色，生育期推迟；缺钾叶尖及边缘先枯焦，症状随生育期加重，早衰；缺锌叶小，生育期推迟；缺镁叶脉间明显失绿，有多种色泽斑点或斑块，但不易出现组织坏死；缺钙茎叶软弱，发黄枯焦、早衰；缺硼茎、叶柄变粗、脆，易开裂，开花结果不正常，生育期延长；缺硫新叶黄化，失绿均一，生育期延迟；缺锰叶脉间失绿，出现斑点，组织易坏死；缺铁叶脉间失绿，发展至整片叶淡黄或发白；缺铜幼叶萎蔫，出现白色叶斑，果穗发育不正常；缺钼叶片生长畸形，斑点散布在整片叶上。

某些矿质元素过量也会对植物造成毒害，一般大量元素较少出现对植物的毒害；而微量元素则容易造成毒害，如硼和锌过量导致植株褪绿、矮化、叶枯等。另外，不同种类的植物对这些微量元素的敏感性也不同。

土壤可溶性盐过量形成盐碱土，高浓度的钠、镁硫酸盐，影响土壤水分的可利用性和土壤的物理性质。由于盐首先作用于根，使植株吸水困难，进而表现萎蔫，这种症状类似根腐病。土壤中过量的钠盐，特别是氯化钠、硫酸钠和碳酸钠，引起土壤 pH 值升高，导致植物的碱伤害。症状表现为褪绿、矮化、叶片焦枯和萎蔫等。

另外，可溶性盐过量在一些盆栽植物上常出现。由于长期小量浇水，水中的可溶性盐在花盆中积累。盐害曾经发生在法国巴黎，街道上的梧桐树曾因化雪时洒了大量的盐而死亡。

二、气候不适

气候不适包括温度、水分、光照、风等不适宜环境。

（一）温度不适

高温容易造成灼伤，使开花结实异常，如某些园林植物的花芽破坏或花朵畸形；低温的影响主要是冷害和冻害。低于 10℃ 的冷害常造成变色、坏死和表面斑点，出现芽枯、顶枯；0℃ 以下的低温所造成的冻害，使幼芽或嫩叶出现水渍状暗褐斑，之后组织逐渐死亡。剧烈的变温对植物的影响往往比单纯的高、低温影响更大。如昼夜温差过大，可以使木本植物的枝干发生灼伤或冻裂，这种症状多见于树木的向阳面。如龟背竹插条上盆后不久，若从 16℃ 条件下转到 35℃ 的温度 48h，会导致新生出的叶片变黑并腐烂，这是由于快速升温所造成的，对这种快速升温敏感的植物还有橡皮树、香龙血树等盆栽植物。

（二）水分失调

水分直接参与植物体内各种物质的转化和合成，也是维持细胞渗透压、溶解土壤中矿物质养料，平衡植物体温度不可缺少的因素。所以水分是植物生长不可缺乏的条件。

在长期供水不足的情况下，将出现植株矮小细弱、叶片变黄、落叶、落花、花色变浅等症状。过度的干旱可引起植株萎蔫或死亡等症状。如杜鹃花对干旱非常敏感，容易出现叶尖及叶缘变褐色坏死等症状；花旗松的焦萎病也是由缺水所致。

土壤中水分过多，造成氧气供应不足，使植物的根部处于窒息状态，导致根部变色或腐烂，茎干生长受阻，地上部叶片变黄、落叶、落花，严重时植株死亡。如女贞淹水后，蒸腾作用立即下降，12 天后植株便死亡。一般草本花卉易受涝害，植株在幼苗期对水涝敏感。

空气湿度过低的现象通常是暂时的，很少直接引起病害。但如果与大风、高温结合起来，会导致植株大量失水，造成叶片焦枯、果实萎缩或暂时或永久性的植株萎蔫，如干热风。

三、环境污染

主要指大气污染。大气污染最主要是化学工业、煤和石油的燃烧排出的废气，如氟化氢、二氧化硫和二氧化氮等。其中有些气体如水银蒸气、乙烯、氨、氯气等，不会扩散太远，其危害仅限于污染源附近。而另一些则能扩散很远造成更大危害，如氟化氢、氟化硅、臭氧、过氧酰硝酸盐、二氧化硫等。

有的植物对二氧化硫非常敏感，如空气中含硫量达 0.005mg/L 时，美国白松顶梢就会发生轻微枯死，针叶表面出现褪绿斑点，针叶尖端起初变为暗色，后呈棕色。阔叶树受害的典型症状是自叶缘开始沿着侧脉向中脉扩展，在叶脉之间形成褪绿的花斑。如果二氧化硫的浓度过高时，则褪色斑很快变为褐色坏死斑。百日草叶片大部分坏死，花瓣前端边缘也产生坏死斑。女贞、刺槐、垂柳、银桦、夹竹桃、桃、棕榈、法国梧桐等对二氧化硫的抗性很强。

除大气污染，土壤中的水污染及土壤残留物的污染也引起植物的非侵染性病害。如土壤中残留的石油、有机酸、酚、氰化物及重金属（汞、铬、镉、铜等）对植物均会造成严重的伤害。环境中的有毒物质达到一定的浓度就会对植物产生有害影响。

氟化物的毒性比二氧化硫大 10～20 倍，但来源较少，因此危害不及二氧化硫。植物受氟化物毒害时，首先在叶先端或叶缘表现变色病斑，然后向下方或中央扩展。脉间的病斑坏死干枯后，可能脱落形成穿孔。叶上病健交界处常有一棕红色带纹。危害严重时，叶片枯死脱落。悬铃木、加杨、银杏、松杉类树木对氟化物较敏感，而桃、女贞、垂柳、刺槐、油茶、油杉、夹竹桃、白栎等则抗性较强。

四、药害

各种农药和化学肥料如果使用浓度过高，或用量过大，或使用时期不适宜，均可对植物造成化学伤害。植物药害可以按照发生的时间快慢分为急性和慢性两种。急性药害一般在施药后 2～5 天发生，常在叶面上或叶柄基部出现坏死的斑点或条纹，叶片褪绿变黄，严重时凋萎脱落。一般植物的幼嫩组织或器官容易发生此类药害。施用无机的铜、硫杀菌剂和有机砷类杀菌剂容易引起急性药害。植物的慢性药害并不很快表现明显的症状，而是逐渐影响植株的正常生长发育，使植物生长缓慢、枝叶不繁茂，进而叶片变黄以至脱落，出现开花减少等现象。

不同种类的植物对农药毒害的敏感性不同。如桃、李、梅等对波尔多液特别敏感，极易发生药害；栎、蔷薇和樱花等属于最易产生药害的一类植物；温室生长的景天、长生草和某些多汁植物易受有机磷农药（如敌百虫）的危害。植物药害的发生和环境温度也有关系，如石硫合剂在温度高时药效发挥快，植物也容易受害，所以不同气温下应使用不同的浓度。阴凉潮湿的天气使用波尔多液和其他铜素杀菌剂时，有些植物叶面会发生灼伤或出现斑点。另外，同一植物不同生育期对农药的敏感性也不同，一般幼苗和开花期的植物更敏感。

五、非侵染性病害的诊断及防治

对非侵染性病害的诊断可以从以下几个方面着手：一是对病害现场的观察和调查，并了解有关环境条件的变化；二是依据侵染性病害的特点和侵染性试验的结果，尽量排除侵染性病害的可能；三是进行

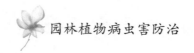

治疗性诊断。

非侵染性病害不是由病原物传染所引起的，因此表现出的症状只有病状而无病征，这就可以通过检查有无病征初步确定是否是非侵染性病害。具体操作时需要注意以下两点：一是病组织上可能存在非致病性的腐生生物，要注意分辨；二是侵染性病害的初期病征也不明显，而且病毒、植原体等病害也看不见病征。

在区分非侵染性病害和侵染性病害时，应该明确非侵染性病害的主要特点是：①无病征，但是患病后期由于抗病性降低，病部可能会有腐生菌类出现。②田间发病比较普遍，发病均匀，面积较大。③无传染性，田间无发病中心。④在适当的条件下，有的病状可以恢复。

根据田间症状的表现，拟定最可能的非侵染性病害治疗措施，进行针对性的改变环境条件处理，观察病害的发展情况，这就是治疗性诊断。例如，通常情况下，植物的缺素症在施肥后症状可以很快减轻或消失。

 复习题

1. 名词解释

植物病害、寄主、病原、非侵染性病害、症状、病状、病征。

2. 填空题

1）生物性病原是指以园林植物为寄生对象的一些有害生物，主要有（　　）、（　　）、（　　）、类菌原体、类病毒、寄生性种子植物、线虫、寄生藻类等。

2）凡是由生物因子引起的植物病害都是互相传染性的，有侵染过程，称为（　　）或（　　），也称为寄生性病害。

3）凡是由非生物因子引起的植物病害都是没有传染性的，没有侵染过程，称为（　　）或（　　），也称为生理性病害。

4）园林植物病害的发生有一定的病理变化过程，这个病变过程首先是（　　），接着是（　　），最后导致（　　）。

5）园林植物病害的发生导致外部形态的变化，如叶斑、枯梢、根腐、腐烂、畸形等，称为（　　）。

3. 选择题

1）园林植物病害大多数是由病原菌引起的，下列完全属于病原菌的是（　　）。

A. 真菌、蚜虫、气候因子　　　　　　　　　B. 细菌、四足螨、寄生性种子植物

C. 真菌、木虱、有毒物质　　　　　　　　　D. 真菌、细菌

2）植物病害的症状可分为病状和病征，属于病征特点的是（　　）。

A. 丁香白粉病，病部出现一层白色粉状物和许多黑色小颗粒状物

B. 杨树根癌病，病部要命茎肿大，形状为大小不等的瘤状物

C. 丁香花斑病，叶病部为坏死的褐色花斑或轮状圆斑

D. 果腐病，表现病部腐烂，果实畸形

3）非侵染性病害是因环境条件不适宜而所致，属于非侵染性病害的是（　　）。

A. 植物缺素症、冻害、毛白杨破腹病　　　　B. 杨树腐烂病

C. 动物咬伤、机械损伤、菟丝子　　　　　　D. 害虫为害，风害

4. 问答题

1）园林植物病害的含义是什么？

2）园林植物侵染性病害是怎样发生的（如何理解病害三因素的关系）？

3）园林植物病害的症状类型及特点是什么？

4）如何区分侵染性病害和非侵染性病害？

5）非侵染性病害的发病因素有哪些？怎样防治非侵染性病害的发生和发展？

课题 3 侵染性病原物及其所致的病害

引起侵染性病害的病原物主要有真菌、细菌、病毒、线虫、寄生性植物等。其中真菌占绝大多数，其次是病毒，再次是细菌。

一、植物病原真菌

（一）真菌的一般性状

真菌属于真菌界、真菌门，种类很多，约10万多种，分布很广，绝大多数植物的寄生性病害是由真菌引起的。真菌属真核生物，无根茎叶的分化，无叶绿素，营养方式为异养。典型的营养体为菌丝体，繁殖体是各种类型的孢子。

1. 真菌的营养体

真菌的营养体呈丝状，称作菌丝。菌丝可以分枝，许多菌丝团聚在一起，称为菌丝体（图2-2）。低等真菌的菌丝没有隔膜，称无隔菌丝；高等真菌的菌丝有隔膜，称有隔菌丝。真菌菌丝是获得养分的机构。寄生真菌以菌丝体侵入寄主的表皮细胞或内部吸收养分。真菌在对外界环境的长期适应过程中，菌丝还可以产生不同类型的变态，以利于伸入寄主细胞内，吸收水分和养分。常见的菌丝变态类型有：吸器（图2-3）、假根、附着枝等。真菌的菌丝可以形成各种组织，常见的有菌核、菌索及子座（图2-4）。

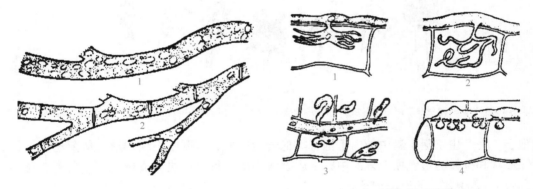

图2-2 真菌的菌丝体
1—无隔菌丝 2—有隔菌丝

图2-3 真菌的吸器类型
1—白粉菌 2—霜霉菌 3—锈菌 4—白粉菌

（1）菌核 是由拟薄壁组织和疏丝组织形成的一种较坚硬的休眠体。其大小、形状和颜色不一，比较坚硬，可以度过寒冷等不良环境。当环境适宜时，菌核萌发产生新的营养体和繁殖体。

（2）菌索 是菌丝体绞结成的绳索状物。它不仅对不良环境有很强的抵抗能力，而且可以主动延伸到数米以外去侵染寄主或摄取营养成分。

（3）子座 是产生各种繁殖体的垫状组织，可由菌丝分化而成，也可由菌丝与部分寄主组织结合而成，有度过不良环境的作用。

2. 真菌的繁殖体

真菌经过营养生长阶段后，即进入繁殖阶段。真菌的繁殖有两种方式，即无性繁殖和有性繁殖。

（1）无性繁殖 指不经过性器官的结合而直接由营养体上产生孢子的繁殖方式。无性繁殖产生无性孢子。主要有以下几种（图2-5）。

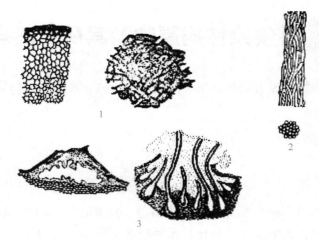

图2-4 菌丝的变态
1—菌核 2—菌索 3—子座

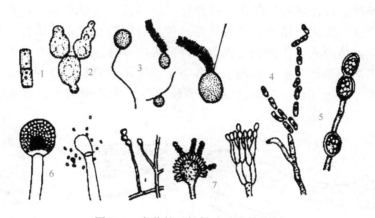

图2-5 真菌的无性繁殖及无性孢子
1—酵母菌的裂殖 2—酵母菌的出芽繁殖 3—游动孢子 4—节孢子 5—厚垣孢子 6—孢囊孢子 7—分生孢子

　　游动孢子：是产生于孢子囊中的内生孢子。孢子囊球形、卵形或不规则形，从菌丝顶端长出，或着生于有特殊形状和分枝的孢囊梗上，囊中原生质裂成小块，每一小块变成球形、洋梨形或肾形，无细胞壁，形成具有1~2根鞭毛的游动孢子。

　　孢囊孢子：是产生孢子囊中的内生孢子。没有鞭毛，不能游动，其形成步骤与游动孢子相同，孢子囊着生于孢囊梗上。孢子囊成熟时，囊壁破裂散出孢囊孢子。

　　分生孢子：是真菌最普遍的一种无性孢子，着生在由菌丝分化而来呈各种形状的分生孢子梗上。

　　厚垣孢子：有的真菌在不良的环境下，菌丝内的原生质收缩变为浓厚的一团原生质，外壁很厚，称为厚垣孢子。

　　（2）有性繁殖

　　是通过性细胞或性器官的结合而产生孢子的繁殖，所产生的孢子称为有性孢子。有性生殖要经过质配、核配和减数分裂三个阶段。常见的有性孢子有下列几种（图2-6）：

　　卵孢子：鞭毛菌类产生的有性孢子是卵孢子，由较小的棍棒形的雄器与较大的圆形的藏卵器结合形成的。

　　接合孢子：结合菌类产生的有性孢子是结合孢子，由两个同形的配子囊结合形成。

　　子囊孢子：子囊菌产生的有性孢子是子囊孢子，由两个异形的配子囊雄器和产囊体结合而成。一般在子囊内形成8个细胞核为单倍体的子囊孢子，形状为球形、圆桶形、棍棒形或线形等。

担孢子：担子菌产生的有性孢子是担孢子，是由性别不同单核的初生菌丝相结合而形成双核的次生菌丝。双核菌丝经过营养阶段后直接产生担子和担孢子，或先产生一种休眠孢子（冬孢子或厚垣孢子），再由休眠孢子萌发产生担子和担孢子。

（二）真菌的生活史

真菌从一种孢子萌发开始，经过一定的营养生长和繁殖阶段，最后又产生同一种孢子的过程，称为真菌的生活史。真菌的菌丝体在适宜条件下产生无性孢子，无性孢子萌发形成新的菌丝体，在生长季节中，这种无性

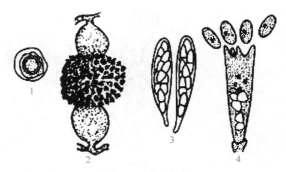

图 2-6　真菌的有性孢子
1—卵孢子　2—接合孢子　3—子囊孢子　4—担孢子

繁殖往往发生若干次。至寄主生长后期进入有性阶段，从单倍体的菌丝体上形成配子囊或配子，经过质配、核配和减数分裂，形成单倍体的细胞核，这种细胞发育成单倍体的菌丝体（图 2-7）。

有些真菌的生活史中，只有无性繁殖阶段或极少进行有性繁殖，如泡桐炭疽病菌、油桐枯萎病菌；有些真菌生活史中，以有性繁殖为主，无性孢子少发生或不发生，如落叶松癌肿病菌；有些真菌生活史中不产生或很少产生孢子，其侵染过程全由菌丝体完成，如引起苗木猝病的丝核菌；有些真菌的生活史中，可以产生几种不同类型的孢子，这种现象称为真菌的多型现象，如锈菌在其生活史中能形成 5 种不同类型的孢子。

二、真菌的主要类群及其所致病害

关于真菌分类体系，各真菌分类学家意见不一，但大都是依据真菌的形态学、细胞学、生物学特性和个体发育及系统学发育的研究资料进行分类。1973 年出版的由 Ainsworth 等主编的《真菌辞典》第八版提出将菌物界下分为粘菌门和真菌门，真菌门下分为 5 个亚门，即鞭毛菌亚门（Mastigomycotina）、接合菌亚门（Zygomycotina）、子囊菌亚门（Ascomycotina）、担子菌亚门（Basidiomycotina）和半知菌亚门（Deuteromycotina）。这一分类系统现已被广泛接受。

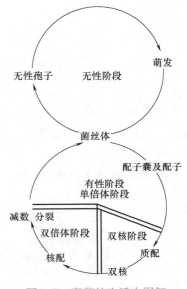

图 2-7　真菌的生活史图解

（一）鞭毛菌亚门真菌及其所致病害

鞭毛菌亚门是较低等的真菌，共同的特征是产生具鞭毛的游动孢子。低等水生鞭毛菌多生活在水中的有机物残体上或寄生在水生植物上。比较高等的鞭毛菌生活在土壤中，常引起植物根部和茎基部的腐烂与苗期猝倒病。具陆生习性的鞭毛菌可以侵害植物的地上部，引起极为重要的病害，如霜霉病、疫病等。

1. 腐霉属（*Pythium*）

菌丝发达，孢囊梗菌丝状。孢子囊球形、棒形或姜瓣形，成熟后一般不脱落。游动孢子肾形、双鞭毛。藏卵器圆形，内含一个卵孢子。雄器侧生，卵孢子圆形或近圆形（图 2-8）。大都腐生在土壤或水中，有的能寄生植物引起幼苗猝倒及根、茎、果实的腐烂。其中瓜果腐霉、德巴利腐霉引起苗木猝倒病。

2. 疫霉属（*Phytophthora*）

孢囊梗分化，孢子囊近球形、卵形或梨形（图 2-9）。绝大多数具寄生性，寄主范围广，可侵染植物的根、茎、叶和果实，引起组织腐烂和死亡。如引起牡丹疫病等。

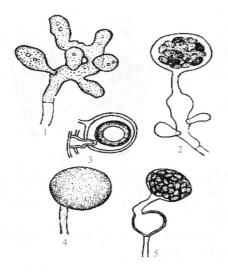

图2-8 腐霉属

1—姜瓣形孢子囊 2—孢子囊萌发图形成排孢管及泡囊
3—雄器及藏卵器 4—球形孢子囊 5—孢子囊萌发

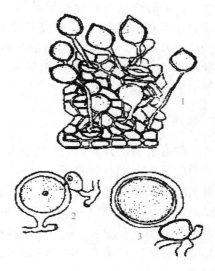

图2-9 疫霉属

1—孢囊梗及孢子囊 2—雄器侧位
3—雄器下位

3. 霜霉属（*Peronospora*）（图2-10）

孢囊梗主轴较明显，粗壮，顶部有2~10次对称的二叉状分支，分支的顶端尖锐。孢子囊近卵形，有色或无色，无乳突，成熟时易脱落，萌发时直接产生芽管，偶尔释放游动孢子。如蔷薇霜霉病菌。

4. 白锈菌属（*Albugo*）（图2-11）

孢囊梗不分枝，短棍棒状，密集在寄主表皮下成栅栏状，孢囊梗顶端串生球形孢子囊。如菊花白锈病菌。

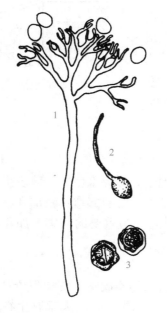

图2-10 霜霉属

1—孢囊梗和孢子囊 2—孢子囊 3—卵孢子

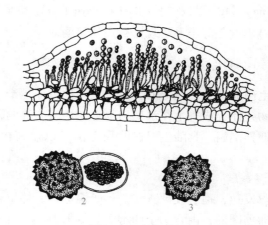

图2-11 白锈菌属

1—寄主表面的孢囊堆 2—卵孢子萌发 3—卵孢子

（二）接合菌亚门真菌及其所致病害

接合菌亚门真菌的共同特征是有性繁殖产生接合孢子。接合菌几乎都是陆生的，多数腐生，少数弱寄生。接合菌亚门分两个纲，毛菌纲不含植物病原真菌，接合菌纲能引起植物花及果实、块根、块茎等贮藏器官的腐烂，病部初期产生灰白色，后期呈灰黑色的霉层。

根霉属（*Rhizopus*）（图 2-12）：无隔菌丝分化出假根和匍匐丝，在假根的对应处向上长出孢囊梗。孢囊梗直立，单生或丛生，顶端着生孢子囊。孢子囊球形，囊轴明显，成熟后囊壁消解或破裂，散出孢囊孢子。接合孢子表面有瘤状突起。主要引起腐烂，如百合鳞茎软腐病。

（三）子囊菌亚门真菌及其所致病害

子囊菌亚门真菌除酵母菌为单细胞外，其他子囊菌的营养体都是分枝繁茂的有隔菌丝体，无性繁殖产生分生孢子，有性繁殖产生子囊和子囊孢子。大多数子囊菌的子囊产生在子囊果内，少数是裸生的。常见的子囊果有子囊壳、闭囊壳、子囊腔和子囊盘。子囊菌根据有性子实体的形态结构分为 6 个纲，即半子囊菌纲、不整子囊菌纲、核菌纲、盘菌纲、腔菌纲和虫囊纲。与园林植物病害关系密切的有：

1. 半子囊菌纲

子囊散生，没有子囊果，绝大部分腐生，仅少数寄生于高等植物上。

外囊菌属（*Taphrina*）：子囊长圆筒形平行排列在寄主表面。专性寄生物，常引起叶片皱缩，枝条丛生和果实肿大等畸形症状。如引起桃缩叶病，梅、李、樱桃果膨大畸形病，樱桃丛枝病等（图 2-13）。

2. 核菌纲

此纲是子囊菌最大的纲，子囊果为子囊壳或闭囊壳。典型子囊壳的下部呈球形或近球形。与园林植物病害有关的主要是白粉菌目、球壳菌目和小煤炱目。

（1）白粉菌目　高等植物的专性寄生菌，引起园林植物的白粉病。菌丝体发达，无色透明，以吸器深入寄主表皮细胞中吸收养分。无性繁殖时从菌丝体上形成分生孢子梗，上面形成分生孢子。在寄主表面形成典型的白粉粉状物，故称白粉病。有性生殖在寄主表面形成球形、黑色闭囊壳，内有一个或多个成束或排列成栅状的子囊，每个子囊中有 2～8 个椭圆形的子囊孢子。闭囊壳四周或顶端有附属丝。附属丝的形态和闭囊壳内子囊的数目是分属的依据。引起园林植物病害的重要属有（图 2-14）：

白粉菌属（*Erysiphe*）：闭囊壳内有多个子囊，附属丝菌丝状。引起的病害有瓜叶菊白粉病、向日葵白粉病等。

单丝壳属（*Sphaerotheca*）：闭囊壳内产生一个子囊，具短柄，球形或卵形，附属丝菌丝状。引起的病害有蔷薇白粉病等。

球针壳属（*Phyllactonia*）：闭囊壳内有多个子囊，子囊孢子卵形，淡黄色。附属丝刚直，针状，基部膨大。引起的病害有梨树、杨树白粉病等。

叉丝壳属（*Microphaera*）：闭囊壳内有多个子囊，附属丝刚直，顶端多次二叉状分枝。引起的病害有丁香白粉病等。

钩丝壳属（*Phyllactonia*）：闭囊壳内有多个子囊。附属丝顶端卷曲成钩状或螺旋状。引起的病害有紫薇白粉病等。

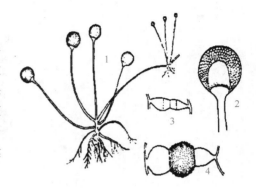

图 2-12　根霉属
1—孢囊梗、假根及匍匐丝　2—孢囊梗放大、示囊轴　3—配囊柄及原配子囊　4—接合孢子

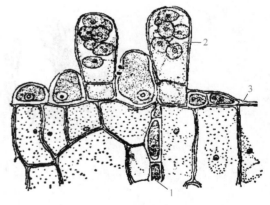

图 2-13　桃缩叶外囊菌
1—胞间菌丝　2—子囊及子囊孢子　3—角质层

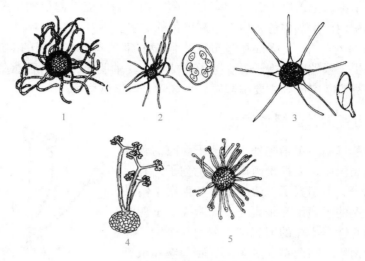

图 2-14 白粉菌日代表属

1—白粉菌属 2—单丝壳属 3—球针壳属 4—叉丝壳属 5—钩丝壳属

（2）球壳菌目 核菌纲中最大的目。子囊果为子囊壳，散生或聚生在基质表面或部分或整个埋在子座内，内生束状或整齐排列的子囊，子囊间大部分有侧丝，壳口有缘丝。无性繁殖形成分生孢子，分生孢子着生于分生孢子梗、分生孢子盘、分生孢子器、孢梗束或瓶装细胞上（图 2-15）。球壳菌目真菌多数为腐生菌，少数是植物寄生菌，引起植物坏死、腐烂等症状。

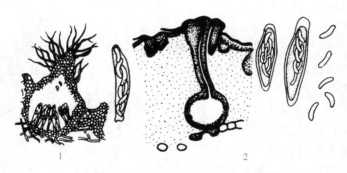

图 2-15 小丛壳属和黑腐皮壳属

1—小丛壳属 2—黑腐皮壳属

小丛壳属（*Glomerella*）：子囊壳小，壁薄。丛生于寄主表皮下的子座上，孔口呈乳状突起，成熟时突破表皮外露，有的壳壁四周有毛。子囊棍棒形，子囊孢子单胞，无色，椭圆形，无侧丝。无性态为炭疽菌属。引起园林植物的炭疽病，如兰花炭疽病等。

黑腐皮壳属（*Valsa*）：子座发达，为假子座，圆锥形，埋生在树皮内，顶端突出。子囊壳深褐色，具长颈，成群地埋生在假子座内。子囊壳的颈聚集在一起，向外露出孔口，子囊棍棒形或圆形，无柄，内含 8 个子囊孢子。子囊孢子单胞，无色，弯曲，腊肠形。腐生或弱寄生。引起树干腐烂病，如杨树烂皮病。

（3）小煤炱目 小煤炱目是植物的外寄生菌。不引起重要的病害，但是叶面上生长的霉层影响光合作用和植物的观赏性。

小煤炱属（*Melioala*）：菌丝体寄生于寄主植物表面，褐色，有附着枝。以吸器深入寄主表皮细胞中吸收养分。子囊果为闭囊壳，内含 2～8 个子囊。子囊孢子 3～4 个横隔，褐色，长圆形（图 2-16）。引起各种园林植物的煤污病。

3. 腔菌纲

子囊果为子囊座，内生一个或多个子囊腔。有的子囊座较小，只有一个子囊腔称为假囊壳。多数子囊腔内子囊束生或平行排列，有的子囊间有子座溶解而来的丝状残余物即拟侧丝。腔菌与核菌不同的另一特征是子囊为双囊壁，而核菌的子囊为单囊壁。本纲与园林植物病害有关的主要是格孢腔菌目的黑星菌属。

黑星菌属（*Venturia*）：假囊壳大多在病植物残余组织的表皮下形成，上部有黑色、多隔的刚毛。子囊圆筒形，平行排列。子囊孢子椭圆形，双细胞，大小不等（图2-17）。引起园林植物黑星病。

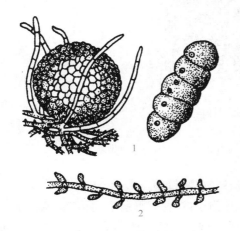

图2-16 小煤炱属
1—闭囊壳和子囊孢子 2—附着枝

图2-17 黑星菌属

4. 盘菌纲

子囊果为子囊盘，有柄或无柄，盘内为整齐排列的子实层（子囊和侧丝）。与园林植物病害有关的主要是柔膜菌目的核盘菌属，可引起园林植物的菌核病。

核盘菌属（*Sclerotinia*）：菌丝体可形成菌核，具长柄的子囊盘产生在菌核上。子囊盘漏斗状或盘状。子囊圆柱形，子囊孢子单胞，无色，椭圆形（图2-18）。

（四）担子菌亚门真菌及其所致病害

真菌中最高等的一个类群，全部陆生。营养体为发达的有隔菌丝。担子菌菌丝体发育有两个阶段，由担孢子萌发的菌丝单细胞核，称初生菌丝，性别不同的初生菌丝结合形成双核的次生菌丝。双核菌丝体可以形成菌核、菌索和担子果等机构；担子菌无性繁殖一般不发达，有性繁殖除锈菌外，多由双核菌丝体的细胞直接产生担子和担孢子。高等担子菌的担子散生或聚生在担子果上，如蘑菇、木耳等。担子上着生4个担孢子。与园林植物病害有关的主要有锈菌目和黑粉菌目。

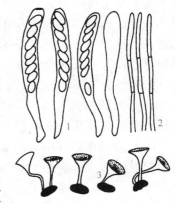

图2-18 核盘菌属
1—子囊 2—侧丝
3—从菌核上生出的子囊盘

1. 锈菌目

该目真菌全部是专性寄生菌，引起植物锈病。菌丝体发达，寄生于寄主细胞间，以吸器穿入细胞内吸收营养。不形成担子果。生活史较复杂，典型的锈菌生活史可分为5个阶段，产生5种类型的孢子：性孢子、锈孢子、夏孢子、冬孢子和担孢子（图2-19）。

锈菌种类很多，并非所有锈菌都产生5种类型的孢子。因此，各种锈菌的生活史是不同的，一般可分3类：

① 5个发育阶段（5种孢子）都有的为全型锈菌，如松芍柱锈菌。

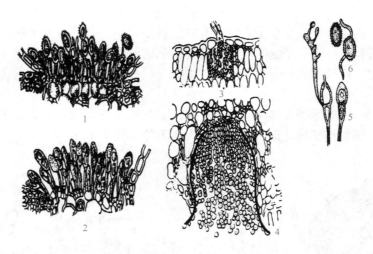

图2-19　锈菌目的各种孢子类型
1—夏孢子堆和夏孢子　2—冬孢子堆和冬孢子　3—性孢子器和性孢子
4—锈孢子腔和锈孢子　5—冬孢子及其萌发　6—夏孢子及其萌发

② 无夏孢子阶段的为半型锈菌，如梨胶锈菌、报春花单胞锈菌。

③ 缺少锈孢子和夏孢子阶段，冬孢子是唯一的双核孢子的为短型锈菌，如锦葵柄锈菌。

此外，有些锈菌在生活史中，未发现或缺少冬孢子，这类锈菌一般称为不完全锈菌，如女贞锈孢锈菌。除不完全锈菌外，所有的锈菌都产生冬孢子。

锈菌对寄主有高度的专化性。有的锈菌全部生活史可以在同一寄主上完成，也有不少锈菌必须在两种亲缘关系很远的寄主上完成全部生活史。前者称单主寄生，后者称转主寄生。转主寄生是锈菌特有的一种现象。玫瑰多胞锈菌为单主寄生锈菌。松芍柱锈菌为转主寄生锈菌，性孢子和锈孢子在松树枝干上为害，夏孢子和冬孢子在芍药叶片上为害。锈菌寄生在植物的叶、果、枝干等部位，引起的病害病征多呈锈黄色粉堆，故称为锈病。

锈菌的冬孢子在形态上变化很大，是锈菌分类的主要依据。与园林植物病害有关的有：

（1）柄锈菌属（*Puccinia*）　冬孢子双胞，有短柄，壁厚，隔膜处缢缩不深（图2-20）。多寄生于禾本科、莎草科及菊科植物上，可引起草坪草锈病、美人蕉锈病、菊花锈病等。

（2）胶锈菌属（*Gymnos porangium*）　冬孢子双胞，有长柄，壁薄，遇水胶化（图2-21）。如梨胶锈菌引起梨锈病，转主寄主为桧柏。

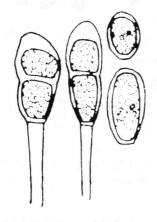

图2-20　柄锈菌属
冬孢子和夏孢子

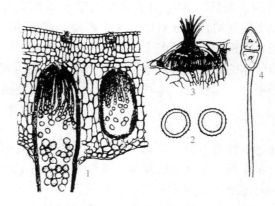

图2-21　胶锈菌属
1—锈孢子器　2—锈孢子　3—性孢子器　4—冬孢子

（3）单胞锈菌属（*Uromyces*） 冬孢子单胞，有柄，深褐色，顶壁较厚（图 2-22）。可引起香石竹锈病、月季锈病等。

（4）多胞锈菌属（*Phragmidium*） 冬孢子由多个细胞组成，壁厚，有长柄，柄的基部膨大（图 2-23）。可引起玫瑰锈病。

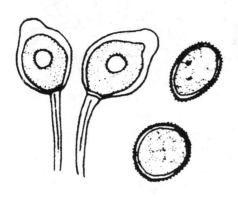

图 2-22 单胞锈菌属冬孢子和夏孢子   图 2-23 多胞锈菌属冬孢子

2. 黑粉菌目

黑粉菌绝大多数是高等植物的寄生菌，因在寄主上形成大量的黑粉而得名，由黑粉菌引起的病害称为黑粉病。黑粉菌无性繁殖，通常由菌丝体上生出小孢子梗，其上着分生孢子，或由担子和分生孢子以芽殖方式产生大量子细胞，它相当于无性孢子。有性繁殖产生圆形厚壁的冬孢子。冬孢子群集成团的产生，可出现在寄主的花器、叶片、茎或根等部位。被黑粉菌寄生的植物均在受害部位出现黑色粉堆或团。为害园林植物主要有：

（1）黑粉菌属（*Ustilago*） 黑粉菌中最大的一个属（图 2-24）。冬孢子散生，单胞。萌发时产生着生担孢子的先菌丝，先菌丝也可以不产生担孢子而变为侵染丝。如引起石竹科植物花药黑粉病，早熟禾、剪股颖、羊茅黑粉病等。

（2）条黑粉菌属（*Urocystis*） 冬孢子堆生于寄主的叶、茎内（图 2-25）。冬孢子常结合成外有不孕细胞的孢子球。如引起石竹黑粉病、银莲花条黑粉病、草坪草秆黑粉病等。

3. 外担菌目

不形成担子果。为害植物的叶、茎和果实。引起组织肿胀、卷曲等。与园林植物关系密切的有：

外担菌属（*Exobasidium*）：担子单个或成丛从菌丝上生出，穿过寄主表皮细胞间，突破角质层露出灰白色粉状连续的子实层，不形成担子果。担子圆柱形或近棍棒形，单胞，无色，有 2~4 个无色圆锥形小梗。担孢子着生于小梗上，无色，单胞（图 2-26）。可引起杜鹃饼病或山茶饼病。

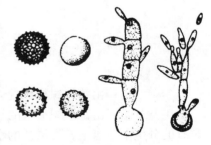

图 2-24 黑粉菌属冬孢子和冬孢子萌发

（五）半知菌亚门真菌及其所致病害

由于半知菌的生活史只发现无性阶段，有性阶段未发现，或不产生有性态，所以称为半知菌。已发现的有性态多属于子囊菌亚门，极少数属于担子菌，个别属于接合菌。半知菌营养体发达，有隔膜。其繁殖方式是从菌丝体上分化出特殊的分生孢子梗，由产孢细胞产生分生孢子，孢子萌发产生菌丝体。分生孢子梗分散着生在营养菌丝上或聚生在一定结构的子实体中。半知菌的无性子实体有以下几种（图 2-27）：

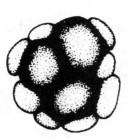

图 2-25　条黑粉菌属冬孢子与
不孕细胞结合的孢子囊

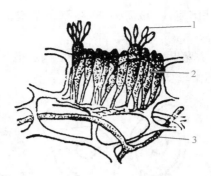

图 2-26　外担菌属
1—担孢子　2—担子　3—菌丝

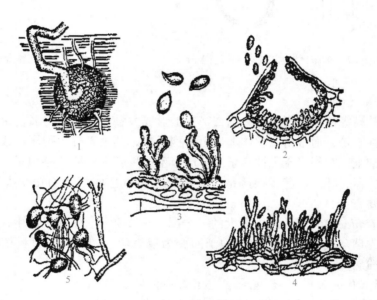

图 2-27　半知菌的无性子实体及菌核
1—分生孢子器外形　2—分生孢子器剖面　3—分生孢子梗
4—分生孢子盘　5—菌丝及菌核

分生孢子器：由菌组织构成的近球形、顶端有孔口的结构，内壁上长出分生孢子梗。

分生孢子盘：由菌组织形成的垫状或盘状结构，上面着生成排的短的分生孢子梗，梗上着生分生孢子，有的分生孢子盘上长有黑色的刚毛。

分生孢子座：垫状或瘤状结构，其上着生分生孢子梗的称为分生孢子座。

半知菌亚门中有许多园林植物病原菌，引起植物各种器官的病害。与园林植物有关的重要半知菌有以下 5 个目：

1. 无孢目

菌丝体发达，褐色或无色，有的能形成厚垣孢子、菌核等菌丝变态结构，但不产生分生孢子。主要为害植物的根、茎基或果实等部位，引起立枯、根腐、茎腐和果腐等症状。重要的园林植物病原菌有（图 2-28）：

（1）丝核菌属（*Rhizoctonia*）　菌丝多呈直角分枝，在分枝处有缢缩。菌核表面及内部褐色至黑色，形状多样，生于寄主表面，常有菌丝相连。引起多种园林植物猝倒病、立枯病。

（2）小核菌属（*Sclerotium*）　产生较有规则的圆形或扁圆形菌核，表面褐色至黑色，内部白色，菌核之间无菌丝相连。引起兰花等多种花木白绢病。

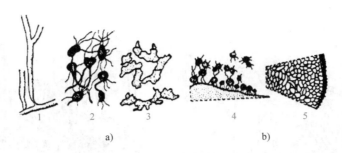

图 2-28　丝核菌属和小核菌属
a）丝核菌属　b）小核菌属
1—菌丝分枝基部隘缩　2、4—菌核　3—菌核组织的细胞
5—菌核部分切面

2. 丝孢目

分生孢子直接从菌丝上或分生孢子梗上产生，分生孢子梗散生或簇生，不分枝或上部分枝。重要的属有（图 2-29）：

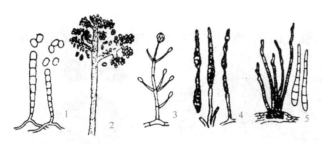

图 2-29　丝孢目重要属
1—粉孢属　2—葡萄孢属　3—轮枝孢属　4—链格孢属　5—尾孢属

（1）粉孢属（*Oidium*）　分生孢子梗直立，与菌丝区别不显著。分生孢子单胞，椭圆形，串生。可引起瓜叶菊白粉病、月季白粉病等。

（2）葡萄孢属（*Botrytis*）　分生孢子梗分枝略垂直，对生或不规则。分生孢子圆形或椭圆形，聚生于分枝顶端成葡萄穗状。可引起菊花、牡丹、芍药、四季海棠、仙客来灰霉病等。

（3）轮枝孢属（*Verticillium*）　分生孢子梗轮状分枝，分生孢子卵圆形、单胞。可引起大丽花黄萎病等。

（4）链格孢属（交链孢属）（*Alternaria*）　分生孢子梗深色，顶端单生或串生分生孢子。分生孢子多胞，有纵横分隔。可引起香石竹叶斑病、圆柏叶枯病等。

（5）尾孢属（*Cercospora*）　分生孢子梗黑褐色，不分枝，顶端着生分生孢子。分生孢子线形，多胞，有多个横隔膜。可引起樱花褐斑病、丁香褐斑病、桂花叶斑病、杜鹃叶斑病等。

3. 瘤座孢目

分生孢子梗集生在菌丝体纠结而成的分生孢子座上。分生孢子座呈球形或瘤状。重要的属有：

镰孢属（*Fusarium*）：又称镰刀菌属（图 2-30）。分生孢子有两种：大型分生孢子多胞、细长、镰刀形；小分生孢子卵圆形、单胞，着生在子座上。本属种类多，分布广，腐生、弱寄生或寄生，能为害多种不同植物，引起根、茎、果实腐烂，穗腐、立枯，或破坏植物输导组织，引起萎蔫。如引起香石竹等多种花木枯萎病。

4. 黑盘孢目

分生孢子梗产生在孢子盘上。分生孢子短小，通常是单细胞。重要的有：

炭疽菌属（*Colletotrichum*）：又称刺盘孢属。分生孢子盘有刚毛，分生孢子单胞，无色，长椭圆形或新月形。引起各种园林植物炭疽病（图 2-31）。

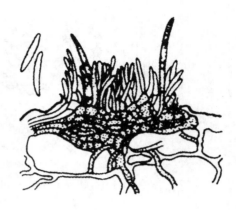

图 2-30　镰孢属
1—分生孢子梗及大型分生孢子
2—分生孢子梗及小型分生孢子

图 2-31　炭疽菌属分生
孢子盘及分生孢子

5. 球壳孢目（图 2-32）

分生孢子梗着生在分生孢子器内，常引起枝枯及各种叶斑病。重要的属有：

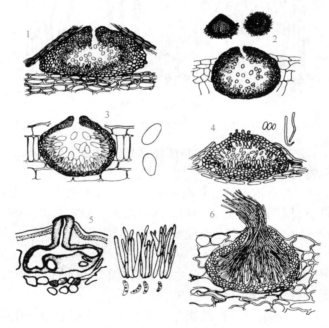

图 2-32　球壳孢菌的分生孢子器和分生孢子
1—叶点霉属　2—茎点霉属　3—大茎点霉属
4—拟茎点霉属　5—壳囊孢属　6—壳针孢属

（1）叶点霉属（*Phyllosticta*）　分生孢子器黑色，扁球形至球形，具有孔口。分生孢子梗短，分生孢子小，单胞，无色，卵圆形至长椭圆形。引起各种园林植物叶斑病，如荷花斑枯病、桂花斑枯病等。

（2）壳针孢属（*Septoria*）　分生孢子器近球形，具有孔口。分生孢梗短，分生孢子无色、多胞，细长筒形、针形或线形。引起菊花褐斑病等。

三、植物病原细菌

细菌属于原核生物界，细菌门，为单细胞原核生物。原核生物除细菌外，还包括放线菌、蓝细菌以及无细胞壁的菌原体等。植物病原原核生物主要是细菌，是仅次于真菌和病毒的第三大类病原生物，可引起多种园林植物的重要病害。如细菌性叶斑病、大丽花青枯病、桃细菌性穿孔病、樱花根癌病、仙人球茎腐病等。

（一）细菌的一般性状

1. 细菌的形态结构

一般细菌的形态为球状、杆状和螺旋状三种。植物病原细菌大多是杆状菌，少数球状。

细菌大多有鞭毛，着生在菌体一端或两端的称为极生鞭毛，着生在菌体四周的称为周生鞭毛。细菌鞭毛的有无、着生位置和数目是细菌分类的重要依据（图2-33）。

2. 细菌的繁殖

细菌的繁殖方式一般是裂殖。即细菌生长到一定限度时，细胞壁自菌体中部向内凹入，胞内物质重新分配为两部分，最后菌体从中间断裂，把原来的母细胞分裂成两个形式相似的子细胞。细菌的繁殖速度很快，一般1小时分裂一次，在适宜的条件下有的只要20min就能分裂一次。

3. 细菌的生理特性

植物病原细菌都是非专性寄生菌，都能在培养基上生长繁殖。在固体培养基上可形成各种不同形状和颜色的菌落，通常以白色和黄色的圆形菌落较为居多，也有褐色和形状不规则的。菌落的颜色和细菌产生的色素有关。细菌的色素若限于细胞内，则只有菌落有颜色，若分泌到细胞外，则培养基也变色。假单胞杆菌属的植物病

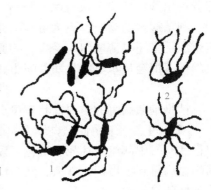

图2-33 细菌的鞭毛
1—极生鞭毛 2—周生鞭毛

原细菌，有的可产生荧光性色素并分泌到培养基中。青枯病细菌在培养基上可产生大量褐色色素。

大多数植物病原细菌是好气的，少数是嫌气菌。细菌的最适生长温度是26～30℃，温度过高过低都会使细菌生长发育受到抑制，细菌对高温比较敏感，一般致死温度是50～52℃。

革兰氏染色反应是细菌的重要属性。细菌用结晶紫染色后，再用碘液处理，然后用酒精或丙酮冲洗，洗后不褪色是阳性反应，洗后褪色的是阴性反应。革兰氏染色能反映出细菌本质的差异，阳性反应的细胞壁较厚，为单层结构；阴性反应的细胞壁较薄，为双层结构。

（二）植物病原细菌的分类概况

细菌个体很小，构造简单，不像其他生物那样主要以形态作为分类依据。细菌分类主要以下列几个方面的性状为依据：①形态上的特征；②营养型及生活方式；③培养特性；④生理生化特性；⑤致病性；⑥症状特点；⑦抗原构造；⑧对噬菌体的敏感性；⑨遗传学特性。关于细菌分类问题意见颇不一致，过去曾有许多种分类系统。现在较普遍采用的是伯杰氏（Bergey）在1974年《伯杰氏细菌鉴定手册》第八版提出的分类系统。

1. 棒状杆菌属（*Corynebacterium*）

属厚壁菌门。菌体短杆状，无鞭毛，革兰氏染色反应阳性。多从伤口侵入，寄生于维管束组织内，引起萎蔫症状。如菊花、大丽花青枯病等。

2. 黄单胞杆菌属（*Xanthomonas*）

属薄壁菌门。菌体短杆状，极生单鞭毛，革兰氏染色反应阴性。菌落黄白色，引起叶斑、叶枯等症状，引起的园林植物病害有桃细菌性穿孔病等。

3. 假单胞杆菌属（*Pseudomonas*）

属薄壁菌门。菌体短杆状，极生1根或多根鞭毛，菌落灰白色或有荧光色素。寄生于植物薄壁组织内，引起斑点和条斑等症状，如栀子花细菌性叶斑病、丁香疫病等。

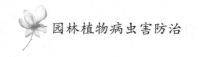

4. 土壤杆菌属（*Agrobacterrium*）

属薄壁菌门。为土壤习居菌。菌体短杆状，鞭毛1~6根，周生或侧生。革兰氏阴性。从伤口侵入，引起樱花根癌病等。

5. 欧文氏杆菌属（*Erwinia*）

属薄壁菌门。菌体短杆状，大多周生多根鞭毛，革兰氏阴性。从伤口侵入，引起组织腐烂，引起的病害有鸢尾细菌性软腐病等。

（三）植物细菌病害的症状特点

在田间，细菌病害有如下特征：一是受害组织表面常为水泽状或油泽状；二是在潮湿的情况下，病部分泌出淡黄色或者灰白色、胶黏、似水珠状的菌脓，三是腐烂性病害往往有恶臭味。

细菌病害的诊断，更为可靠的方法是观察喷菌现象。因为由细菌侵染引起的植物病害，无论是维管束组织受害还是薄壁组织受害，病原细菌都大量存在于病组织内，所以在显微镜下观察时，病组织内大量的细菌即会呈水雾状从病部喷出。喷菌现象为细菌病害所特有，是区分细菌、真菌病害的最简便手段之一。

植物细菌病害的主要症状有斑点、腐烂、枯萎、畸形等几种类型。

（1）斑点　细菌性病斑发生初期，病斑常呈现半透明的水渍状，其周围形成黄色的晕圈，扩大到一定程度时，中部组织坏死呈褐色至黑色。有些细菌还能在寄主枝干韧皮部形成溃疡斑，如杨树细菌性溃疡病。病斑到了后期，常从自然孔口和伤口溢出细菌性粘液，成为溢脓。斑点症大多由假单胞杆菌或黄单胞杆菌引起的。

（2）腐烂　植物多汁的组织受细菌侵染后，通常表现腐烂症状。腐烂主要是由欧文氏杆菌引起。

（3）枯萎　细菌侵入维管束组织后，植物输导组织受到破坏，引起整株枯萎，受害的维管束组织变褐色。在潮湿的条件下，受害茎的断面有细菌粘液溢出。枯萎多由棒状杆菌属引起，在木本植物上则以青枯病假单胞杆菌最为常见。

（4）畸形　以组织过度生长畸形为主，土壤杆菌属可引起根部产生肿瘤。

四、植物病原病毒

植物病毒是仅次于真菌的重要病原物。病毒是一类结构简单，非细胞结构的专性寄生物。病毒粒体很小，主要由核酸和蛋白质组成。也称分子寄生物。寄生植物的病毒称为植物病毒，寄生动物的称为动物病毒，寄生细菌的称为噬菌体。

（一）植物病毒的一般性状

1. 病毒的形态

病毒比细菌更加微小，只有在电子显微镜下才能观察到病毒粒体。在显微镜下，植物病毒粒体的形状主要有杆状、线状和球状。

2. 病毒的结构和成分

植物病毒的粒体由核酸和蛋白质衣壳组成。核酸和蛋白质的比例因病毒种类而异，一般核酸占5%~40%，蛋白质占60%~95%。此外，还含有水分、矿质元素等。一种病毒粒体内只含有一种核酸（RNA或DNA）。高等植物病毒的核酸大多是单链RNA，极少数是双链的。植物病毒外部的蛋白质衣壳具有保护核酸免受核酸酶或紫外线破坏的作用。同种病毒的不同株系，蛋白质的结构有一定的差异。

3. 植物病毒的增殖

也称复制。病毒进入植物体后，可以利用寄主的营养物质和能量分别合成病毒的蛋白质和核酸，从而形成新的病毒粒体。首先，病毒的核酸（RNA）与蛋白质衣壳分离，RNA进入细胞核内或吸附在细胞周围，以这条链作为一个正链样板，可以复制出相对应的负链。这个负链又可以复制出相对应的正链，然后正链离开细胞核，进入细胞质，诱发病毒蛋白质的形成。这样，核酸和蛋白质分别合成，然后组装成为一个完整的病毒粒体。

4. 植物病毒的理化特性

植物病毒作为活体寄生物，在其离开寄主细胞后，会逐渐丧失侵染力。不同种类的病毒对各种物理化学因素的反应有所差异。

（1）钝化温度（失毒温度）　指把含有病毒的植物汁液在不同温度下处理 10 min 后，使病毒失去侵染力的最低温度。病毒对温度的抵抗力相当稳定。大多数植物病毒钝化温度在 55~70℃。烟草花叶病毒的钝化温度最高，为 90~93℃。

（2）稀释限点（稀释终点）　将含有病毒的植物汁液加水稀释，使病毒失去侵染力的最大稀释限度。各种病毒的稀释限点差别很大。病毒的稀释终点还与病毒汁液的浓度有关，浓度越高，稀释限点也越大，而病毒的浓度往往受栽培条件、寄主植物的状况所影响。因此，同一病毒的稀释限点不一定相同，稀释限点只能作为鉴定病毒的参考指标。

（3）体外存活期（体外保毒期）　在室温（20~22℃）条件下，含有病毒的植物汁液保持侵染力的最长时间。不同植物病毒在体外保持致病力的时间长短不一，有的只有几小时或几天，有的可长达一年以上。

（4）对化学物质的反应　病毒对杀菌剂如升汞、酒精、甲醛、硫酸铜等有较强的抗性，但肥皂等除垢剂可使许多病毒失去毒力。

（二）植物病毒病害的症状特点

植物病毒病害的症状往往表现为变色（花叶、黄化）；畸形（皱缩、矮缩、蕨叶）；少数为坏死。绝大多数病毒都是系统侵染，引起的坏死斑点通常较均匀地分布于植株上，而不像真菌和细菌引起的局部斑点在植株上分布不均匀。此外，随着气温的变化，特别是在高温条件下，病毒病害时常会发生隐症现象。

（三）植物病毒的传播

植物病毒是严格的活体专性寄生物，无主动侵染能力，只能从微伤口侵入植物体，其传播途径有：

（1）机械传播　病、健植株的叶片因相互碰撞摩擦而产生轻微伤口，病毒随着病株汁液从伤口流出侵染健株。通过沾有病毒汁液的手和操作工具也能将病毒传给健株。

（2）无性繁殖材料和嫁接传播　各种无性繁殖材料如球茎、鳞茎、根系、插条、砧木和接穗等都会引起病毒的传播。如郁金香碎锦病、美人蕉花叶病等主要以球根传播；嫁接是园林、园艺上常见的农事活动，也是病毒病传播的最重要方式，如蔷薇条纹病毒及牡丹曲叶病毒，就是通过接穗和砧木带毒经嫁接传播的。

（3）种子和花粉传播　种子带毒为害主要表现在早期侵染和远距离传播。早期侵染可形成田间发病中心；而带毒种子随着种子的调运则会造成病毒的远距离传播。以种子传播的病毒大多可以机械传播，症状常为花叶。如仙客来病毒病就是通过种子传带病毒的。还有极少量的病毒可以由花粉传播。

（4）介体传播　植物病毒的传毒介体主要有：昆虫、螨、线虫、真菌、菟丝子等。大部分植物病毒是通过昆虫传播的。传毒的昆虫主要是刺吸式口器的昆虫，如蚜虫、叶蝉、飞虱等。

五、植物病原线虫

线虫在自然界分布很广，种类繁多，有的可以在土壤和水中生活，有的可以在动植物体内营寄生生活。我国园林植物线虫病害共有百余种，为害较严重的有仙客来、牡丹、月季等的根结线虫病；菊花、珠兰的叶枯线虫病；水仙茎线虫病以及松材线虫病等。

（一）线虫的一般性状

大多数植物病原线虫体形细长，两端稍尖，形如线状，多为乳白色或无色透明。大多数植物寄生线虫虫体细小，需要用显微镜观察。线虫体长约 0.3～1mm，个别种类可达 4mm，宽约 30～50μm。大多数线虫为雌雄同型，少数雌雄异型，雌虫为梨形或球形。

线虫虫体通常分为头部、胴部和尾部。头部的口腔内有口针（吻针），用以刺穿植物并吮吸汁液（图 2-34）。

植物线虫有卵、幼虫和成虫 3 个虫态。植物线虫一般为两性繁殖，少数为孤雌繁殖。多数线虫完成 1 代只要 3～4 周的时间，在一个生长季节可完成若干代。线虫多分布在 15cm 以内的耕作层内，特别是根围。

线虫在土壤中的活动性不强，在土壤中每年迁移的距离不超过1～2m。被动传播是线虫的主要传播方式，包括水、昆虫和人为传播。在田间主要以灌溉水的形式传播，人为传播方式有耕作机具携带病土、种苗调运、污染线虫的农产品及其包装物的贸易流通等。通常人为传播都是远距离的。

植物病原线虫多以幼虫或卵在土壤、田间病株、带病种子（虫瘿）和无性繁殖材料、病残体等场所越冬，在寒冷和干燥条件下还可以休眠或滞育的方式长期存活。

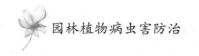

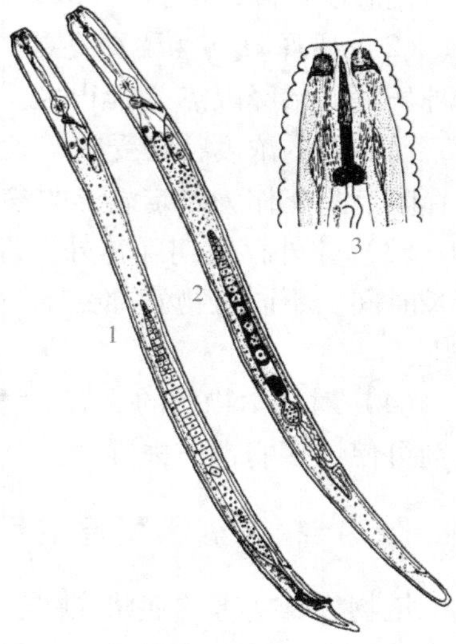

图 2-34 线虫的形态和结构
1—雄虫 2—雌虫 3—头部

（二）植物线虫的主要类群

线虫属动物界，线虫门，分属侧尾腺口纲和无侧尾腺口纲的低等生物。全世界约有 50 多万种，在动物界中是仅次于昆虫的一个庞大类群。目前有记载的植物病原线虫有 260 多属，5700 多种。其中园林植物重要的病原线虫多属于侧尾腺口纲垫刃目和无侧尾腺口纲矛线目的几个属。

1. 茎线虫属（*Ditylenchus*）

雌雄同型，虫体纤细。可以为害地上部的茎、叶和地下部的根、鳞茎和块根，有的可以寄生昆虫和蘑菇等。该类线虫的为害症状是组织坏死，有的还可在根上形成肿瘤，如郁金香茎线虫等。

2. 异皮线虫属（*Heterodera*）

又称胞囊线虫属，是为害植物根部的一类重要线虫。雌雄异型。成熟雌虫膨大呈柠檬形、梨形，雄虫为蠕虫形。两性成虫的表皮质地不一样，故名异皮线虫。整个雌虫体成为一个卵袋，特称胞囊。卵在胞囊的保护下可存活数年。如凤仙花胞囊线虫等。

3. 根结线虫属（*Meloidogyne*）

雌雄异型。成熟雌虫膨大呈梨形，表皮柔软透明，雄虫为蠕虫形。根结线虫属为害植物后，受害的植物根部肿大，形成瘤状根结。如仙客来根结线虫等。

4. 滑刃线虫属（*Aphelenchides*）

雌雄同型，细长。主要为害植物的叶片和茎。如菊花叶枯线虫等。

（三）植物线虫病害的症状

线虫对植物的致病作用，除了口针对寄主刺伤和虫体在寄主组织内穿行所造成的机械损伤之外，线虫还分泌各种酶和毒素，使寄主组织和器官发生各种病变。全株性症状主要有植株生长衰弱矮小，发育缓慢，叶色变淡，甚至萎黄，类似缺肥，营养不良的现象。局部性症状主要为畸形，其中最明显的是根结、丛根、虫瘿及茎叶扭曲等畸形症状。

六、寄生性植物

寄生性植物是一类缺乏叶绿素或根系、叶片退化，必须寄生在其他植物上以获取营养物质的植物。大多数寄生性植物可以开花结籽，又称为寄生性种子植物。

（一）寄生性植物的一般性状

根据寄生性植物对寄主植物的依赖程度，可将其分为全寄生和半寄生两类。全寄生植物无叶片或叶片退化，无叶绿素，必须从寄主体内获取所有的营养物质，如菟丝子和列当。半寄生植物具有叶绿素，能够进行光合作用，主要从寄主植物中吸收水分和无机盐，如桑寄生和槲寄生。

寄生性植物对寄主植物的影响是抑制生长。草本植物受害主要表现为植株矮小、黄化，严重时全株枯死。木本植物受害后主要表现为生长受到抑制，提早落叶，发芽迟缓，甚至顶枝枯死，不结实等。

寄生性植物靠种子繁殖。种子依靠风力或鸟类传播，称为被动传播；当寄生性植物种子成熟时，果实吸水膨胀开裂，将种子弹射出去的，称为主动传播。

（二）寄生性植物的主要类群

1. 菟丝子属

菟丝子在我国各地均有发生，寄主范围广。全寄生，属一年生攀藤寄生的草本种子植物。无根；叶片退化为鳞片状，无叶绿素；茎多为黄色丝状；花较小，白色、黄色或淡红色，头状花序；蒴果扁球形，内有 2~4 粒种子；种子卵圆形，稍扁，黄褐色至深褐色。

2. 列当属

列当为一年生草本植物。茎肉质。叶片鳞片状，无叶绿素。吸根吸附于寄主植物根的表面，以短须状次生吸器与寄主的维管束相连。花两性，穗状花絮。果实为球状蒴果，成熟时纵裂，散出卵圆形、深褐色、表面有网状花纹的种子。

3. 桑寄生属

桑寄生为常绿小灌木，少数为落叶性。枝条褐色，圆筒状，有匍匐茎叶，为柳叶形，少数退化为鳞片状。花两性，多为总状花序。浆果，种胚和胚乳裸生，包在木质化的果皮中。

桑寄生的种子是鸟类传播的，有的鸟喜欢浆果，但种子不能消化，被吐出或经消化道排出，当种子落到树上，便粘附在树皮上，在适宜的条件下萌发，产生胚根，胚根与寄主接触后形成吸盘，产生初生吸根侵入寄主活的皮层组织，形成假根和次生吸根与寄主导管相连，吸取水分和无机盐。初生吸根和假根可不断产生新枝条，同时长出匍匐茎，沿枝干背光面延伸，并产生吸根侵入寄主树皮。如此不断蔓延危害，被害植物树势衰退，严重时枝条枯死。

4. 槲寄生属

槲寄生为绿色小灌木。叶片革质，对生或全部退化；茎圆柱形，多分支，节间明显，无匍匐茎；花极小，单性，雌雄异株。果实为浆果。槲寄生能产生生长刺激物质，使寄主受害部位过度生长形成肿瘤。

实训 7　植物病原真菌形态观察

1. 目的要求

1）了解真菌的一般形态，初步掌握显微镜观察、制片、绘图技术。
2）识别真菌五大亚门各代表属的形态特征。
3）绘制病原形态图。

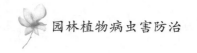

2. 材料及用具

真菌五大亚门代表属的永久玻片标本。病征典型的病植物。显微镜、载玻片、盖玻片、挑针、解剖刀、蒸馏水小滴瓶、纱布块等。

3. 内容与方法

1) 临时玻片标本制作。

方法1：取清洁载玻片，中央滴蒸馏水一滴，用挑针取少许瓜果腐霉病菌的白色棉絮状菌丝放入水滴中，用两支挑针轻轻拨开过于密集的菌丝，然后自水滴一侧用挑针支持，慢慢加盖玻片即成。注意加盖玻片时不宜太快，以防形成大量气泡，影响观察或将欲观察的病原物冲溅到载玻片外。

方法2：将塑料胶带纸剪成边长5mm左右的小块（注意胶带上不要印有指印），使胶面朝下贴在病部，轻按一下后揭下制成玻片。

方法3：徒手切片。选取病状典型、病征明显的病组织，先在病征明显处切取病组织小块（边长5~8mm），放在小木块上，用食指轻轻压住，随手指慢慢地后退，用小刀片的刀尖将压住的病组织小块切成很薄的丝或片，用沾有浮载剂液滴中央，盖上盖玻片，仔细擦去多余的浮载剂，即制成一张临时玻片。

2) 真菌五大亚门代表属永久玻片观察。

4. 实训作业

绘病原物形态图并标注。

实训8 植物病原细菌及其他病原物形态观察

1. 目的要求

1) 熟悉细菌的革兰氏染色。

2) 观察细菌的形态结构和细菌病害的特点。

3) 认识病原线虫和寄生性种子植物的形态特征，为识别和防治打下基础。

4) 认识病毒病。

2. 材料及用具

当地细菌性病害新鲜标本，园林植物病毒病标本或挂图，仙客来根结根线虫病，菟丝子、列当等当地的寄生性种子植物标本。植物病原细菌经活化的斜面菌种等。

带油镜显微镜、载玻片、盖玻片、蒸馏水、滴瓶、洗瓶、酒精灯、火柴、滤纸、擦镜纸、碱性品红、甲紫、95%酒精、碘液苯酚、二甲苯等。

3. 内容与方法

(1) 植物病原细菌革兰氏染色和形态观察

1) 涂片。在一片载玻片两端各滴一滴无菌蒸馏水备用。分别从鸢尾细菌性软腐病或白菜软腐病、马铃薯环腐病部，两种病菌的菌落上挑取适量细菌，分别放入载玻片两端水滴中，用挑针搅匀涂薄。

2) 固定。将涂片在酒精灯火焰上方通过数次，使菌膜干燥固定。

3) 染色。在固定的菌膜上分别加二滴甲紫液，染色1min，用水冲洗碘液，滤纸吸去多余水分，再滴加95%酒精脱色25~30s，用水冲洗酒精，然后用滤纸吸干后再用碱性品红复染0.5~1min，用水冲洗复染剂，吸干。

4) 油镜使用方法。细菌形态微小必须用油镜观察。将制片依次先用低倍、高倍镜找到观察部位，然后在细菌涂面上滴少许香柏油，再慢慢地把油镜转下使其浸入油滴中，并由一侧注视，使油镜轻触玻片，观察时用微动螺旋慢慢将油镜上提到观察物象清晰为止。镜检完毕后，用擦镜纸蘸少许二甲苯轻拭镜头，除净镜头上的香柏油。

5）镜检。按油镜使用方法分别观察革兰氏染色的制片。

（2）植物病毒、线虫、寄生性种子植物观察

1）观察美人蕉花叶病、香石竹病毒病、水仙病毒病、百合病毒病、兰花病毒病、唐菖蒲病毒病标本或挂图，观察花叶、黄化、丛枝、矮化、畸形、坏死等病状。

2）以仙客来根结线虫病为例观察线虫形态，取根外黄白色小粒状物或剥开根结，挑取其中的线虫制片镜检。

3）寄生性种子植物的观察。仔细比较菟丝子、列当或所给的寄生性种子植物标本，哪些仍具绿色叶片？哪些叶片已完全退化？它们如何从寄主吸取营养？

4. 实训作业

1）绘细菌形态图。

2）绘线虫、菟丝子形态图。

复习题

1. 名词解释

真菌、菌丝体、有隔菌丝、无性繁殖、真菌的生活史、转主寄生。

2. 填空题

1）真菌的发育可分为（ ）与（ ）两个阶段。

2）真菌的无性孢子类型有（ ）、（ ）、（ ）等。

3）真菌的有性孢子类型有（ ）、（ ）、（ ）、（ ）、（ ）。

4）典型的真菌生活史包括（ ）和（ ）。

5）真菌门分为5个亚门，即（ ）、（ ）、（ ）、（ ）和（ ）。

6）锈菌典型生活史可产生5种类型孢子，它们是（ ）、（ ）、（ ）、（ ）、（ ）。

7）植物病毒病在症状上只有明显的（ ），不出现（ ）。

8）在自然条件下，病毒传染的方式主要有（ ）、（ ）、（ ）和（ ）。

9）细菌的繁殖方式是（ ）。

10）植物线虫的寄生方式有（ ）和（ ）。

11）根据对寄主植物的依赖程度，寄生性种子植物可分为（ ）和（ ）。

3. 选择题

1）真菌是具有真正的（ ）。

A. 细胞核　　　　　　B. 线质　　　　　　C. 荚膜　　　　　　D. 胚乳

2）真菌的营养方式是（ ）。

A. 自养型　　　　　　B. 异养型　　　　　　C. 好氧型　　　　　　D. 咀嚼式

3）真菌的营养体是（ ）。

A. 菌丝　　　　　　B. 胞间连丝　　　　　　C. 鞭毛　　　　　　D. 菟丝子

4）真菌的繁殖方式是（ ）。

A. 裂殖　　　　　　B. 复制　　　　　　C. 二均分裂　　　　　　D. 无性和有性

5）霜霉菌侵染葡萄叶背时在病部出现一层（ ）。

A. 黄色粉状物　　　　B. 灰色霉层　　　　　　C. 白色霜状物　　　　D. 白色粉状物

6）子囊菌有性阶段产生（ ）。

A. 游动孢子　　　　　B. 卵孢子　　　　　　C. 孢囊孢子　　　　　D. 子囊孢子

7）白粉菌引起阔叶树植物的白粉病，其病征为（ ）。

A. 白色粉状物和小黑颗粒　　B. 霜霉状物　　　　C. 白色丝状物　　　　D. 小黑点

8）每个子囊内一般含子囊孢子数多为（ ）。

A. 2　　　　　　　　B. 4　　　　　　　　C. 6　　　　　　　　D. 8

9）着生担子和担孢子的结构体称为（　　　）。

A. 担子果　　　　　　B. 孢子囊　　　　　　C. 子囊果　　　　　　D. 配子囊

10）锈菌生活史中可出现多种类型的最多孢子最多有（　　　）。

A. 4 种　　　　　　　B. 6 种　　　　　　　C. 5 种　　　　　　　D. 3 种

11）植物锈病在锈孢子或夏孢子阶段病斑所表现的病征多呈（　　　）。

A. 黑粉状物　　　　　B. 灰色霉层　　　　　C. 锈黄色粉堆　　　　D. 颗粒状物

12）很多真菌只发现无性态，而有性态还没有发现，这种真菌称为（　　　）。

A. 接合菌　　　　　　B. 鞭毛菌　　　　　　C. 子囊菌　　　　　　D. 半知菌

13）园林植物真菌病害的主要典型病征是（　　　）。

A. 菌脓、枯萎、小叶、缩叶

B. 猝倒、立枯、腐烂、枯枝

C. 粉状物、霉状物、孢状物、毛状物、盘状物、粒状物、点状物

D. 肿瘤、萎蔫、溃疡、花叶、畸形

14）植物病原细菌都为（　　　）。

A. 球状　　　　　　　B. 螺旋状　　　　　　C. 杆状　　　　　　　D. 短杆状

15）植物细菌病害的病征是（　　　）。

A. 脓状物　　　　　　B. 霉状物　　　　　　C. 粉状物　　　　　　D. 粒状物

16）病毒的繁殖方式是（　　　）。

A. 裂殖　　　　　　　B. 芽殖　　　　　　　C. 复制　　　　　　　D. 两性生殖

17）植物病毒的主要传播媒介是（　　　）。

A. 雨水　　　　　　　B. 空气　　　　　　　C. 昆虫　　　　　　　D. 鸟类

18）植物寄生线虫都是（　　　）。

A. 专性腐生物　　　　B. 死体营养生物　　　C. 自养生物　　　　　D. 专性寄生物

课题 4　侵染性植物病害的发生与发展

植物病害的发生是在一定的环境条件下寄主与病原物相互作用的结果，植物病害的发展是在适宜环境条件下病原物大量侵染和繁殖，造成植物减产或品质下降的过程。要认识病害的发生发展规律，就必须了解病害发展的各个环节，深入分析病原物、寄主植物和环境条件在各个环节中的作用。

一、病原物的寄生性与致病性

（一）病原物的寄生性

寄生性是指病原物从寄主体内获得营养的能力。按寄生性的强弱，病原物可分为活体营养生物、半活体营养生物、死体营养生物。

1. 活体营养生物

也叫专性寄生物，寄生能力最强，只能从寄主的活细胞中吸取营养，大都不能人工培养。它们依赖寄主的活细胞而生存，因而寄主细胞组织的死亡，对它反而不利。如病毒、寄生性种子植物、锈菌、白粉菌、霜霉菌。

2. 半活体营养生物

依据寄生能力的强弱，又可分为兼性腐生物和兼性寄生物。

（1）兼性腐生物　以寄生为主，兼腐生。这类病原物侵染寄主的活细胞组织后，可以从中吸收营养，但当寄主组织死亡后，还能继续发展形成孢子，如引起叶斑病的许多真菌。

（2）兼性寄生物　以腐生为主，兼寄生。这类病原物的寄生能力较弱。侵入寄主组织前通过它们产生的酶和毒素等物质迅速杀死寄主的细胞和组织，然后侵入其中腐生，如丝核菌、镰刀菌、腐霉菌。

3. 死体营养生物

这类病原物以各种无生命的有机质作为营养来源，也可称为专性腐生物。专性腐生物一般不能引起植物病害，但可造成木材腐朽，如木腐菌等。在园林建筑中，有些木结构建筑由于木腐菌的侵染，严重时可造成建筑材料破损或部分倒塌，使建筑遭到破坏。

一种寄生物往往只能适应一定种类的寄主植物，他们对寄主有一定的选择性，也就是说，病原物的寄主范围大小不一。除植物病毒、部分植物线虫外，寄主范围的宽窄，往往与寄生性的强弱有一定的关系。活体营养生物的寄主范围一般较窄，而死体营养生物的寄主范围一般较宽。寄主范围是寄生物重要的生物学特性之一，关系到寄生物的越冬场所和初侵染来源。目前抗病育种工作中，大多是针对寄生性较强的病原物引起的病害，对于许多弱寄生性寄生物引起的病害，一般难以得到较为理想的抗病品种。

（二）病原物的致病性

1. 致病性

致病性是指病原物所具有的破坏寄主和引起病变的能力。一般寄生性很强的病原物，只具有较弱的致病力，它可以在活的寄主体内大量繁殖；寄生性弱的种类，往往致病力很强，常引起植物组织器官的急剧崩溃和死亡，而且是先毒死寄主细胞，然后在死亡的组织里生长蔓延。

致病力仅仅是决定病害是否严重的一个因素，病原物在植物体内的持久性、发育速度等都能影响到它对寄主造成的损失大小。因此，致病力较低的病原物，同样也可以引严重的病害。

2. 病原物的致病机制

病原物对寄主植物的致病性的表现是多方面的。一是是夺取寄主的营养物质，致使寄主生长衰弱；二是分泌各种酶和毒素，使植物组织中毒进而消解、破坏组织和细胞，引起病害；有些病原物还能分泌植物生长调节物质，干扰植物的正常代谢，引起生长畸形。

二、寄主植物的抗病性

抗病性是指寄主植物抵抗或抑制病原物侵染的能力。抗病性是植物与病原物在长期的协同进化中相互适应、相互选择的结果。

（一）植物的抗病性类型

不同植物对病原物的抗病能力有差别。一种植物对某一种病原物的侵染完全不发病或无症状表现称免疫。表现为轻微发病的称抗病；发病极轻称高抗。植物可忍耐病原物的侵染，虽然表现发病较重，但对植物的生长、发育、产量、品质没有明显影响称耐病。寄主植物发病严重，对产量和品质影响显著称感病；寄主植物本身是感病的，但由于形态、物候或其他方面的特性而避免发病的称避病。

根据植物品种对病原物生理小种抵抗情况将品种抗病性分为垂直抗病性和水平抗病性。垂直抗病性是指寄主的某个品种能高度抵抗病原物的某个或某几个生理小种的情况，这种抗病性的机制对生理小种是专化的，一旦遇到致病力强的小种时，就会丧失抗病性而变成高度感病。水平抗病性是指寄主的某个品种能抵抗病原物的多数生理小种。一般表现为中度抗病。由于水平抗性不存在生理小种对寄主的专化性，所以抗病性不容易丧失。

（二）植物的抗病性机制

植物的抗病机制是多因素的，有先天具有的被动抗病性因素，也有病原物侵染所诱导的主动抗病性

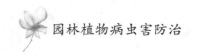
因素。抗病机制包括形态结构（物理抗病）和生理生化（化学抗病）方面的抗性。

1. 物理的被动抗病性因素

植物固有的形态结构特征，包括被覆盖在植物表皮上的蜡质层、角质层的厚度，表皮层细胞壁的钙化作用或硅化作用，自然孔口的形态结构及开闭习性，体内木栓细胞的形成，导管壁及木质部薄壁细胞的细胞壁的厚度，它们主要以其机械坚韧性和对病原物酶作用的稳定性而抵抗病原物的侵入和扩展。

2. 化学的被动抗病性因素

植物含有天然抗菌物质、抑制病原菌某些酶的物质或缺乏病原物寄生和致病所必需的重要成分，如健康植物体内含有的酚内物质、皂角苷、不饱和内酯、有机硫化合物等多种抗菌性物质，能抑制病菌孢子萌发，防止侵入。

3. 物理的主动抗病性因素

病原物侵染引起的植物代谢变化，导致植物细胞或组织水平的形态和结构改变，如病原菌侵染和伤害导致植物细胞壁木质化、木栓化、发生酯类物质和钙离子沉积等多种保卫反应。

4. 化学的主动抗病性因素

化学的主动抗病性因素主要有过敏性坏死反应、植物保卫素形成和植物对毒素的降解作用等。过敏性坏死反应是指植物在病原物侵染点附近的细胞迅速死亡，使病原物受到遏制或被杀死，或被封锁在枯死组织中。植物保卫素是指植物受到病原物侵染后或受到多种生理的、物理的刺激后所产生或积累的一类低分子量抗菌性次生代谢产物，如豌豆素、菜豆素、基维酮、大豆素、日齐素等。

5. 植物避病和耐病的机制

植物的避病和耐病构成了保卫系统的最初和最终两道防线，即抗接触和抗损害。植物因不能接触病原物或接触的机会减少而不发病或发病减少的现象称为避病。植物可能因时间错开或空间隔离而躲避或减少了与病原物的接触，前者称为"时间避病"，后者称为"空间避病"。耐病品种具有抗损害的特性，在病害严重程度或病原物发育程度与感病品种相同时，其产量和品质损失较轻。

6. 植物的诱发抗病性及其机制

诱发抗病性（诱导抗病性）是植物经各种生物预先接种后或受到化学因子、物理因子处理后所产生的抗病性，也称为获得抗病性。诱发抗病性是一种针对病原物再侵染的抗病性。

交互保护作用就属于诱发抗病性，当寄主植物接种病毒的弱毒株系后，第二次接种同一种病毒的强毒株系，则寄主抵抗强毒株系，症状减轻，病毒复制受到抑制。

（三）植物抗病性的变异

植物抗病性是指植物固有的生物学特性，具有遗传稳定性。因此，抗病品种在很长一段时间内，可以保持良好的抗病性。但有些抗病品种，经过一定时间和代数后，变成了感病品种。因此遗传稳定性是相对的，变异是绝对的。植物品种丧失抗病性的原因主要有三个方面：一是植物本身抗病性的变异，主要指植物的抗病基因发生突变，而使抗病性发生变化；二是病原生物的变异，如病原物的致病力加强，或新的生理小种形成，会使抗病植物的抗病性丧失；三是环境条件对抗病性的影响，不良的气候因素、栽培管理粗放、水肥供应不当、品种混杂等条件，都将影响植物抗病性的发挥。相反，创造有利植物生长发育的条件和生态环境，促进植物健壮生长，均有利于增强植物抗病性，减少病害发生。

三、侵染过程

病原物的侵染过程，是指病原物侵入寄主到寄主发病的过程。包括侵入前期（接触期）、侵入期、潜育期和发病期。

（一）侵入前期

侵入前期也称接触期。是指病原物与寄主植物的感病部位接触到病原物产生侵入结构的时间。侵入前期能否顺利完成，受外界各种复杂因素的影响，如温度、湿度、光照、寄主植物等。病原物必须克服各种不利于侵染的环境因素才能侵入，若能创造不利于病原物与寄主植物接触和生长繁殖的生态条件才可有效地防治病害。

（二）侵入期

侵入期是指病原物侵入寄主到与寄主建立寄生关系的阶段。侵入期的病原物已经从休眠状态转入生长状态，又暴露在寄主体外，是其生活史中最薄弱的环节，是采取防治措施的关键时期。

1. 病原物的侵入途径

病原物通过一定的途径进入植物体内才能进一步发展引起病害。病原物的侵入途径主要有伤口（如机械伤、虫伤、冻伤、自然裂缝、人为创伤）侵入、自然孔口（气孔、水孔、皮孔、腺体、花柱）侵入和直接侵入。各种病原物往往有特定的侵入途径，如病毒从微伤口侵入；大部分真菌可从伤口和自然孔口侵入，少数真菌、线虫、寄生性植物可从表皮直接侵入。

病原物的侵入途径与其寄生性有关，一般寄生性较弱的病原物从伤口侵入，寄生性较强的病原物可以从自然孔口侵入，甚至可以从表皮直接侵入。大多数真菌以孢子萌发后形成的芽管或菌丝通过一定的侵入途径侵入寄主。

2. 环境条件对侵入的影响

病原物的侵入与环境条件有关，以湿度和温度的影响最大，光照和酸碱度对侵入也有一定影响。

（1）湿度　湿度对侵入的影响最大，对于真菌和细菌引起的病害，湿度越高，对侵入越有利。这是因为，大多数真菌孢子的萌发和细菌的繁殖，需要有水域或水膜的存在。另一方面，湿度太大可使植物的抗病性降低。在高湿条件下，愈伤组织形成缓慢，气孔张开度大，保护组织柔软，从而降低了植物的抗侵入能力。因此，在栽培措施上，应及时开沟排水，合理密植，改善通风透光条件，以降低湿度，达到防病之目的。

（2）温度　温度主要影响病原菌孢子萌发和侵入的速度。各种病原菌孢子的萌发都有其最高、最低、最适温度，离开最适温度越远，所需的萌发时间越长，侵入的速度越慢。

（3）光照和酸碱度　真菌孢子的萌发一般不需要光线，但也有少数真菌孢子的萌发需要光的刺激。光照可以决定气孔的开闭，对于气孔侵入的病原物有影响。许多真菌孢子在 pH3~8 的范围内都能萌发，但以中性环境最好。

（三）潜育期

潜育期是指病原物与寄主建立寄生关系开始到表现明显症状的阶段。潜育期是病原物在植物体内进一步繁殖和扩展的时期，也是寄主植物调动各种抗病因素积极抵抗病原物危害的时期。温度主要影响病害潜育期的长短。在病原物生长发育的最适温度范围内，潜育期最短。

此外，潜育期的长短与寄主植物的生长状况关系密切。凡生长健壮的植物，抗病力强，潜育期相应延长；而营养不良、长势弱或氮素肥料施用过多，徒长的，潜育期短，发病快。在潜育期采取有利于植物正常生长的栽培管理措施或使用合适的杀菌剂可减轻病害的发生。

病害流行与潜育期的长短关系密切。有重复侵染的病害，潜育期越短，重复侵染的次数越多，病害流行的可能性越大。

（四）发病期

发病期指病害出现明显症状后进一步发展的阶段。发病期病原物开始产生大量繁殖体，加重危害或

病害开始流行。病原真菌在受害部位产生孢子，细菌产生菌脓。孢子形成的早晚不同，如霜霉病、白粉病、锈病、黑粉病的孢子和症状几乎是同时出现的，一些寄生性较弱的病原物繁殖体，往往在植物产生明显的病状后才出现。

另外，病原物繁殖体的产生也需要适宜的温湿度，在适宜的温度条件下，湿度大，病部才会产生大量的孢子或菌脓。对病征不明显的病害标本可进行保湿促进产生病征，以加快识别病害。

掌握病害的侵染过程及其规律性，有利于开展病害的预测预报和制定防治措施。

四、植物病害的侵染循环

病害的侵染循环指侵染性病害从前一生长季节开始发病，到下一生长季节再度发病的过程。包括病原物的越冬（越夏）、病原物的传播、病原物的初侵染和再侵染。

（一）病原物的越冬（越夏）

病原物的越冬或越夏指当寄主植物收获或休眠以后病原物的存活方式和场所。病原物越冬或越夏的场所，一般也是初次侵染的来源。越冬和越夏时期的病原物相对集中，可以采取经济简便的方法压低病原物的基数，用最少的投入收到最好的防治效果。病原物的越冬或越夏与寄主植物的生长季节有关，大部分寄主植物冬季是休眠期，因此，病原物越冬问题比较重要。有些植物的休眠期在夏天，病原物就有越夏的问题。

植物病原物的主要越冬和越夏场所（初次侵染来源）主要有以下几种：

1. 田间病株

大多数病原菌都可以在病枝干、病根、病芽组织内外潜伏越冬。如山茶炭疽病以菌丝体在病组织中越冬，到下一个生长季节时，田间病株上的病原物恢复生长，并侵染植物开始新的病害。由于园林植物栽种方式的多样化，使得有些植物病害周年发生。温室花卉病害，常是次年露地栽培花卉的重要侵染来源。此外病原物还可以在野生寄主和转主寄主上越冬越夏。所以处理田间病株，清除野生寄主等都是消灭病原物来源、防止植物发病的重要措施之一。

2. 种子、苗木和其他繁殖材料

种子、苗木、块根、块茎、鳞茎、接穗等繁殖材料是多种病原物重要的越冬或越夏场所，如郁金香灰霉病病菌以菌丝体和菌核在鳞茎上越冬。使用这些繁殖材料时，不仅植物本身发病，还会成为田间的发病中心，造成病害的蔓延；繁殖材料的远距离调运还会使病害传入新区。因此，选用无病的繁殖材料和种植前对种子、接穗及苗木进行消毒处理，或对种子等繁殖材料进行检验检疫，是防治危险性病害传播蔓延的重要措施。

3. 病残体

病残体包括寄主植物的根、茎、叶、花、果实等残余组织。大部分非专性寄生的真菌和细菌能以腐生的方式在病残体上存活一段时间，如君子兰软腐病等。某些专性寄生的病菌也可随病残体休眠，但当病残体分解腐烂后，其中的病原物往往也逐渐死亡。因此，在病害防治中，清洁田园，处理病残体是控制病菌来源的重要措施。

4. 土壤和粪肥

病原物的休眠如真菌的冬孢子、卵孢子、厚垣孢子、菌核，线虫的胞囊，菟丝子的种子等可以在土壤中长期存活。病原物也可以以腐生的方式在土壤中存活。病原物还可以随着病株的残体混入肥料内，病菌的休眠体也能单独散落在肥料中。肥料如未充分腐熟，其中的病原物接种体可以长期存活而引起感染，因此使用农家肥必须充分腐熟。

根据病原物在土壤中存活能力的强弱可分为：土壤寄居菌和土壤习居菌。土壤寄居菌必须在病株残体上营腐生生活，一旦寄主残体分解，便很快在其他微生物的竞争下丧失生活能力。土壤习居菌有很强的腐生能力，当寄主残体分解后能直接在土壤中营腐生生活。如菌核病、白绢病、立枯病、枯萎病和黄

萎病等土传病菌，能在土壤中存活较长时间，是土壤习居菌。

深耕翻土，合理轮作、间作，改变环境条件是消灭土壤中病原物的重要措施。

5. 昆虫及其他传病介体

有些病原物还可以在昆虫、线虫等介体内越冬。如某些病毒病可在叶蝉体内越冬。所以，及时防蚜虫可减轻病害发生。

（二）病原物的传播

病原物传播的方式，有主动传播和被动传播之分。如很多真菌具有强烈的放射孢子的能力，又如具有鞭毛的游动孢子、细菌可以在水中游，线虫和菟丝子可主动寻找寄主，但其活动的距离十分有限。自然条件下以被动传播为主。

1. 气流传播

真菌孢子数量多，体积小，重量轻，易随气流传播。风的传播速度很快，传播的距离很远，波及的面积很广，几乎所有真菌孢子都可随气流传播，常引起病害流行。细菌虽不能借气流传播，但病残体可随风飘扬。风可以造成植株间的摩擦，形成微伤，有利于病毒的传播。

气传病害在防治上比较困难。除了要消灭本地菌源外，还要防止外地菌源的传入，有时还需要组织大面积联防，才能收到较好的防治效果。一般利用抗病品种能发挥更好的作用。典型的气传病害有白粉病、锈病等。

2. 水流传播

水流传播病原物的形式很常见，传播距离没有气流传播远。雨水、灌溉水的传播都属于水流传播。如鞭毛菌的游动孢子、炭疽病菌的分生孢子和病原细菌在干燥条件下无法传播，必须随水流或雨滴传播。在土壤中存活的病原物，如苗期猝倒病、立枯病、青枯病等可随灌溉水传播，在防治时要采取正确的灌水方式。

3. 生物介体传播

昆虫是传播病毒病的主要媒介，与细菌的传播也有一定的关系。昆虫不仅造成寄主形成伤口，还携带病原物，如郁金香碎锦病、美人蕉花叶病等的发生常与害虫发生有密切关系。蚜虫、叶蝉、飞虱等刺吸式口器害虫可以传播病毒、类病毒、菌原体等。松材线虫病由松褐天牛携带线虫传播。有些线虫、真菌和菟丝子也能传播病毒。鸟类可传播桑寄生和槲寄生的种子。

4. 土壤和肥料传播

土壤和肥料传播病原物，实际上是土壤和肥料被动地被携带到异地而传播病原物。土壤是病原物在植物体外越冬或越夏的主要场所，病原物的休眠体可以在土壤中长期存活。土壤能传播在土壤中越冬或越夏的病原物，带土的花卉、块茎和苗木可有效地传播，而且可远距离传播病原物，农具、人的鞋靴、动物的腿脚可近距离的传播病土。

肥料混入病原物，如未充分腐熟，其中的病原物接种体可以长期存活，可以由粪肥传播病害。

5. 人为传播

人为传播方式各种各样，以带病的种子、苗木和其他繁殖材料的调运最重要。农产品和包装材料的流动与病原生物传播的关系也很大。人为传播往往都是远距离的，而且不受自然条件和地理条件的限制，它不像自然传播那样有一定的规律，并且是经常发生的，因此，人为传播就更容易造成病区的扩大和形成新病区。植物检疫的作用就是限制这种人为传播。避免将危害严重的病害带到无病的地区。人为的因素中，一般农事操作及农业机械与病害传播的关系也不容忽视，可引起病害在小范围内传播。

（三）初侵染和再侵染

经过越冬或越夏的病原物在植物体内开始生长后第一次侵染寄主，称初次侵染。初次侵染后形成的

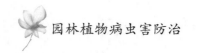

孢子或其他繁殖体经过传播又引起的侵染，称为再次侵染。对不同病害，侵染方式不同：有些病害只有初侵染无再侵染；有些有再侵染，但对病害蔓延已无大的影响，如桃缩叶病等；有些病害，在同一个生长季节中，再侵染可以发生多次。

一个生长季节中，既发生初侵染，又发生多次再侵染的病害侵染期长，潜育期短，环境条件越适合，再侵染的次数越多。这类病害蔓延迅速，容易造成大流行。

一个生长季节只有一次侵染过程的病害的侵染期短而潜育期长，一般在生长季节不会扩大蔓延，发病平稳，不易造成大流行。对于只有初侵染的病害，只要消灭初侵染来源，集中消灭其越冬或越夏的病原物，就能有效地防治。对于具有再侵染的病害，在控制初侵染来源的基础上，还必须采取其他措施防止再侵染，才能取得最好的防治效果。再侵染次数越多，需要防治的次数也越多。

五、植物病害的流行

（一）植物病害流行的概念

植物病害的流行是指在一定时间和空间内病害在植物群体中大量发生，发病率高而且严重，从而造成重大损失。经常引起流行的病害，叫流行性病害，如白粉病、锈病、霜霉病等。

（二）植物病害流行的基本条件

植物病害流行是由病原物、寄主植物和环境条件 3 个方面的条件形成的。所以，植物病害的发生和流行必须具备这 3 个基本条件。

1. 大面积种植感病寄主植物

大面积连年种植感病品种，特别是单一化的感病品种，当条件适宜时，容易引起病害大流行。

2. 大量致病性强的病原物

病原物的致病性强、数量多并能有效传播，是病害流行的重要原因。

3. 适合病害流行的环境条件

发病的环境条件主要是指有利于病害发生的气象条件、栽培条件和土壤条件。环境条件同时作用于病原物和寄主植物，当环境条件有利于病原物的繁殖、传播和侵入，不利于寄主植物的生长时，可导致病害的流行。

在诸多流行因素中，往往有一个或少数几个起主要作用，被称为流行的主导因素。正确地确定主导因素，对于病害流行分析、病害预测和设计防治方案具有重要意义。

 复习题

1. 名词解释

寄生性、致病性、专性寄生物、抗病、免疫、病程、潜育期、系统侵染、侵染循环、植物病害流行。

2. 填空题

1）侵染程序包括（   ）、（   ）、（   ）和（   ）四个时期。

2）真菌侵入途径包括（   ）、（   ）和（   ）三种方式。

3）细菌侵入途径包括（   ）和（   ）两种方式。

4）病毒只能从（   ）侵入。

5）潜育期是病原物在寄主体内（   ）、（   ）、（   ）的时期。

6）病原侵入期，环境影响最大的因素是（   ）、（   ）。

7）病原物从寄主获得营养的方式大致有两种类型，即（   ）、（   ）。

8）病原物在寄主体内的扩展范围，只限于（   ）附近，称为局部感染。

9）侵染循环包括 3 个基本环节，即病原物的（　　　）；病原物的（　　　）；病原物的（　　　）。

10）病原物的传播方式有（　　　）、（　　　）、（　　　）、（　　　）。

11）寄主对病原物侵染的反应有（　　　）、（　　　）、（　　　）和（　　　）四个类型。

12）病原物越冬和越夏场所，一般就是（　　　）的来源。

13）气流传播的距离比雨水传播的距离要（　　　）。

14）植物病害流行的因素是（　　　）、（　　　）、（　　　）。

15）当环境条件有利于病原物，而不利于寄主植物生长时，可导致（　　　）。

16）造成植物病害流行时，环境条件最为重要的因素是（　　　）。

3. 选择题

1）影响病原菌侵入期的最大因素是（　　　）。
A. 温度　　　　　B. 光照　　　　　C. 湿度　　　　　D. pH 值

2）在一个生长季节内进行重复的侵染称为（　　　）。
A. 侵染期　　　　B. 初侵染　　　　C. 再侵染　　　　D. 侵染循环

3）有越冬和越夏的病原物，在植物生长期进行的第一个侵染程序称为（　　　）。
A. 初侵染　　　　B. 侵染循环　　　　C. 再侵染　　　　D. 侵染期

4）寄主表现症状以后到症状停止发展为止称（　　　）。
A. 接触期　　　　B. 侵染期　　　　C. 发病期　　　　D. 潜育期

5）环境条件对潜育期长短的主要影响因素是（　　　）。
A. 湿度　　　　　B. 温度　　　　　C. 光照　　　　　D. pH 值

6）植物病毒的主要传播媒介是（　　　）。
A. 雨水　　　　　B. 空气　　　　　C. 昆虫　　　　　D. 鸟类

7）梨、桧柏锈病造成病害流行的主导因素是（　　　）。
A. 易于患病的寄主　　　　　　　　B. 适易发病的环境
C. 大量致病力强的病原物　　　　　D. 易于发病的土壤条件

8）桑寄生的种子主要靠（　　　）传播。
A. 昆虫　　　　　B. 气流　　　　　C. 鸟类　　　　　D. 雨水

9）白粉菌、锈菌、病毒等是一类活养生物，它们的营养方式是（　　　）。
A. 专性寄生　　　B. 腐生　　　　　C. 自养　　　　　D. 兼性寄生

课题 5　园林植物病害诊断

园林植物病害诊断是指根据发病植物的特征、所处场所和环境，经过调查与分析，对植物病害的发生原因、流行条件和危害性等做出准确的判断。园林植物病害种类繁多，症状表现复杂，只有对病害做出正确的诊断，找出病害发生的原因，才有可能制定出切实可行的防控措施。因此，正确的诊断是合理有效防控病害的前提。对于常见的病害，一般根据症状特点即可作出判断，对症状容易混淆或不常见的、新的病害要经过一系列的调查研究才能确定。

一、植物病害诊断的程序

植物病害的诊断，应根据发病植物的症状和病害的田间分布等进行全面的检查和仔细分析，对病害进行确诊。一般可按下列步骤进行：

1. 田间观察

即进行现场观察。观察受害植物的表现特征，区别是病害、虫害、螨害还是伤害。若确定是病害，

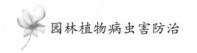

还需要进一步观察在田间的分布规律，如病害是零星的随机分布，还是普遍发病，有无发病中心等。还要调查病害发生时间，对可能影响病害发生的气候、地形、地势、土质、肥水、农药和栽培管理条件等进行综合分析，根据经验或查阅有关文献对病害做出初步判断，找出病害发生的原因，初步诊断是侵染性病害还是非侵染性病害。

2. 症状观察

植物病害症状观察是首要的诊断依据，虽然简单，但需在比较熟悉病害的基础上才能进行。诊断的准确性取决于症状的典型性和诊断人的经验。观察症状时，注意是点发性症状还是散发性症状；病斑的部位、大小、长短、色泽和气味；病部组织的特点等。许多病害具有明显的病状，当出现病征时就能确诊，如白粉病、锈病。有些病害外表看不见病征，但只要认识其典型症状也能确诊，如病毒病。对有些症状不够典型，或无病征的病害无法直接判断，可进行适当的保湿培养后作进一步诊断。

3. 病原鉴定

许多病害单凭病状是不能确诊的，因为不同的病原物可产生相似病状，病害的症状也可因寄主和环境条件的变化而变化，因此有时需进行室内病原鉴定才能确诊。一般说来，病原室内鉴定是借助放大镜、显微镜、电子显微镜、保湿与保温器械设备等，根据不同病原的特性，采取不同手段，进一步观察病原物的形态、特征特性、生理生化等特点。新病害还须请分类专家确诊病原。

4. 病原物的分离培养和接种

有些病害在病部表面不一定能找到病原物，同时，即使检查到微生物，也可能是组织死亡后长出的腐生物，因此，病原物的分离培养和接种是园林植物病害诊断中最科学最可靠的方法。接种鉴定又叫印证鉴定，就是通过接种使健康的园林植物产生相同症状，以明确病原，这对新病害或较难病害的确诊很重要。其诊断步骤应按柯赫氏法则进行。首先，把病原菌从受害植物组织中分离出来，在无菌操作的情况下进行人工培养，获得大量致病病原菌。然后，将这种病原菌接种到相同的健康植物体上，通过接种试验，观察在被接种的植物上是否又产生了与原来病株相同的症状。最后，又从接种的发病植物上重新分离获得该病原菌，即可确定接种的病原菌就是这种病害的致病菌。

5. 提出诊断结论

最后应根据上述诊断结果进行综合分析，提出诊断结论，并制定相应的防治对策。

值得注意的是，植物病害的诊断步骤不是呆板的，更不是一成不变的。对于具有一定实践经验的专业技术人员，往往可以根据病害的某些典型特征，即可鉴别病害，而不需要完全按上述复杂的诊断步骤进行诊断。当然，对于某种新发生的或不熟悉的病害，严格按上述步骤进行诊断是必要的。随着科学技术的不断发展，血清学诊断、分子杂交和 PCR 技术等许多崭新的分子诊断技术已广泛应用于植物病害的诊断。

二、植物病害的诊断要点

植物病害的诊断，首先要区分是虫害、机械损伤还是病害，然后进一步诊断是非侵染性病害还是侵染性病害。虫害及机械损伤没有病理变化过程，而植物病害却有病理变化过程。其次，许多植物病害的症状都有很明显的特点，这些典型症状可以成为植物病害的诊断依据，在植物病害的快速诊断中具有重要意义。一个有经验的植保工作者往往可以根据这些特殊的症状特点，对病害进行快速的诊断。

（一）非侵染性病害

非侵染性病害主要由不良的环境因素所引起。受害植株通常表现为全株性症状；没有逐步传染扩散的现象，同一病害症状往往大面积同时发生，在发病植物上找不到任何病原物。不良的环境因素种类繁多，但大体上可从发病范围、病害特点和病史几方面来分析。如植株生长不良，叶片部分失绿，多见于老叶或顶部新叶，多为缺素引起的症状；如果植株有明显的枯斑灼伤，且多集中在某一部位的叶或芽上，前期并无发病现象，大多是由于使用农药或化肥不当引起的药害或肥害。

（二）侵染性病害

侵染性病害有一个发生发展或传染的过程；病害在田间的分布往往是不均匀的；在病株的表面或内部可以发现其病原生物的存在。大多数的真菌病害、细菌病害和线虫病害可以在病部表面产生明显的病征，有些真菌和细菌病害及所有的病毒病害，在植物表面没有病征，但有一些明显的病状特点，可作为诊断的依据。

1. 真菌病害

许多真菌病害，如锈病、黑穗（粉）病、白粉病、霜霉病、灰霉病以及白锈病等，常在病部产生典型的病征，根据这些特征或病征的子实体形态，即可进行病害诊断。对于病部不易产生病征的真菌病害，可以应用保湿培养镜检法缩短诊断过程。即摘取植物的病器官，用清水洗净，置于保湿器皿内，适温（22～28℃）培养 1～2 昼夜，往往可以促使真菌产生子实体，然后进行镜检，对病原作出鉴定。有些病原真菌在植物病部的组织内产生子实体，从表面不易观察，需用徒手切片法，切下病部组织作镜检。还有些真菌病害，病部没有明显的病征，保湿培养及徒手切片均未见到病菌子实体，则应进行病原的分离、培养及接种试验，才能做出准确的诊断。

2. 细菌病害

植物受细菌侵染后可产生各种类型的症状，如腐烂、斑点、萎蔫、溃疡和畸形等，在潮湿情况下有的在病斑上有菌脓外溢。一些产生局部坏死病斑的植物细菌性病害，初期多呈水渍状、半透明病斑。所有这些特征，都有助于细菌性病害的诊断。但切片镜检有无"喷菌现象"是最简便易行又最可靠的诊断技术。其具体方法是：选择典型、新鲜的病组织，先将病组织冲洗干净，然后用剪刀从病健交界处剪下 4mm 见方大小的病组织，置于载玻片中央，加入一滴无菌水，盖上盖玻片，随后镜检。如发现病组织周围有大量云雾状物溢出，即可确定为细菌病害。注意镜检时光线不宜太强。若要进一步鉴定细菌的种类，则需作革兰氏染色反应、鞭毛染色等进行性状观察。此外，在细菌病害的诊断和鉴定中，血清学检验、噬菌体反应和 PCR 技术等也是常用的快速方法。

菌原体病害的特点是植株矮缩、丛枝或扁枝，小叶与黄化，少数出现花变叶或花变绿。只有在电镜下才能看到菌原体。注射四环素以后，初期病害的症状可以隐退消失或减轻，对青霉素不敏感。

3. 病毒病害

因植物受病毒侵染后在感病植株的发病部位不可见病征，在田间诊断中易与非侵染性病害混淆。植物病毒病害的病状主要表现为花叶、黄化、矮缩、丛枝等，少数在发病部位形成坏死斑点。在田间，一般心叶首先出现症状，然后扩展至植株的其他部分。绝大多数病毒都是系统侵染，引起的坏死斑点通常较均匀地分布于植株上，而不像真菌和细菌引起的局部斑点在植株上分布不均匀。此外，随着气温的变化，特别是在高温条件下，植物病毒病时常会发生隐症现象。

病毒病害的诊断及鉴定要比真菌和细菌引起的病害复杂得多，通常要根据症状类型、寄主范围（特别是鉴别寄主上的反应）、传播方式、对环境条件的稳定性测定、病毒粒体的电镜观察、血清反应、核酸序列及同源性分析等进行诊断。

4. 线虫病害

植物线虫病害的症状主要是植株生长衰弱，表现为黄化、矮化、严重时甚至枯死。因线虫类群的不同，侵染和为害的部位及造成的症状也存在明显的差异。具体表现为地上部有顶芽和花芽的坏死，茎叶的卷曲和组织的坏死，形成种瘿和虫瘿；地下部症状为根部组织的畸形、坏死和腐烂等。对于一些雌雄异型的线虫（如胞囊类线虫或根结线虫）侵染植物后往往可以在寄主的根部直接（或通过解剖根结）观察到膨大的雌虫，而对于大多数植物寄生线虫往往需要通过对病组织及根围土壤采用适当的方法才能获得病原线虫。

在进行植物线虫病害的病原诊断时，要对寄主植物进行全株的检查，既要注意植物的地上部，更要

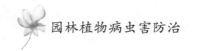

重视其地下部。在土壤中植物的根际周围通常存在着大量的腐生线虫，在植物根部或地上部坏死和腐烂的组织内外都能看到，不能混同为植物病原线虫。某些植物根的外寄生线虫需要从根围土壤中采样、分离，并进行人工接种试验，才能确定其致病性。

5. 寄生性植物诊断

受寄生性种子植物侵染的病害往往可以在寄主植物上或根际看到寄生植物，如菟丝子、列当、槲寄生等。

三、植物病害诊断的注意事项

植物病害会因为植物的品种、生育期、发病部位和环境条件的不同而表现出不同的症状类型，其中一种常见的症状称为该病害的典型症状。多数病害的症状表现相对稳定，根据典型症状的特点区分植物病害种类及其发生的原因，是诊断植物常见病害的常用方法之一。

（一）症状的复杂性

不同的病原可导致相似的症状，如番茄早疫病和晚疫病在发病初期，且干燥的条件下病斑相似，不易区分。由真菌、细菌、线虫等病原引起的病害均可表现萎蔫性症状。

同种病原在同一寄主植物的不同生育期，不同的发病部位，表现不同的症状。如红麻炭疽病在苗期为害幼茎，表现猝倒，而在成株期为害茎、叶和蒴果，表现斑点型。

相同的病原在不同的寄主植物上，表现不相同的症状。如十字花科植物病毒病在白菜上表现花叶，萝卜叶上呈畸形。

环境条件可影响病害的症状，如腐烂病在气候潮湿条件下表现湿腐症状，气候干燥时表现干腐症状。

缺素症、黄化症等生理性病害与病毒病、植原体、螺原体引起的症状类似。

在病部的坏死组织上，可能同时出现寄生菌和腐生菌，容易混淆和误诊。

植物病害症状的复杂性还表现在一种植物上可以同时或先后出现两种或两种以上不同类型的症状，这种情况称为综合症。当两种或多种病害同时在一株植物上发生时，出现多种不同类型症状的现象称为并发症。有时会彼此干扰只出现一种症状或轻微症状的颉颃现象，也可能发生互相促进加重症状的协生现象。有些病原物侵染植物后，在较长时间内不表现明显症状的现象称为潜伏侵染。植物病害症状出现后，由于环境条件改变或使用农药治疗后，症状逐渐减退直至消失的现象称为隐症现象。

虽然植物病害的症状对于病害诊断有着重要意义，但由于植物病害症状表现的复杂性，对新的病害或不常见的病害不能单凭症状进行诊断，需要对该病害的发生过程进行全面的了解，进一步鉴定病原物或分析发病原因，才能正确诊断植物病害。

（二）正确区分虫害、螨害和病害

刺吸式口器害虫，如蚜虫、椿象、叶蝉和螨类等刺入植物组织吸取汁液，使植物呈现斑点（斑块）、萎缩、皱叶、卷叶、枯斑等现象，容易与病毒病害混淆。诊断时注意观察，若是虫害、螨害，除具上述现象外，在被害部位一般有害虫、害螨的皮、排泄物等特征供参考。

（三）正确区别并发病和继发病

植物发生一种病害的同时，另一种病害也伴随发生，这种伴随发生的病害称为并发病。如白菜软腐病与菌核病常互为并发病。植物发生一种病害后紧接着又发生另一种病害，后发生的病害以前一种病害为前提，后发生的病害称继发病。如甘薯在受冻害后，在贮藏期极易发生软腐病。注意这两类病害的正确诊断，有利于分清主次，有效防控病害。

 复习题

1. 名词解释

侵染性病害、非侵染性病害

2. 简答题

1）简述植物病害诊断的基本程序。

2）简述侵染性病害和非侵染性病害的特点。

3）在病害诊断中要注意什么问题。

4）由真菌、细菌、病毒、线虫、寄生性植物引起的病害各有什么症状特点？

单元3 园林植物病虫害管理的原理及方法

 学习目标

了解病虫害防治的指导方针是"预防为主，综合防治（综合治理）"。了解园林植物病虫害防治的基本方法，即植物检疫、园林技术防治、物理机械防治、生物防治、化学防治。

 知识目标

1. 掌握"预防为主，综合防治"的园林植物病虫害综合治理策略。
2. 掌握病虫害防治的基本方法。
3. 科学合理地设计某种病虫害的综合防治措施，并能运用于实践。

 能力目标

1. 通过分析病虫害的发生发展情况，做到适时有效地防治。
2. 通过掌握化学防治的优点和缺点，科学合理地应用化学药剂，发挥其优点，避免或减少其缺点。
3. 认识并能利用当地已有的有益生物种类，进行生物防治。
4. 能运用多种栽培措施，减少病虫的发生和蔓延。
5. 能够根据当地病虫害种类、生活习性、发生规律，将多种防治方法恰当地结合使用，以期节约人力、节省成本和有效防治病虫害。

课题1 园林植物病虫害管理的基本原理

一、园林植物病虫害的特点

（一）园林植物发生的病虫害种类繁多

城市绿化或景观设计时，运用的园林植物品种繁多，植物配置千变万化、结构复杂，由于植物种类多，为病虫的发生和流行提供了丰富的寄主，导致园林植物病虫害的结构和种类较为复杂。

（二）园林植物的抗病虫害能力较弱

城市绿化工作中，为了增加美观性，有众多的植物要从外地引进，植物在原有的生活环境被改变后，其抗逆、抗病、抗虫能力减弱，导致病虫害更易发生或加重。另外，园林植物有些被栽植于硬化的道路间，有些被栽培于建筑物中间，其生长环境透气性差、空气污染严重、光照条件不适、水肥管理粗犷，导致了园林植物生长不良、抗性弱，致使病虫害发生较为频繁。

（三）园林植物病虫害防治困难

园林植物在不同地区间的引进、运输和种植，致使园林植物的病虫害传播和扩散变得更加容易和广

泛。如当地的病虫害传入其他地区；当地原来没有的病虫害，随着苗木和繁殖材料等的引进由其余地区传入本地区的现象越来越多。

随着园林建设的发展，一些园林植物病虫害也在不断发生和加重，有的对园林植物造成毁灭性的危害，成为园林工作面对的一项重大难题。而众多的园林植物种植于城市周边或人群聚集区域，进行病虫害防治时，园林植物用药会增加城市环境的污染，而且用药的时间受人类活动的影响大，不能运用毒性高的药剂，这种情况导致病虫害的防治不及时或防治效果不理想。另外，改革开放以来，园林植物培育、引种和栽培工作发展较快，而培养园林植物养护的专业工作者需要的周期长，导致养护工作人员不足，园林植物的科学管理水平有待提高。

二、综合治理的含义

园林植物病虫害的防治方法有很多，每种方法均有其缺点和局限性，单靠其中一种方法往往达不到防治的目的，有时还会引起不良反应。

人们把从事农业生产或生态美化等的过程中，与人类目标植物竞争营养的生物，称为有害生物。1967年联合国粮农组织（FAO）提出了有害生物综合治理（IPM）的定义。综合治理是对有害生物进行科学管理的体系，它从农业生态的总体出发，依据有害生物和环境之间的相互关系，充分发挥自然控制因素的作用，因地制宜地协调应用必要的措施，将有害生物控制在经济受害允许水平以下。

1975年我国确定了"预防为主，综合防治"的植保工作方针。把预防作为植保工作的指导思想，在综合防治中，要以农业防治为基础，因地因时制宜，合理运用化学防治、生物防治、物理防治等措施，达到经济、安全、有效地控制病虫害危害的目的。

1986年11月中国植保学会和中国农业科学院植保所在成都联合召开了第二次园林植物病虫害综合防治学术讨论会，提出综合防治的含义。综合防治是对有害生物进行科学管理的体系，它从农业生态系统总体出发，依据有害生物和环境之间的相互关系，充分发挥自然控制因素的作用，因地制宜地协调应用必要的措施，将有害生物控制在经济受害允许水平以下，以获得最佳的经济、生态和社会效益。

2006年农业部专门召开了全国植保植检工作会议，具体研究全国的植保植检工作。会上提出了两个重要理念，即公共植保和绿色植保。公共植保就是把植保工作作为农业和农村公共事业的重要组成部分，突出其社会管理和公共服务职能。通过实施公共植保，将重大病虫害防控工作上升为政府行为，制定防控应急预案，增强公共财政支持力度，逐步形成有效的应急工作体系。绿色植保就是把植保工作作为人与自然界和谐系统的重要组成部分，突出其对高产、优质、高效、生态、安全农业的保障和支撑作用。

2011年5月，农业部办公厅发布的《关于推进植物病虫害绿色防控的意见》指出：为贯彻落实国务院食品安全工作会议的有关精神，根据农业部2011年农产品质量安全整治工作统一部署，强化"公共植保、绿色植保"理念，转变植保防灾方式，大力推进植物病虫害绿色防控，保障农业生产安全、农产品质量安全以及生态环境安全。

植物病虫害绿色防控，是指促进植物安全生产，减少化学农药使用量为目标，采取生态调控、生物防控、物理防控和科学用药等环境友好型措施控制植物病虫危害的有效行为。

三、综合治理的原则

（一）从生态学观念出发

园林植物、病虫、天敌三者之间的相互依存，相互制约。它们共同生活在一个生态环境中，又是生态系统的组成部分，它们的发生、消长、生存又与共同生态环境的状态密切相关。综合治理就是在植物播种、育苗、移栽和养护管理的过程中，有针对地调节生态系统中某些组成部分，创造一个有利于植物及病虫天敌的生存，而不利病虫发生发展的环境条件，从而预防或减少病虫的发生与为害。

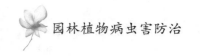

（二）从安全的观念出发

园林生态系统中各组成成分关系密切，既要针对不同的防治对象，又要考虑对整个生态系统的影响，灵活、协调地选用一种或几种适合园林实际条件的有效技术和方法。如园林栽培管理技术、病虫天敌的保护和利用、物理机械防治、化学防治等措施。对不同的病虫害，采用不同的对策。各项措施协调运用，取长补短，并注意实施的时间和方法，以达到最佳的防治效果，同时将对生态系统不利影响降到最低限度。达到既控制病虫为害，又保护人、畜、天敌和植物的安全的目的。

（三）从保护环境的观念出发

园林植物病虫害综合治理并不排除化学农药的使用，而是要求从病虫、植物、天敌、环境之间的自然关系出发，科学地选择及合理地使用农药，在城市园林中应特别注意选择高效、无毒或低毒、污染轻、有选择性的农药，防止对人畜造成毒害，减少对环境的污染，充分保护和利用天敌，不断增强自然控制力。

（四）从经济效益的观念出发

防治病虫害的目的是为了控制病虫的为害，使其为害程度低到不足以造成经济损失，即经济允许水平（经济阈值）。根据经济允许水平确定防治指标，病虫为害程度低于防治指标，可不防治；否则要及时防治。需要指出的是：在以城镇街道、公园绿地、厂矿及企事业单位的园林绿地化为主题时，则不完全适合上述的经济观点。因该园林模式是以生态及绿化观赏效益为目的，而非经济效益，且不可单纯为了追求经济效益而忽略病虫害的防治。

四、综合治理方案的制定

制定园林植物病虫害综合治理方案时，先要了解园林植物的种类和布局，还要调查这些植物的常见病虫害种类，明确主要防治对象和重要天敌种类，掌握防治对象的发生规律，在防治过程中，适时合理地应用各种方法使物理机械防治、人工防治、生物防治和化学防治等有机结合起来，以达到有效防治病虫害的目的。如选择种植抗病虫品种是经济、有效、安全的防治方法，可以从源头上避免病虫害对植物的侵害；通过采取良好的栽培管理措施来提高寄主的抗性，创造不利于病虫传播的环境条件，抑制病虫害的发生和流行。

植物保护工作者在从事园林植物保护工作时，要从全局需要出发，病虫害综合防治要"安全、有效、经济、简便"地控制病虫害的发生，使病虫害防治工作保持健康持久的方向。

五、综合治理的策略及定位

随着认识水平和科学水平的提高，园林植物病虫害防治的原则和策略，从"预防为主，综合治理""有害生物的综合管理（IPM）""强化生态意识，无公害控制"到目前要求共同遵循"可持续发展"为准则，这是在认识上逐步提高的过程。要求我们在理念上调整为：从保护园林植物的个体、局部，转移到保护园林生态系统以及整个地区的生态环境上来。

园林植物病虫害防治的定位既要满足当时当地某一植物群落和人们的需要，还要满足今后人与自然的和谐、生物多样性以及保持生态平衡和可持续发展的需要。要求做到：有虫无害，自然调控；生物多样性，相互制约；人为介入，以生物因素为主，无碍生态环境，免受病虫为害。

复习题

1. 名词解释

IPM、公共植保、绿色植保

2. 简答题

1）简述我国的植保方针。

2）园林植物病虫害综合治理有哪些重要环节？

3）病虫害综合管理要遵循哪些基本原则？

课题2　园林植物病虫害管理的基本方法

病虫综合治理要从病原物、害虫、天敌、环境和植物的关系考虑，科学地选择防治方法，对于不同的病虫害，要采取不同的防治措施，才能达到良好的防治效果。如针对依靠人类活动进行远距离传播的病虫害，执行植物检疫；对于有一定传播距离的病虫害采取寄主与病原物或害虫隔离的措施，栽培植物时选择种植抗病虫品种或通过科学的栽培管理措施来提高寄主的抗性，抑制病虫害的发生和流行；对于生态小环境，通过增加有益生物的种类，减少有害生物的种类和数量来减少病虫害发生的概率；使用化学药剂时，提倡选用毒性低的药剂，适时、适量地进行病虫害的防治，减少对天敌的伤害，减缓害虫抗药性的产生，避免次要害虫的猖獗，并减少药物对环境的污染。综上所述，园林植物病虫害综合治理常用的基本方法有：植物检疫、园林技术防治、物理防治、生物防治和化学防治。

一、植物检疫

植物检疫也叫法规防治，指一个国家或地区颁布法令法规，设立专门机构，禁止或限制危险性病虫、杂草等人为地传入或传出，或者传入后为限制其继续扩展所采取的一系列措施。

（一）植物检疫的任务

1）禁止危险性病、虫、草害随着植物及其产品由国外输入或国内输出。

2）封闭国内局部地区发生的病、虫、草害在一定的范围内，防止其扩散和蔓延，并采取有效措施逐步予以清除。

3）当危险性病、虫、草害传入新地区时，采取紧急措施及时就地消灭。

（二）植物检疫对象

《植物检疫条例》第四条规定"凡局部地区发生的危险性大、能随植物及其产品传播的病、虫、杂草，应定为植物检疫对象。农业、林业植物检疫对象和应施检疫的植物、植物产品名单，由国务院农业主管部门、林业主管部门制定。"因此，确定植物检疫对象的一般原则是：本国或本地区未发生的或局部地区发生的；为害严重，传入后难以防治的；可借助人类活动远距离传播的病、虫、草害。

（三）植物检疫的措施

1. 对外植物检疫的主要措施

国家禁止入境的各种物品和禁止携带、邮寄的植物、植物产品和其他检疫物不准入境，也不需要进行检疫，一经发现，不论其来源和产地如何，均做退回或者销毁处理。入境车辆，不论是来自疫区或是非疫区，运输工具一律由进境口岸出入境检验检疫机关做防疫消毒处理。当国外发生重大植物检疫疫情并可能传入我国时，国务院可以下令禁止来自疫区的运输工具入境或者封锁有关口岸。

2. 对内植物检疫的主要措施

国内局部地区发生植物检疫对象的，应划为疫区，采取封锁、消灭措施，防止植物检疫对象传出；发生地区已比较普遍的，则应将未发生地区划为保护区，防止植物检疫对象传入。在发生疫情的地区，植物检疫机构经批准可以设立植物检疫检查站，开展植物检疫工作。疫区内的种子、苗木及其他繁殖材

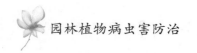

料和应实施检疫的植物及植物产品，只允许在疫区内种植、使用，严格禁止运出疫区。

二、园林技术防治

园林技术防治是利用园林栽培技术来防治病虫害的方法，即创造有利于园林植物生长发育而不利于病虫害发生的园林生态环境，促使园林植物生长健壮，提高植物抗性，直接或间接地减轻病虫害的发生与危害的方法。园林技术防治的优点是：可贯穿在园林生产环节中进行，不需要额外的投入，易于推广。其缺点是：见效慢，不能在短时间内控制爆发性发生病虫害。

（一）选用抗病虫品种

选用栽培抗病虫品种是防治病虫害的一种经济有效的措施，该措施的应用可以减少农药的使用，减轻农药的残留和环境污染问题，并能节省劳力和防治成本。当前世界上已经培育出多种抗病虫新品种，如菊花、香石竹、金鱼草等抗锈病品种，抗紫菀萎蔫病的翠菊品种以及抗菊花叶线虫的菊花品种。

（二）选用无病虫害种苗及繁殖材料

在选用种苗时，尽量选用无虫害、生长健壮的种苗，以减少虫害危害。在无病或轻病地区建立种子生产基地，并采取严格的防病和检验措施。

（三）苗圃地的选择及处理

一般应选择土质疏松、排水透气性好、腐殖质多的地段作为苗圃地。在栽植前进行深耕改土，耕翻后经过暴晒、土壤消毒后，可杀灭部分病虫害。土壤处理常用的药剂有：敌克松、恶霉灵、杀毒矾、毒死蜱、辛硫磷等。

（四）加强栽培管理

根据苗木的生长特点，在苗圃规划设计时必须贯彻"适地适树"的原则。适地适树，合理轮作，合理密植，适当进行种树、花草搭配，可相对地减轻病虫害的发生与危害。所谓适地适树，就是使造林树种的特性与造林地的立地条件相适应。以保证树木、花草健壮生长，从而避免或减轻某些病虫害的发生，增强苗木的抗病虫性能。如泡桐栽植在土壤黏重、地势低洼的地段生长不良，且易引起泡桐根部窒息；同样，栽植刺槐也可能因水湿烂根死亡。南方营造杉木林，如栽植在积薄干燥的丘陵，往往黄化病严重。如油松、松柏等喜光树种，则宜栽植于较干燥向阳的地方。云杉等耐阴树种宜栽植于阴湿地段。有些花木种植过密，易引起某些病虫害的大发生，在花木的配置方面，除考虑观赏水平及经济效益外，还应避免种植病虫的中间寄主植物（桥梁寄主）。露根栽植落叶树时，栽前必须适度修剪，根部不能暴露时间过长；栽植常绿树时，须带土球，土球不能散，不能晾晒时间过长，栽植深浅适度，是防治多种病虫害的关键措施。

1. 建立合理的种植制度

单一的种植模式，为病虫害提供稳定的生态环境，容易导致病虫害猖獗。合理轮作有利于植物生长，提高抗病虫害能力，又能恶化某些病虫害的生态环境，达到减轻病虫危害的目的。轮作是控制土传病害初侵染来源和地下害虫的关键措施。如防治立枯病、枯萎病、黄萎病、青枯病、根结线虫病、蝼蛄、蛴螬等病虫，与非寄主植物轮作，在一定时期内可以使病虫处于"饥饿"状态而削弱致病力或减少病原及害虫的基数。对一些地下害虫实行1~2年水旱轮作，土传病害轮作年限再长一些，可取得较好的防治效果。合理的间套种能明显抑制某些病虫害的发生与危害。

2. 加强水肥管理

土壤水分过多，易造成植株徒长，组织柔嫩和抗性下降，土壤含水量低，抑制植株生长。另外灌溉直接影响害虫生长的小气候，能抑制或杀死害虫，如冬灌能够破坏多种地下越冬害虫的生存环境，减少虫口密度。土壤中有机肥的增加，可以改善土壤的理化性状，促进植物根系发育。施用的有机肥必须充分腐熟，否则会加重多种地下害虫对幼苗的为害。而有机肥腐熟过程中，可以杀灭其中的病原物和害虫。肥料过量或不足均可引起植株生长不良或非侵染性病害，也会破坏土壤的理化性状，或造成环境的污染，对植物生长不利。合理施肥对植物的生长发育及其抗病虫能力的高低都有较大影响。因此加强水肥管理是预防病虫害的一项很重要的措施。

3. 加强园林植物养护管理

加强对园林植物的抚育管理，及时修剪。合理修剪不仅可以增强树势、花叶并茂，还可以减少病虫危害。例如，防止危害悬铃木的日本龟蜡蚧，可及时地剪除虫枝，以有效地抑制该虫的危害；及时清除被害植株及树枝等，以减少病虫的来源。对于介壳虫、粉虱等害虫，则通过修剪、整枝达到通风透光的目的，从而抑制此类害虫的危害。清除病虫枝，清扫落叶，及时除草，可以消灭大量的越冬病虫。尤其是温室栽培植物，要经常通风透气，降低湿度，以减少花卉灰霉病等的发生发展。观赏植物的修剪、刮老树皮、枯枝落叶、病叶、落果、病枝等园林植物残余物及病土的清除，均可减少侵染物来源。场圃或林地杂草往往是病害的野生过渡寄生或越冬场所，同时杂草丛生还会提高田间小气候的湿度，加重病害的发生，因此除草要及时。

（五）合理配置园林植物

无论是根部、枝叶或叶部病害，不同种类园林植物的合理配置可以起到某种屏障作用，如黄栌白粉病，黄栌与油松等树种混植比黄栌纯林发病轻。园林植物配置时，除考虑植物间的生态、生物学特性、观赏效果外，应注意以下几个方面的问题：混植的园林植物不能是感病植物、中间寄主、转主寄主或病原生物介体寄主。如在园林风景区，海棠等仁果类阔叶树和松属、柏属的针叶树，都是相互混交栽植，以达到美化效果，造成了海棠锈病的发生与流行。

三、物理机械防治

物理机械防治是利用多种物理因子、人工或器械防治有害生物的方法。此防治方法见效快，不污染环境，可以同其他的防治措施配合使用。常用的方法有以下几种：

（一）物理因子的利用

1. 温度的利用

各种有害生物对环境温度都有一定要求，在超过适宜温度范围条件时，均会导致失活或死亡。根据这一特性，可利用高温或低温来控制或杀死有害生物。如温汤浸种就是利用55～60℃温水浸烫种子预防病虫害。还可对土壤进行热处理，如夏季的休耕季节在地面覆盖地膜，提高土壤温度，可以杀死土壤中的病虫；北方的冬季打开仓库门窗可防治种子贮藏期间的害虫。

2. 光波的利用

利用害虫的趋短波光的习性，可以设置黑光灯、频振式杀虫灯诱杀蛾类成虫。

（二）器械防治

1. 捕杀法

根据害虫的生活习性、发生特点和规律所采用的直接杀死害虫或破坏害虫栖息场所的方法称为捕杀法。捕杀法包括冬季刮除害虫越冬的老翘皮；人工剪除带病虫的枝条和花果；人工摘除卵块、虫苞和捕杀幼虫；清除土壤表面的虫蛹和被害叶；利用某些害虫的假死性，人工振落害虫并集中捕杀等；人工挖土捕杀地下害虫和地下的虫卵。

2. 诱杀法

诱杀法是利用昆虫的趋性，人为地设置诱捕器或引诱物来杀死害虫的方法。常用的有灯光诱杀、色

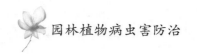

板诱杀、食物诱杀和潜所诱杀等。大多昆虫对光波有选择性，表现为不同程度的趋光性，设置灯光进行诱杀，能减少害虫的数量，如用黑光灯诱杀蛾类、蝼蛄和甲虫等。利用黄色粘胶板诱杀蚜虫、粉虱和飞虱等。利用银灰色膜驱避蚜虫等。

有些害虫对食物气味有明显趋性，因此可以在其喜欢取食的食物中掺和适量毒剂配制成食饵，对其进行诱杀。如用糖醋液诱杀小地老虎成虫。用掺有杀虫剂的麦麸，诱杀蝼蛄和地老虎等。用新鲜马粪诱杀蝼蛄，撒播毒谷毒杀金龟子等。

有些害虫喜欢选择特殊的环境潜伏，针对这种习性，对其进行诱杀，习惯称为潜所诱杀。例如，针对有上、下树为害习性的害虫，在树干上绑麻片、布片或草绳来引诱灯蛾、毒蛾等在其中化蛹，然后将其集中收集并消灭。在田间堆放新鲜的草诱集金龟子等。

3. 阻隔法

隔离病原菌、害虫与植物接触，防止植物受病虫侵害的方法即阻隔法。如套袋、安装防虫网、掘沟、覆盖地膜、树干涂白、涂毒环和涂胶环、树干上涂药或胶等。有些害虫依靠爬行转移，可在未受害区周围挖障碍沟，使害虫坠沟后集中消灭。对于借助菌索蔓延传播的根部病害，在病株周围挖沟，可阻隔病菌的生长蔓延。安装防虫网，不仅能隔绝多种害虫的为害，还能减少蚜虫、叶蝉、飞虱、粉虱和蓟马等昆虫的为害，从而减轻病毒病害的发生。对苗圃地覆盖薄膜和盖草，通过提高土壤的湿度及温度，加速病残体的腐烂，减少侵染来源。该法是一种经济、有效的物理防治方法。

4. 外科处理法

外科处理是治疗树木或花卉等枝干和根部病害的有效方法，如治疗杨树腐烂病和樱花根癌病，可用锋利的刀将病组织刮干净或在刮净后涂药。

四、生物防治

生物防治是利用有益生物或其代谢产物防治有害生物的方法。

从保护生态环境和可持续发展的角度讲，生物防治是综合防治的主要方向。生物防治具有如下优点：生物防治对人、畜、植物安全，不杀伤天敌，不污染环境，不会引起害虫的再猖獗和产生抗性，对一些病虫害具有长期控制的作用。但生物防治仍具有很大局限性，主要体现在：一是作用效果慢，没有化学农药见效快，在有害生物大发生后常无法控制。二是控制效果受外界环境的影响较大，防治效果有时不稳定。三是某些生物制品不易于批量生产，而且产品质量不易控制，贮存和运输受到限制，使用不如化学农药简便。四是生物防治对技术要求比较严格。

（一）利用天敌昆虫防治害虫

自然界中生活着种类繁多的昆虫，取食人类目标植物的被称为害虫，而取食害虫的被称为天敌昆虫，它们之间通过取食和被取食的关系构成了复杂的食物链。天敌昆虫按其取食特点可分为寄生性天敌和捕食性天敌两大类。寄生性天敌昆虫总是在生长发育的某一个时期或终身附着在害虫的体内或体外，摄取害虫的营养物质，逐渐杀死或致残某些害虫，使害虫种群数量下降，常见的寄生性天敌主要有寄生蜂和寄生蝇，如利用周氏啮小蜂寄生美国白蛾的蛹。捕食性天敌则通过取食直接杀死害虫，常见的捕食性天敌有螳螂、食蚜蝇、蜻蜓、草蛉、褐蛉、步甲、虎甲、猎蝽、小花蝽和大部分的瓢虫等，如利用草蛉防治蚜虫。

天敌昆虫的利用途径有以下几种：

1. 保护和利用本地天敌

自然界中天敌资源丰富，利用本地天敌控制有害生物是一种经济有效的防治方法。栽培管理中，采用提供适宜的替代食物、栖息和越冬场所，增加天敌的数量。科学地减少农药的使用，避免和减少天敌的死亡。因此，良好的栽培措施是保护和利用天敌的基础。

2. 引进天敌

利用生物防治方法，可以从国外或本国其他地区引进天敌，要考虑天敌对害虫的控制能力，引入后在新环境下的生态适应和定殖能力，防止天敌引进带入其他有害生物，或引进的天敌在新环境下演变成有害生物。

3. 繁殖和释放天敌

繁殖天敌可以增加自然界中天敌的数量，起到有效控制害虫的作用。自然环境中，本地已经存在的天敌，种类虽多，但有些种类受到各种条件的制约，其数量较少，特别是在害虫数量迅速上升时，天敌数量总是尾随其后，害虫为害植物的前期很难控制。采用人工大量繁殖，在害虫大发生前释放，就可以解决这种尾随效应。另外天敌引进本地区后，也需要人工繁殖，扩大天敌种群数量，以增加其在当地定殖的可能性。

（二）开发和应用生物农药

生物农药是指利用生物活体或生物代谢过程产生的具有生物活性的物质，或从生物体中提取的物质，作为防治有害生物的农药。生物农药作用方式特殊，防治对象专一，且对人类和环境的潜在危害比化学农药小，易被广泛地应用，因此开发和应用生物农药是未来防治有害生物的一种方向。目前常用的生物农药有以下几类：

1. 生物杀菌剂

生物杀菌剂包括微生物和植物杀菌剂等，如木霉菌、多抗霉素、武夷霉素、中生菌素、乙蒜素等。

2. 生物杀虫（螨）剂

生物杀虫（螨）剂包括植物、真菌、细菌、病毒、抗生素等。植物杀虫剂常见的如除虫菊素、鱼藤酮、印楝素、印棟素、苦参碱等。真菌杀虫剂主要有白僵菌和绿僵菌等。细菌杀虫剂主要有苏云金杆菌和杀螟杆菌。病毒制剂有核型多角体病毒。抗生素杀虫（螨）剂有阿维菌素、多杀霉素、浏阳霉素、华光霉素等。

3. 生化农药

生化农药指经人工模拟合成或从自然界的生物源中分离或派生出来的化合物，如昆虫信息素、昆虫生长调节剂等。昆虫信息素用于害虫的诱捕、交配干扰或迷向防治。昆虫生长调节剂影响昆虫的生长发育、脱皮等，可造成畸形或死亡，如灭幼脲、抑虫肼、烯虫酯等。

五、化学防治

化学防治是利用各种化学药剂防治病虫害的方法。其优点是防治范围广，使用方便，快速、高效，不受地域、季节限制，便于大面积机械化防治等。缺点是容易容易引起人畜中毒，污染环境，杀伤天敌，引起次要害虫再增猖獗。长期使用一种化学农药，可使某些病虫产生抗药性，容易造成农药残留等。化学防治的缺点概括起来可称为"三R问题"，即抗药性（Resistance）、再猖獗（Rampancy）及农药残留（Remnant）。目前，当病虫害大发生时，化学防治是最快速有效的方法。

复习题

1. 名词解释

植物检疫、对内检疫、对外检疫、疫区、保护区、园林技术防治法、物理机械防治法、生物防治、化学防治。

2. 填空题

1）植物检疫可分为（　　）和（　　）两大类。

2）对内植物检疫的程序一般为报验、（　　）、（　　）和签发证书。

3）植物检疫的检验方法分为（　　）、（　　）和（　　）三种。

4）我国对内检疫主要以（　　）为主。

5）我国植保方针为（　　）和（　　）。

3. 选择题

1）下列害虫中属于国内检疫对象的为（　　）。

A. 杨干象　　　　　　B. 松毛虫　　　　　　C. 美国白蛾　　　　　　D. 光肩星天牛

2）下列病害中属于国内检疫对象的为（　　）。

A. 松材线虫病　　　　B. 板栗疫病　　　　　C. 杨树茎叶病毒病　　　D. 杨树烂皮病

3）下列天敌昆虫中属于寄生性的是（　　）。

A. 瓢虫　　　　　　　B. 猎蝽　　　　　　　C. 赤眼蜂　　　　　　　D. 寄蝇

4）下列天敌昆虫中属于捕食性的是（　　）。

A. 草蛉　　　　　　　B. 食蚜蝇　　　　　　C. 姬蜂　　　　　　　　D. 肿腿蜂

5）苏云金杆菌属于（　　）类生物杀虫剂。

A. 细菌　　　　　　　B. 真菌　　　　　　　C. 病毒　　　　　　　　D. 植物类

4. 问答题

1）植物检疫的主要任务是什么？

2）确立植物检疫对象的条件是什么？

3）为什么栽培技术措施是治本的措施？

4）阻止危险性病虫害的传播应强化哪些措施？

5. 生产上常用诱杀害虫的方法有哪些？

6）生物防治方法有哪些？

7）简述生物防治的优缺点。

课题3 农药的科学使用

一、农药的分类

农药的种类较多，为了应用方便，常将农药按来源、防治对象及作用方式进行分类。

（一）按农药的来源及化学性质分类

农药可分为植物源农药（如除虫菊素、鱼藤酮、烟碱、大蒜素、印楝素等）；动物源农药（如性信息素、沙蚕毒素）；微生物源农药（如井冈霉素、农用链霉素、多抗霉素、农用链霉素、浏阳霉素、Bt等）；矿物源农药（如石硫合剂、硫磺悬浮剂、硫酸铜、氢氧化铜、波尔多液等）；有机化学合成农药（如敌百虫、吡虫啉、功夫、多菌灵、苯醚甲环唑等）。

（二）按农药的用途和防治对象分类

农药可分为杀虫剂、杀菌剂、杀螨剂、杀线虫剂、杀鼠剂、除草剂、植物生长调节剂等。

（三）按作用方式分类

1. 杀虫剂

根据杀虫剂对昆虫的毒性作用及其侵入害虫的途径不同，一般可分为：

（1）胃毒剂　药剂随着害虫取食植物一同进入害虫的消化系统，再通过消化吸收进入血腔中发挥杀虫的作用。此类药剂大都兼有触杀作用，如敌百虫。

（2）触杀剂　药剂与虫体接触后，药剂通过昆虫的体壁进入虫体内，使害虫中毒死亡，如拟除虫菊酯类等杀虫剂。

（3）内吸剂　药剂容易被植物吸收，并可以输导到植物各部分，在害虫取食时使其中毒死亡。这种药剂适合于防治一些蚜虫、蚧虫等刺吸式口器的害虫，如吡虫啉等。

（4）熏蒸剂　药剂由固体或液体转化为气体，通过昆虫呼吸系统进入系统，使害虫中毒死亡，如敌敌畏等。

（5）特异性杀虫剂　这类药剂对昆虫无直接毒害作用，而是通过拒食、驱避、不育等不同于常规的作用方式，最后导致昆虫死亡，如樟脑、风油精、驱蚊油等。

2. 杀菌剂

（1）保护剂　在病原微生物没有接触植物或没浸入植物体之前，用药剂处理植物或周围环境，达到抑制病原孢子萌发或杀死萌发的病原孢子，以保护植物免受其害，这种作用称为保护作用。具有此种作用的药剂为保护剂，如波尔多液、代森锰锌等。

（2）治疗剂　病原微生物已经侵入植物体内，但是植物表现病征，处于潜伏期。药物从植物表皮渗入植物组织内部。而可在植物体内输导、扩散，或产生代谢物来杀死或抑制病原，使病株不再受害，并恢复健康。具有这种治疗作用的药剂称为治疗剂或化学治疗剂，如多菌灵、甲基托布津、三唑酮等。

（3）铲除剂　指植物感病后施药能直接杀死已侵入植物的病原物，如霉多克、石硫合剂等。具有这种铲除作用的药剂为铲除剂。但在实际上与实际治疗剂很难严格区分。

3. 除草剂

（1）内吸型（输导型）除草剂　施用后通过内吸作用传至杂草的敏感部位或整个植株，使之中毒死亡的药剂，如草甘膦、阿特拉津等。

（2）触杀型除草剂　只能杀死所接触到的植物组织，而不能在植株体内传导移动的药剂，如草铵膦、百草枯等。

习惯上，按其对植物作用的性质分为选择性除草剂和毁灭性除草剂。前者在一定浓度和剂量范围内杀死或抑制部分植物而对另外一些植物安全的除草剂，如 2，4 - 滴丁酯。后者在常用剂量下可以杀死所有接触到药剂的绿色植物的除草剂，如草铵膦等。

二、农药的剂型

未经加工的农药叫原药。为了在防治时使用方便，充分发挥药效，在原药中加入一些辅助剂，加工成一定的药剂形态，称为剂型。常用的农药剂型有：

（一）粉剂

在原药中加入惰性填充剂（如黏土、高岭土、滑石粉等），经机械磨碎为粉状，称为不溶于水的药剂。适合于喷粉、撒粉、拌种或用来制成毒饵。粉剂不能用来喷雾，否则易产生药害。粉剂要随用随买，不宜久贮藏，以防失效。由于粉剂易于飘散，污染环境，逐渐被颗粒剂和各种悬浮剂所取。

（二）可湿性粉剂

在原药中加一定量的湿润剂和填充剂，通过机械研磨或气流粉碎而成，可湿性粉剂适于用水稀释后喷雾。其残效期较粉剂持久，附着力也比粉剂强，但易于沉淀，应在使用前及时配制，并且注意搅拌，使药液浓度一致，以保证药效及避免药害，如 65% 代森锌可湿性粉剂。

（三）乳油

在原药中加入一定量的乳化剂和溶剂制成透明的油状剂型，称为乳油。乳油可溶于水，经过加水稀释后，可以用来喷雾。使用乳油防治害虫的效果一般比其他剂型好，触杀效果强、残效期长、耐雨水冲刷、易于渗透，防虫效果比其他剂型好。乳油如果出现分层、沉淀、浑浊等现象，则说明已变质不能继

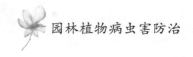

续使用。

（四）颗粒剂

原药加载体（黏土、玉米芯等）制成颗粒装的药物，称为颗粒剂。颗粒剂可直接用来撒药，它沉淀性好，飘逸性小，对人、畜、作物安全，使用方便，残效期长、用药量少，主要用于土壤处理。

（五）水剂

将水溶性原药直接溶于水中而制成的制剂，用时加水稀释到所需浓度即可使用。

（六）其他剂型

熏蒸剂、缓释剂、胶悬剂、毒笔、毒绳、毒纸环、毒签、种衣剂、烟剂、可溶性粉剂、水分散粒剂、微乳剂、悬浮剂、微胶囊剂、气雾剂等。

三、农药的使用方法

（一）喷雾

将乳油、水剂、可湿性粉剂，按所需的浓度加水稀释后，用喷雾器进行喷洒。喷雾是当前药剂使用最广泛的方法之一。其技术要点是：喷雾时，要求均匀周到，使植物表面充分湿润，但基本不滴水，即"欲滴未滴"；喷雾的顺序为从上到下、从叶面到叶背；喷雾时要顺风或垂直于风向操作。严禁逆风喷雾，以免引起人员中毒。

喷雾的类型分为常规喷雾、低容量喷雾和超容量喷雾。其中，超低容量喷雾，可直接利用超低容量喷雾器对原药进行喷雾。这种喷雾法用药量少，无需加水稀释，操作简便，功效高，节省劳动成本，防治效果也好，特别适合于水源缺乏的地区使用。

用喷雾法喷药，药剂在林木上的展着性和黏着性都比喷粉好，也不容易被风雨淋失，残效期长，与病虫接触的药量和机会增多，防治效果较好。

（二）拌种

播种前将农药、细土和种子按一定比例混合在一起的用药方法，使每一粒种子表面都能均匀地沾上一层薄薄的药粉；也可将药液喷在摊开的种子上，使种子表面均匀地覆上一层药膜。种子经拌种后播种，常用于防治种子传染的病害和地下害虫。拌种用的药量，一般为种子重量的 0.2%~1%。

（三）毒饵

将农药与饵料混合在一起的用药方法，引诱害虫取食，产生胃毒作用将害虫杀死。常用的饵料有麦麸、米糠、豆饼、花生饼、玉米饼、菜叶、鲜草等。饵料与敌百虫、辛硫磷等胃毒剂混合均匀，散布在害虫活动的场所，常用来诱杀蛴螬、蝼蛄、小地老虎等地下害虫。

（四）撒施

将农药直接撒于种植区，或者将农药与稀土混合后撒于种植区的施药方法。主要用于防治地下害虫或某一时期在地面活动的昆虫及土传病害。此法是在播种前或病虫发生后点施或全面撒药在苗圃地上。特点是高效、简单、不受地理位置、水源等的限制，但应注意稀释土与药剂的细度要相适宜，含水量也要合适。

（五）熏蒸

将熏蒸性农药置于密闭的容器或空间，充分挥发成气体以便毒杀害虫的用药方法，这种方法主要用于防治温室大棚、仓库、蛀干害虫、种苗上的害虫。

此外，还有浸种、灌根、涂抹、泼浇、注射、输液等。

四、农药的稀释计算

（一）农药的浓度表示

目前我国在生产上常用的药剂浓度表示法有倍数法、百分浓度（%）和摩尔浓度法（百万分浓度法）。

1. 倍数法

指药液（药粉）中稀释剂（水或填料）的用量为原药剂用量的多少倍或是药剂稀释多少倍的表示法，此种表示法在生产上最常用。生产上往往忽略农药和水的比重的差异，即把农药的比重看作 1。稀释倍数越大，误差越小。生产上通常采用内比法和外比法两种配法。用于稀释 100 倍（含 100）以下时用内比法，即稀释时要扣除原药剂所占 1 份。如稀释药剂所占的 1 份。如稀释 1000 倍液，即可用原药剂 1 份加水 1000 份。

2. 百分浓度（%）

指 10 份药剂中含有多少份药剂的有效成分。百分浓度又分为重量百分浓度和容量百分浓度。固体与固体之间或固体与液体之间，常用重量百分浓度，液体与液体之间常用容量百分浓度。

3. 百万分浓度（10^{-6}）

指 100 万份药剂中含有多少药剂的有效成分。一般植物生长调节剂常用此浓度表示法。

（二）浓度之间的换算

1）百分浓度与百万分浓度之间的换算：

$$百万分浓度（10^{-6}）=百分浓度（不带 \%）\times 10000$$

2）倍数法与百分浓度之间的换算：

$$百分浓度（\%）=原药剂浓度 \% / 稀释倍数 \times 100$$

（三）农药的稀释计算

1. 按有效成分的计算

通用公式

$$原药浓度 \times 原药剂重量 = 稀释药剂浓度 \times 稀释药剂重量$$

（1）求稀释剂的量

1）计算 100 倍以下时：

$$稀释剂重量 = 原药剂重量 \times （原药剂浓度 - 稀释药剂浓度）/ 稀释药剂浓度$$

例：用 40% 福美双可湿性粉剂 10kg，配成 2% 的稀释液，需要加多少水？

解：$10 \times (40\% - 2\%) \div 2\% = 190（kg）$

2）计算 100 倍以上时：

$$稀释剂重量 = 原药剂重量 \times 原药剂浓度 / 稀释药剂浓度$$

例：用 100mL 80% 敌敌畏乳油稀释成 0.05% 浓度，需要加多少水？

解：$100 \times 80\% \div 0.05\% = 160000（mL）= 160L$

（2）求用药量

$$原药剂重量 = 稀释药剂重量 \times 稀释药剂浓度 / 原药剂浓度$$

例：要配制 0.5% 毒死蜱药液 1000mL，求 40% 毒死蜱乳油用量。

解：$1000 \times 0.5\% \div 40\% = 12.5（mL）$

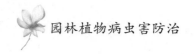

2. 根据稀释倍数计算

此法不考虑药剂的有效成分含量。

1）计算 100 倍以下时：

$$稀释药剂重 = 原药剂重量 × 稀释倍数 - 原药剂重量$$

例：用 40% 福美双可湿性粉剂 10g，加水稀释成 50 倍药液，求稀释液重量。

解：$10 × 50 - 10 = 490（g）$

2）计算 100 倍以上时：

$$稀释药剂重量 = 原药剂重量 × 稀释倍数$$

例：用 80% 敌敌畏乳油 10mL 加水稀释成 1500 倍药液，求稀释液重量。

解：$10 × 1500 = 15000（mL）= 15L$

五、农药的科学合理使用

科学合理使用农药，就是要从综合治理的角度出发，运用生态学的观点，按照"经济、安全、有效"的原则来使用农药。做到省药、效果好，对人、畜安全，不污染环境。园林生产中科学合理使用农药应注意以下几个问题：

（一）正确选药

各种农药都有特殊的性能和特定防治对象，即使是广谱性农药，也不可能对所有的病虫害都有效。在了解农药的性能、防治对象及掌握害虫发生规律的基础上，正确选用农药的品种、浓度和用药量，避免盲目用药，才能收到良好的防治效果。一般选用高效、低毒、低残留的药剂。

（二）适时施药

用药时必须选择最有力的防治时机，即可以有效地防治害虫，又不杀伤害虫的天敌。适时施药就是在调查研究和预测报的基础上，根据病虫发生动态、寄生发育阶段和气候条件的特点，抓住薄弱环节，做到治早治小，达到既节约用药，又能提高防治效果，而且不会发生药害。例如，大多数食叶害虫初孵幼虫有群居为害的习性，而且此时的幼虫体壁薄，抗药力较弱，故防治效果较好；蛀干、蛀茎类害虫在蛀入后一般防治较困难，所以应在蛀入前用药；有些蚜虫在为害后期有卷叶的习性，对这类蚜虫应在卷叶前用药，以提高防治效果；而对具有世代重叠的害虫来说，则选择在高峰期进行防治。

无论是防治哪一种害虫，在用药前都应当首先调查天敌的情况。如果天敌种群数量较大，足以控制害虫（如益/害≥1/5），就不必进行药剂防治；如果天敌的发育期大多正处于幼龄期，应当考虑适当推迟用药时间。

（三）交替用药

在同一地区长期使用一种农药防治某一病虫害，会导致药效明显下降，即病虫对这种农药产生了抗药性，从而降低防治效果，增加病虫害防治难度。为了避免病虫产生抗药性，应当注意交替使用农药。

交替用药的原则是：在不同的年份（或季节），交替使用不同类型的农药。但不是每次都换药，频繁换药的结果，往往是加快病虫的抗药性的产生。

（四）混合用药

将两种或两种以上对病菌或害虫具有不同作用机制的农药混合使用。不仅可以提高药效，而且还可以延缓害虫抗药性的产生，同时防治多种害虫；反之，不仅会降低药效，还会加速病虫抗药性的产生。

正确混合使用农药的原则是：①可以将不同类型的农药混合使用，如将有机磷类的敌百虫与拟除菊酯类的溴氰菊酯混合使用或将杀菌剂的多菌灵与杀虫剂的敌百虫混合使用。②不能将属于同一类型农药中的不同品种混合使用，以免导致交互抗性的产生。③严禁将易产生化学反应的农药混合使用。大多数的农药属于酸性物质，在碱性条件下会分解失效，因此一般不能与碱性化学物质混合使用，否则会降低药效。

（五）安全用药

在使用农药防治园林植物病虫害的同时，要做到对人、畜、天敌、植物及其他有益生物的安全，要选择合适的药剂和准确地使用浓度。在人口稠密的地区、居民区等处喷药时，要尽量安排在夜间进行，若必须在白天进行应提前协调沟通避免出现矛盾和意外事故。防治工作的操作人员必须严格按照用药的操作规程、规范执行：①用药人员必须做好一切安全防护措施。配药、喷药时要穿戴防护服、口罩、手套、风镜、防护帽、防护鞋等标准的防护用品。②用药人员必须身体健康。如有皮肤病、高血压、精神病或药物过敏及孕产期的妇女等，不能参加该项工作。③喷药应该选在无风的晴天进行，阴雨天或高温炎热的中午不宜用药。有微风的情况下，工作人员应站在风头上顺风喷洒，风力超过 4 级时，停止用药。④配药、喷药时，不能谈笑打闹、吃东西、抽烟等。喷洒剧毒农药每天工作不要超过 6h。⑤喷药结束立即更衣，并用肥皂洗脸、洗手、漱口，及时清洗药械，对剩余的药剂、器具要及时入库，妥善处理，不得随意遗弃，喷过剧毒农药的地方设置"有毒"标志，防止人、畜进入。⑥喷药过程中，如稍有不适会或头疼目眩时，应立即离开现场，在通风阴凉处安静休息，如症状严重，必须立即送往医院，不可延误。

六、园林常用农药简介

农药种类繁多，在园林绿化场所，人为活动频繁，应尽量选择高效、低毒、低残留、无异味的药剂。避免造成污染环境，影响观赏。

（一）杀虫剂和杀螨剂

1. 有机磷杀虫剂

有机磷杀虫剂是当前国内外发展最为迅速，使用最为广泛的药剂类型。这类药剂具有品种多、药效高、用途广等优点，因此在目前使用的杀虫剂中占有重要的地位。但有不少种类属剧毒农药，使用不当易引起人、畜中毒。

（1）敌百虫　纯品为白色结晶粉末，易溶于水和多种有机溶剂，在温室下存放稳定，但易吸湿受潮，在弱碱性条件下可转化成毒性更强的敌敌畏。高效、低毒、低残留、杀虫谱广。胃毒作用强，兼有触杀作用，对人、畜较安全，残效期短。可防治蔬菜、果树、茶园、花卉的害虫，也用于防治地下害虫。对双翅目、鳞翅目、膜翅目、鞘翅目等多种害虫均有很好的防治效果，但对一些刺吸式口器害虫，如蚧类、蚜虫类效果不佳。常用的剂型有 90% 敌百虫晶体，25% 敌百虫乳油，80% 可湿性粉剂等。生产上常用 90% 晶体敌百虫稀释 800 倍液喷雾。

（2）敌敌畏　具有很强的挥发性，温度越高，挥发性越大，因而杀虫效力很高。在水中会缓慢分解，特别是在碱性和高温条件下消解更快，并变为无毒物质。对人、畜毒性较高。敌敌畏具有触杀、胃毒及强烈的熏蒸作用，适用于防治园林（包括温室）、茶园、果蔬等方面的害虫。常在调运苗木时用作熏蒸杀虫剂，用来杀灭苗木中的害虫。常见的加工剂型有 50%、80% 乳油。李、梅、杏、樱花等植物对敌敌畏较敏感，使用时应注意。

（3）马拉硫磷　以触杀作用为主，也具有一定的胃毒及熏蒸作用。对人、畜较安全，对蚜虫、介壳虫、蓟马、网蝽、叶蝉以及鳞翅目幼虫均有良好的效果。主要剂型有 50% 乳油，25% 乳油及 1%、3%、5% 粉剂。常用 50% 乳油稀释 1000 倍液喷雾。

（4）辛硫磷　本品为高效、低毒、低残留杀虫剂，具有触杀及胃毒作用。对蚜虫、黑刺粉虱、蓟马、螨类、龟蜡蚧及鳞翅目幼虫均有良好的防治效果。施于土壤中可以有效地防治地下害虫，残效期可

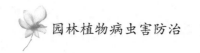

达 15 天以上。常用剂型有 50% 乳油，常用 50% 辛硫磷乳油稀释 1000 倍液喷雾。

（5）毒死蜱 又名氯吡硫磷，乐斯本。具触杀、胃毒及熏蒸作用。对人、畜中毒。是一种广谱性杀虫剂。对鳞翅目幼虫、蚜虫、叶蝉及螨类效果好，也可用于防治地下害虫。常见剂型有 40.7%、40% 乳油。一般用 40.7% 乳油稀释 1000～2000 倍液喷雾。

（6）速扑杀 又名杀扑磷。具有触杀、胃毒及熏蒸作用，并能渗入植物组织类。对人、畜高毒。是一种广谱性杀虫剂，尤其对介壳虫有特效。常见剂型有 40% 乳油。一般使用 40% 乳油稀释 1000～3000 倍液喷雾。在若蚧期使用效果最好。

2. 有机氯杀虫剂

有机氯杀虫剂是早期曾经使用的有机合成农药，其中以"六六六"和"滴滴涕"的用量大，在防治农业、林业、卫生害虫方面曾经发挥了很大的作用。但因它的性质稳定，残留毒性期长，会造成严重的土壤、水源、空气的污染，并能在人体内积累，给健康带来隐患。因此，世界各国陆续禁止使用这些农药。

3. 氨基甲酸酯类杀虫剂

（1）西维因 通名甲萘威。对光、热、酸性物质较稳定，遇碱性物质则易分解，故忌与波尔多液、石硫合剂及洗衣粉等混用。西维因具有触杀及胃毒作用，可用于防治卷叶蛾、潜叶蛾、蓟马、叶蝉、蚜虫等害虫，还可以用来防治对有机磷农药产生抗性的一些害虫。常见的剂型有 25%、50% 可湿性粉剂两种，常用 25% 可溶性粉剂稀释 500 倍液喷雾。应当注意：西维因对蜜蜂有毒，故花期不宜使用。

（2）叶蝉散 触杀性杀虫剂，对叶蝉、飞虱有特效，对蓟马、木虱、蜻等也有特效。常见剂型有 20%、50% 可湿性粉剂，20% 乳油。使用方法为 50% 可湿性粉剂稀释 1500 倍液喷雾。

（3）抗蚜威 又称辟蚜雾。本品为高效、中毒、低残留的选择性杀蚜剂，具有触杀、熏蒸和内吸作用。有速效性，持效期短，可根施。用于防治多种花木上的蚜虫。

4. 拟除虫菊酯类杀虫剂

是人工合成的一系列的类似天然除虫菊素化学结构的合成除虫菊酯，除虫菊酯有很好的杀虫作用，对高等动物安全，无残毒，具有光稳定性好、高效、低毒和强烈的触杀作用，无内吸作用，是较理想的杀虫剂。拟除虫菊酯类杀虫保持了天然除虫菊素的特点，而且在杀虫毒力及对日光的稳定性上都优于天然除虫菊。可用于防治多种害虫，但连续使用易导致害虫产生抗性。

（1）溴氰菊酯 又名敌杀死。对人、畜毒性中等。溴氰菊酯主要以触杀和胃毒作用为主，也有一定的驱避与拒食作用，击倒速度快，对松毛虫、杨柳毒蛾、榆蓝叶甲等害虫有很好的防治效果。因其无内吸作用，所以对螨类、蚧类等防治效果较差。常见剂型为 2.5% 乳油、2.5% 可湿性粉剂，使用方法为 2.5% 乳油稀释 2000～3000 倍液喷雾。

（2）氯氰菊酯 又名安绿宝、兴棉宝。是一高效、中毒、低残留农药，对人、畜低毒。对害虫具有较强的触杀和胃毒作用，且有忌避和拒食作用。对鳞翅目食叶害虫及蚜虫、蚧虫、叶蝉类害虫高效。常见的剂型有 10% 和 20% 乳油。常用 10% 乳油稀释 2000 倍液喷雾。

（3）高效氯氟氰菊酯 又名三氟氯氟氰菊酯、功夫菊酯。具有极强的胃毒和触杀作用。杀虫作用快，持效长，杀虫谱广。常见的剂型有 2.5% 和 5% 乳油，对鳞翅目害虫及蚜虫、叶螨等均有较高的防治效果。常用 2.5% 乳油稀释 2000 倍液喷雾。

（4）甲氰菊酯 又名灭扫利。具有很强的触杀、驱避和胃毒作用，杀虫范围较广，对鳞翅目幼虫、同翅目、半翅目、鞘翅目等多种害虫有效。常见剂型有 10%、20%、30% 乳油，使用方法为 20% 乳油稀释 2000 倍液喷雾。

（5）联苯菊酯 又名天王星、虫螨灵，是最突出的杀虫、杀螨剂。对人、畜毒性中等，对天敌的杀伤力低于敌敌畏等有机磷类农药，但高于其他菊酯类农药。该药具有强烈的触杀与胃毒作用，作用迅速，持效期长，杀虫谱广，对鳞翅目、鞘翅目、缨翅目及叶蝉、粉虱、瘿螨、叶螨等均有较好的防治效果。常见剂型为 10% 乳油、10% 可湿性粉剂，使用方法为 10% 乳油稀释 3000 倍液喷雾。

（6）氰戊菊酯　又名杀灭菊酯、速灭杀丁，是我国产量最高的拟除虫菊酯类农药。具有很强的触杀作用，还有胃毒和驱避作用，击倒力强，杀虫速度快，可用于防治多种农林及花卉害虫，如蚜虫、蓟马、黑刺粉虱、马尾松毛虫等。常见剂型有20%乳油，多用20%乳油稀释3000倍液喷雾。

5. 特异性杀虫剂

这类药剂不直接杀死害虫，而是引起昆虫生理上的某种特异反应，使昆虫发育、繁殖、行动受到阻碍和抑制，从而达到控制害虫的目的。此类药剂特别适应园林植物害虫的防治。

（1）灭幼脲　又称灭幼脲Ⅲ号、苏脲Ⅰ号。具有强烈的胃毒作用，还具有触杀作用，能抑制和破坏昆虫新表皮中几丁质的合成，从而使昆虫不能正常脱皮而死。田间残效期15～20天，施药后3～4天开始见效。制剂多为25%、50%胶悬剂，一般用50%胶悬剂加水稀释1000倍液。

（2）定虫隆　又名拟太保。是高效、低毒的昆虫几丁质合成抑制剂，具有胃毒作用兼触杀作用。对鳞翅目幼虫有特效，一般施药后3～5天才见效，与其他杀虫剂无交互抗性，一些对有机磷、拟除虫菊酯农药生产抗性的鳞翅目害虫有较高的防治效果。常见的剂型有5%乳油，一般使用浓度为5%乳油稀释1000倍液喷雾。

（3）扑虱灵（噻嗪酮）　又名稻虱净。本品为一种选择性昆虫生长调节剂，具有特异活性作用，对叶蝉、粉虱类害虫有特效。具有胃毒、触杀作用，主要通过抑制害虫几丁质合成使若虫在脱皮过程中死亡。本品具有药效高、残效期长、残留量低和对天敌较安全的特点。主要作用于若虫，对成虫无效。常用于防治叶蝉、介壳虫、粉虱等。

6. 植物源杀虫剂

植物源杀虫剂是指利用具有杀虫作用活性的植物有机会全部或某些部位的物质提出或模拟杀虫植物中杀虫物质的化学结构人工合成与其相类试的物质制成的杀虫剂，通称为植物源杀虫剂。其主要特点是害虫较难产生抗药性，选择性强，对人、畜及天敌毒性低，开发和使用成本相对较低。易降解，持效期短，对产品、食品和环境基本无污染。当前，该药剂已经成为绿色食品生产的主要农药，商品化品种有鱼藤酮乳油、烟碱水剂和烟碱乳油、苦参碱水剂、苦蒿素水剂、印楝素乳油、藜芦碱水剂等。

（1）烟碱　从烟草中提取出来的一种触杀型植物杀虫剂。其杀虫活性较高，主要以触杀作用为主，并有胃毒和熏蒸作用。主要用于防治鳞翅目、同翅目、半翅目、缨翅目、双翅目等多种害虫。常见剂型有10%烟碱乳油，使用时一般用800～1500倍液喷雾。

（2）鱼藤酮　又称鱼藤、毒鱼藤，是从豆科植物鱼藤根部提取的强触杀性的一种植物杀虫剂。杀虫活性高，具有触杀和胃毒作用。该药对人畜毒性中等，对鱼、猪剧毒。主要用于防治为害蔬菜、茶树、果树、花卉、烟草等作物上的鳞翅目、同翅目、半翅目、鞘翅目、缨翅目、螨类等多种害虫。常见剂型有2.5%烟碱乳油，使用时一般用800～1000倍液喷雾。

（3）苦蒿素　又名山道年，是以苦蒿为原料从中提取的杀虫有效物质，以其他中草药为有速效性和持效性。对人、畜无毒。常见剂型有0.65%水剂，3%乳油。主要用于防治果、林、蔬菜、草坪上蚜虫及其他各种害虫。使用时一般用0.65%水剂300～800倍液喷雾。本药不能与酸性或碱性农药混用，稀释药液现配现用。

（4）苦参碱　又称苦参、蚜螨敌、苦参素。是由中草药植物苦参的根、茎、果实经有机溶剂提取制成的植物杀虫剂。其成分主要是苦参碱、氧化苦参碱等多种生物碱。具有触杀和胃毒作用。适用于防治蚜虫、红蜘蛛和鳞翅目害虫，也可以防治地下害虫。常见剂型有0.2%水剂，1.1%粉剂，一般用0.2%水剂100～300倍液喷雾。

（5）印楝素　作用方式主要有拒食、忌避及抑制昆虫的生长发育等。防治谱很广，对同翅目、膜翅目、鳞翅目、缨翅目等400多种农林、仓储和卫生害虫有明显活性，对线虫和真菌等也具有良好的防效，可广泛用于粮食作物、温室作物、观赏作物及草坪等。近年来，印楝素也逐步在兽药和医药等其他领域得到应用。常见剂型有0.3%乳油，一般稀释500倍液喷雾。

（6）藜芦碱　对昆虫具有触杀和胃毒作用。可用于防治鳞翅目幼虫、蚜虫、叶蝉、蓟马和螨等农林

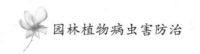

害虫。常见剂型有 0.5% 藜芦碱水剂，一般稀释 400 倍稀释液喷雾，持效期可达 14 天以上。

7. 微生物杀虫剂

（1）苏云金杆菌（Bt）　细菌杀虫剂。有效成分是细菌及其产生的毒素。具胃毒作用。对人、畜低毒。可用于防治直翅目、鞘翅目、双翅目、膜翅目，特别是鳞翅目的多种害虫。常见剂型有可湿性粉剂（100 亿活孢子/g），Bt 乳剂（100 亿活孢子/mL），可用于喷雾、喷粉、灌心等。如用 100 亿活孢子/g 的菌粉稀释 2000 倍液喷雾，可防治多种鳞翅目幼虫。

（2）白僵菌　真菌杀虫剂。具有触杀作用。无环境污染，害虫不容易产生抗药性。可用于防治鳞翅目、同翅目、膜翅目、直翅目等害虫。对人、畜安全，对蚕感染力很强。常见剂型有粉剂（50 亿～70 亿活孢子/g）。一般用菌粉稀释 50～60 倍液喷雾。

（3）核型多角体病毒　病毒杀虫剂。具有胃毒作用。对人、畜、鸟、益虫、鱼及环境和作物安全，害虫不容易产生抗药性。不耐高湿，易被紫外线照射失活，作用较慢。可用于防治鳞翅目害虫。常见剂型有粉剂、可湿性粉剂（核型多角体病毒 10 亿个/g）。一般每亩（667m²）用粉剂 100g，对水 50L 喷雾。

（4）阿维菌素　又名灭虫灵、杀虫素、爱福丁、阿巴丁。微生物杀虫杀螨杀线虫抗生素类农药。具有胃毒和触杀作用。可用于防治鳞翅目、同翅目、鞘翅目、斑潜蝇、螨、线虫等。对人、畜高毒。常见剂型有 1.8% 乳油。一般用 1.8% 乳油稀释 1000 倍液喷雾。

（5）甲氨基阿维菌素苯甲酸盐　简称甲维盐。是从发酵产品阿维菌素 B1 开始合成的一种新型高效半合成抗生素杀虫剂，它具有超高效，低毒（制剂近无毒），无残留，无公害等生物农药的特点，活性比阿维菌素高，对鳞翅目昆虫的幼虫和其他许多害虫及螨类有防效，对鳞翅目、双翅目、蓟马类超高效。既有胃毒作用又兼触杀作用，一般用 1% 乳油 1000 倍液喷雾。

8. 其他杀虫剂

（1）吡虫啉　又名蚜虱净，是新型烟碱型超高低毒内吸型杀虫剂，并具较高的触杀和胃毒作用，具有持效期长，对天敌安全等特点，是一理想的选择性杀虫剂。剂型有 10%、25% 可湿性粉剂，对蚜虫、飞虱、叶蝉等有极好的防治效果。

（2）啶虫脒　又名莫比朗、金世纪、吡虫清。属吡啶类化合物，是一种新型杀虫剂，具有触杀、胃毒作用，同时具内渗作用。对人、畜低毒。对同翅目害虫如蚜虫等效果好。常见剂型有 3% 乳油。一般用 3% 乳油稀释 2000 倍液喷雾。

（3）氯虫苯甲酰胺　邻甲酰氨基苯甲酰胺类杀虫剂。能高效激活昆虫鱼尼丁（肌肉）受体。过度释放细胞内钙库中的钙离子，引起肌肉调节衰弱，麻痹，直至最后害虫死亡。高效广谱微毒，渗透性强，杀虫活性高，可导致害虫立即停止取食。对鳞翅目的夜蛾科、螟蛾科、蛀果蛾科、卷叶蛾科、粉蛾科、菜蛾科、麦蛾科、细蛾科等均有很好的控制效果，还能控制鞘翅目象甲科，叶甲科；双翅目潜蝇科；烟粉虱等多种非鳞翅目害虫。常用剂型有 20% 悬浮剂，一般稀释 1500 倍液喷雾。

（二）杀螨剂

杀螨剂是指用于防治蛛形纲中的有害螨类的药剂。杀螨剂一般对人、畜低毒，对植物安全，没有内吸传导作用。防效以害螨发生初期或药剂对害螨最敏感的时期为最佳，在选择杀螨剂时以对害螨各个生育期都有效的杀螨剂，在防治过程中不要随意增大药量和药剂浓度，避免产生抗药性，而且要把不同杀螨机制的杀螨剂轮换使用或混合使用效果最佳。

1. 克螨特

又名炔螨特，属有机硫杀螨剂，对人畜毒性较低，对天敌无害。具有触杀和胃毒作用，杀螨谱广，持效期长，对幼、若、成螨效果好，杀卵效果差。可防治蔬菜、果树、药卉等多种作物上害螨。常用剂型有 73% 乳油，一般用 2000 倍液喷雾。

2. 哒螨酮

又名扫螨净、速螨酮、牵牛星，属杂坏类广谱性杀螨剂。以触杀作用为主，速效性好，持效期长。

用于对防治多种作物上害螨，对螨类各个生育期都有效，对叶螨有特效。常用剂型有 15% 乳油，20% 可湿性粉剂，一般用 15% 乳油 3000 ~ 4000 倍液喷雾。

3. 噻螨酮

又名尼索朗。杀虫谱广，对嘲螨、全爪螨等具有高的杀螨活性. 对人、畜低毒。对害螨具有杀卵、杀若螨作用，但对成螨无杀伤作用。常见剂型有 5% 乳油、5% 可湿性粉剂，一般稀释 1500 倍液喷雾。

4. 四螨嗪

又名螨死尽、阿波罗，属有机氮杂环类杀螨剂。具触杀作用，无内吸性，对螨卵效果好，对幼、若螨也有效，对成螨效果差，适用于为害果树、蔬菜、花卉上的多种害螨。常用剂型有 20%、50% 悬浮剂，10% 可湿性粉剂，一般用 20% 悬浮剂 2000 倍液喷雾。

5. 浏阳霉素

大环四内酯类抗生素，是一种抗生素类触杀型杀螨剂。适用于防治多种叶螨，同时兼治鳞翅目、鞘翅目、同翅目等多种害虫。常用剂型有 10% 乳油，使用浓度为 1000 倍液。

（三）杀菌剂

杀菌剂的分类方法有很多。为方便理解和掌握，将其分为无机杀菌剂、内吸性杀菌剂、非内吸性杀菌剂、生物源杀菌剂、混合杀菌剂等。

1. 无机杀菌剂

（1）波尔多液　无机铜类保护性杀菌剂，天蓝色胶悬液，对人、畜低毒，杀菌谱广，残效期 15 ~ 20 天。波尔多液由硫酸铜和石灰乳配制而成，杀菌的主要成分是碱性硫酸铜。

波尔多液是一种良好的植物保护剂，在病原菌侵入前使用防治效果最好，也能防治多种病害，如多种叶斑病、炭疽病等。波尔多液不能贮存，要随配随用。波尔多液有多种配比，常用的配比有 1% 石灰等量式（硫酸铜: 生石灰: 水的比例为 1:1:100）、1% 石灰半量式（1:0.5:100）、0.5% 石灰倍量式（0.5:1:100）、0.5% 石灰等量式（0.5:0.5:100），使用时可根据不同植物对铜或钙离子的忍受力不同来选择不同的配比。

（2）石硫合剂　无机硫类保护性杀菌剂，由生石灰、硫磺粉和水（一般比例为 1:2:10）熬制成的红褐色透明液体，呈强碱性，有强烈的臭鸡蛋气味，遇碱易分解。杀菌的有效成分是多硫化钙，其含量与药液比重呈正相关，以波美度数（°Be'）来表示其浓度。多硫化钙溶于水，性质不稳定，易被空气中的氧气、二氧化碳所分解。石硫合剂能长期贮存，但液面上必须加一层油，使之与空气隔离。

石硫合剂能防治多种病虫害，如白粉病、锈病、红蜘蛛、蚜虫、介壳虫等，残效期 15 ~ 20 天。花木休眠期一般用 3 ~ 5°Be'，生长季节使用浓度为 0.3 ~ 0.5°Be'。石硫合剂不宜与其他农药混用。常用剂型有 29% 水剂、45% 晶体。

（3）氢氧化铜　又名可杀得。无机铜类保护性杀菌剂，对人、畜低毒。可防治霜霉病、疫病、叶斑病等多种病害。常见剂型有 77% 可湿性粉剂、61.4% 悬浮剂。

2. 非内吸性杀菌剂

非内吸性杀菌剂指药剂喷药到植物体表后，不能被植物体吸收并传导，而是在植物体表形式一层药膜，以保护植物不受病原菌侵染的一类药剂。这类药剂不易使病原物产生抗药性，比较经济，但大多数只具有保护作用，不能防治侵入植物体内的病原菌，所以必须在病原菌侵入前使用，一旦病原菌侵入，使用此类药剂就不能达到防治效果。

（1）代森锌　是一种广谱性保护剂，具较强的触杀作用，残效期约 7 天。对人、畜无毒，对植物安全，对多种霜霉病、炭疽病菌等有较强的触杀作用。吸湿性强，在日光下不稳定，不能和碱性药剂混用，也不能与含铜制剂混用。常见剂型有 65%、80% 可湿性粉剂。一般常用浓度为 65% 可湿性粉剂 500 倍液和 80% 可湿性粉剂 800 倍液喷雾。

（2）代森锰锌　又名大生、新万生等。是一种高效、低毒、广谱的保护性杀菌剂，属有机硫类杀菌剂。对多种叶斑病防效突出，对疫病、霜霉病、灰霉病、炭疽病等也有良好的仿效。遇酸碱易分解，高温时遇潮湿也易分解。常用剂型有 80% 可湿性粉剂和 25% 悬浮剂，一般用 80% 可湿性粉剂 600 倍液喷雾。

（3）百菌清 又名达科宁，为取代苯类广谱性保护杀菌剂。在果树、蔬菜上应用较多，对霜霉病、疫病、炭疽病、灰霉病、锈病、白粉病及多种叶斑病有较好的防治效果。对人、畜低毒。常见剂型有 50%、75% 可湿性粉剂、40% 悬浮剂等。一般使用 75% 可湿性粉剂 500～800 倍液，40% 悬浮剂 600～1200 倍液喷雾。

（4）速克灵 又名腐霉利。为一种新型的二甲酰亚胺类保护性杀菌剂，具有保护、治疗作用，有一定的内吸性。对灰霉病、菌核病等真菌性病害防治效果好。对人、畜低毒。常见剂型有 50% 可湿性粉剂、30% 颗粒熏蒸剂、25% 胶悬浮剂。一般使用 50% 可湿性粉剂 1000 倍液在发病初期喷雾。

（5）扑海因 又名异菌脲。为一广谱性二甲酰亚胺类杀菌剂，具保护、治疗双重作用。可防治灰霉病、菌核病及轮斑病、褐斑病和小斑病等多种叶斑病。对人、畜低毒。常见剂型有 50% 可湿性粉剂，25% 胶悬浮剂。一般使用 50% 可湿性粉剂 1000～1500 倍液喷雾。

（6）克露 是由 8% 霜脲腈和 64% 代森锰锌混配而成的一种广谱性混合保护剂，具有局部的内吸作用。对于霜霉病、疫病等有较好的防治效果，对人、畜低毒。常见剂型为 72% 可湿性粉剂，一般使用 72% 可湿性粉剂 600～800 倍液喷雾。

3. 内吸性杀菌剂

内吸性杀菌剂能被植物的根、茎、叶种子吸收或渗入到植物体内，并在植物体内传导、扩散或产生代谢物，保护作物不受病原物的侵染或抑制已经侵入植物组织的病菌生长，因此具有治疗和保护作用。该类杀菌剂容易使病原菌产生抗药性。

（1）多菌灵 是一种高效、低毒、广谱的内吸苯并咪唑类杀菌剂，具有保护、治疗和内吸作用，容易被植物根吸收，可向上运转，残效期 7 天。多菌灵对酸、碱不稳定，应贮存在阴凉、避光的地方，不能与铜制剂混用。对植物生长有刺激作用，对温血动物、鱼、蜜蜂毒性低、安全。常见剂型有 50% 可湿性粉剂、25% 可湿性粉剂、40% 悬浮剂。可湿性粉剂常用浓度是 400～1000 倍液。

（2）甲霜灵 又名瑞毒霉、灭霜灵、雷多米尔。属苯基酰胺类内吸杀菌剂，具内吸和触杀作用，在植物体内能双传导，耐雨水冲刷，是一种高效、安全、低毒的杀菌剂。对霜霉病、疫病、腐霉病有特效，对其他真菌和细菌病害无效。常见剂型有 25% 可湿性粉剂、5% 颗粒剂、40% 乳剂。一般使用 25% 可湿性粉剂 500～800 倍液喷雾，可与代森锌混合使用，提高防效。

（3）三唑酮 又名粉锈宁、百理通。粉锈宁是一种高效、低毒三唑类内吸杀菌剂，具有广谱、残效期长、用量低的特点。能在植物体内传导，具有保护、治疗作用。是防治锈病、白粉病的特效药剂，主要用于果树、蔬菜及农作物上。对鱼类、鸟类安全，对蜜蜂和天敌无害。常见制剂有 25% 可湿性粉剂、20% 乳油。一般用 25% 可湿性粉剂 700～1500 倍液和 20% 乳油 2000 倍液喷雾。

（4）烯唑醇 又名特谱唑、速保利，是一种三唑类广谱杀菌剂。具有保护、治疗和铲除作用。对白粉病、锈病、黑粉病、黑星病等有特效，对人、畜中毒。常见剂型为 12.5% 超微可湿性粉剂、2% 和 5% 拌种剂、一般使用 12.5% 超微可湿性粉剂 3000 倍液喷雾。

（5）氟硅唑 又名农星、福星，属高效、低毒、广谱性新型内吸杀菌剂。具有保护治疗作用。对子囊菌、担子菌、半知菌有效，对卵菌无效。主要用于防治白粉病、锈病、叶斑病，对梨黑星病效果突出，对人、畜低毒。常见制剂有 10%、40% 乳油，一般用 40% 乳油 8000 倍液喷雾。

（6）苯醚甲环唑 又名世高、敌萎丹，属高效、低毒、广谱新型唑类内吸杀菌剂。具有保护和治疗作用，可用于防治叶斑病、炭疽病、早疫病、白粉病、锈病等，对人、畜低毒。常见剂型有 10% 世高水分散粒剂，3% 敌萎丹悬浮种衣剂。一般使用 10% 水分散粒剂 6000 倍液喷雾。

（7）甲基硫菌灵 又名甲基托布津，属取代苯类广谱性内吸杀菌剂，对多种植物病害还有保护和治疗作用。对炭疽病、灰霉病、白粉病、褐斑病、轮纹病等防治效果好，残效期 5～7 天。该药剂低毒，对人、畜、鱼安全。常见剂型有 50%、70% 可湿性粉剂，50% 胶悬剂，36% 悬浮剂。一般使用 50% 可湿性粉剂 400~600 倍液和 70% 可湿性粉剂 1000~1200 倍液喷雾。该药剂对光、酸较稳定，遇碱性物质易分解失效，不能与含铜制剂混用，需在阴凉、干燥地方贮存。

4. 抗生素类杀菌剂

抗生素是微生物产生的次生代谢物质，能抑制植物病原菌的生长和繁殖。该药剂防效高，使用浓度低，多具有内吸和渗透作用，具有治疗作用，大多对人、畜毒性低，残留少，不污染环境。

（1）井冈霉素　又名有效霉素，是一种放线菌产生的抗生素，具有较强的内吸性，易被菌体细胞吸收并在其内迅速传导，干扰和抑制菌体细胞生长和发育。主要用于防治由丝核菌引起的多种作物纹枯病、立枯病、根腐病等。

（2）多抗霉素　又名宝丽安、多效霉素、多氧霉素、保利霉素，是金色链霉菌所产生的代谢产物，属于广谱性抗生素类杀菌剂。它具有较好的内吸性，干扰菌体细胞壁的生物合成，还能抑制病菌产孢和病斑扩大。可用于防治叶斑病、白粉病、霜霉病、枯萎病、灰霉病等多种病害。常用剂型有 10% 可湿性粉剂，一般使用 10% 可湿性粉剂 1000 倍液叶面喷雾。

（3）抗霉菌素 120　又名农抗 120，是一种碱性核苷类农用抗生素，其杀菌原理是直接阻碍植物病原蛋白的合成，导致病菌死亡。以预防保护作用为主，兼具一定的治疗作用，对许多植物病原菌有强烈的抑制作用，对花卉白粉病、霜霉病等防效较好。高效低毒，对人、畜安全，不伤天敌，无残留，不污染瓜果、蔬菜、水果等农产品，是无公害农产品生产基地首选药剂。常见制剂为 2% 和 4% 水剂，一般使用 2% 水剂 600 倍液叶面喷雾或 200~400 倍液灌根。

（四）杀线虫剂

（1）棉隆　又名必速灭，属硫代异氰酸酯类杀线虫剂，具有较强的熏蒸作用。毒性低，对动物、蜜蜂无害，对鱼毒性中等。易在土壤中扩散，作用全面、持久。对多种线虫有效，并兼治土壤真菌、地下害虫及杂草。常用剂型有 98% 微粒剂、50% 可湿性粉剂。一般用 50% 可湿性粉剂 15~22.5kg/hm² 拌细土 10~15kg 沟施或散施，施后耙入深土层中。

（2）克线磷　具有触杀和内吸传导作用。是目前较理想的杀线虫剂。可用于农作物、蔬菜、观赏植物多种线虫的防治，并对蓟马和粉虱有一定的控制作用。克线磷可在播种前、移栽时或生长期撒在沟、穴内或植株附近土中。常见剂型为 10% 克线磷颗粒剂。一般用量为 45~75kg/hm²。

（3）灭线磷　具有触杀而无内吸传导及熏蒸作用。可用于防治线虫及地下害虫。对人、畜高毒。常见剂型为 20% 灭线磷颗粒剂。在花卉移植时，先在 20% 灭线磷颗粒剂的 200~400 倍溶液中浸渍 15~30min 后再移植，或者每平方米用 20% 颗粒剂 5g 施入土中。

（五）除草剂

除草剂是指用来消灭和毒杀农田、果园、林木、草坪中杂草的一类农药。除草剂的种类很多，其分类按作用方式分为选择性除草剂和灭生性除草剂；按在植物体内运转情况分为触杀性除草剂和内吸传导性除草剂；按使用方法分为土壤处理剂和茎叶处理剂。园林常用的除草剂有：

（1）2,4-D　属激素型内吸选择性除草剂。可进行茎叶处理。用于防除禾本科草坪中的双子叶杂草，如田旋花、马齿苋、苍耳、刺儿菜、苦荬菜、藜、蓼等；对单子叶的莎草科类杂草也有效，对禾本科植物安全。对人、畜低毒。常见剂型有 72% 乳油。一般用 72% 乳油稀释 500~1000 倍液喷雾。

（2）草铵膦　为快速灭生性除草剂。具有触杀作用或一定内吸作用，能迅速被植物绿色组织吸收，使其枯死；对非绿色组织无效；对植物根部、多年生地下茎及宿根无效。适用于田边、道路等场所防除一年生及多年生杂草，灭杀强烈。也可用于苗圃、绿地防除杂草，但必须采取定向喷雾。

（3）草甘膦　属茎、叶内吸灭生性除草剂。在土壤中易分解，无土壤残效作用。对未出苗的杂草种子无除草活性。宜作叶面处理，不宜作土壤处理。适用于苗圃、田边、道路等场所防除一年生及多年生

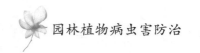

杂草，灭杀强烈，但选择性差。对人、畜低毒。常见剂型有 10%、20% 水剂。10% 水剂稀释 500~1000 倍液喷雾。防除多年生杂草时，用药量应适当提高。

（4）环草隆　选择性芽前土壤处理剂。通过根部吸收进入植物体内。对暖型一年生禾本科杂草有选择活性，可作为冷季型草坪的苗前除草剂（播后苗前）。用于防除马唐、止血马唐、金色狗尾草、稗等。但不能用于剪股颖及狗牙根草坪。对人、畜低毒。常见剂型为 50% 可湿性粉剂。

（5）骠马　选择性内吸传导型芽后茎叶处理剂。可用于草坪苗后防除马唐、牛筋草、稗草、看麦娘、黍属、石茅高粱等，宜用于杂草两次分蘖前。耐药的草坪草为草地早熟禾（必须是 1 年成坪后的草坪）、黑麦草、细叶羊茅、草地羊茅、早熟禾。对人、畜低毒。常见剂型有 6.9% 浓乳剂、10% 乳油。

（6）莠去津　内吸选择性苗前（土壤处理）、苗后（茎叶处理）除草剂。可用于钝叶草、假俭草、结缕草草坪中防除一年生禾本科杂草及阔叶杂草。苗前或苗后处理即可。对人、畜低毒。常见剂型有 40% 悬浮剂、50% 可湿性粉剂。

（7）烯草酮　内吸选择性除草剂。可用于防治一年生及多年生禾本科杂草。常见剂型有 12% 乳油、24% 乳油。

实训 9　园林植物害虫天敌及有益微生物的识别

1. 目的要求

正确识别当地常见园林植物虫害天敌及有益微生物的种类。

2. 材料及用具

瓢虫、草蛉、食蚜蝇、小花蝽、捕食性螨类、螳螂、蜻蜓、布甲、虎甲、姬蜂、赤眼蜂、黑卵蜂、茧蜂、寄生蝇、蜘蛛等实物标本，玻片标本或挂图。杀螟杆菌、白僵病、吸水链霉菌等菌种，病毒感染的虫体、微生物农药样品、挂图等。

显微镜、体视显微镜、放大镜、镊子、挑针、培养皿、接种环、载玻片、盖玻片、滴瓶、试管、试管架、滴管、酒精灯、洗瓶、甲醛、70% 酒精、1% 氢氧化钠、5% 伊红水溶液、0.3% 碱性复红液、蒸馏水等。

3. 内容与方法

（1）捕食性天敌昆虫识别

1）辨识示范标本　识别螳螂、蜻蜓、草蛉、布甲、虎甲、食蚜蝇等形态特征。

2）辨识七星瓢虫的成虫、卵、幼虫和蛹各个虫态，注意成虫鞘上 7 个黑斑的分布特点；辨别异色瓢虫中的几种变形、变种和当地其他常见瓢虫的形态特征。

（2）寄生性天敌昆虫识别　辨别姬蜂及当地其他常见寄生蜂的形态特征。

（3）螨类及蜘蛛类辨识　辨识当地常见的几种捕食性螨类及蜘蛛类的形态特征。

（4）杀螟杆菌辨识　识别杀螟杆菌菌落，一般呈灰白色、近圆形、不隆起、表面细密、边缘整齐。挑取少许涂片，用 0.3% 碱性复红液染色，镜检可见菌体短杆状，两端钝圆，常 2 个或 4 个相连，生长后期的菌体内有芽孢和伴孢晶体。

（5）白僵病辨识　辨识白僵病菌落，平坦呈绒毛状，产生分生孢子后呈粉状，表面白色至淡黄色。挑取少许涂片，镜检可见菌丝分枝，无色透明，有隔膜。分生孢子梗短，基部稍膨大，呈瓶形。分生孢子着生于小枝顶端，球形，淡绿色。

（6）示范辨识

1）吸水链霉菌　吸水链霉菌产生的抗菌素叫井冈霉素。菌落圆形，隆起，基内菌丝黄至茶褐色，气生菌丝淡黄色，孢子丝呈紧密螺旋形，孢子呈椭圆形或卵形、光滑、鼠灰色，大小不匀。孢子成熟后，菌落中部气生菌丝吸水自溶，渐扩展形成黑色吸水斑，周边留下不吸水圈。也有从周边吸水向中心发展，后留下中心不吸水菌落。吸水现象是吸水链霉菌的一个特点。

2）核型多角体病毒　取核型多角体病毒感染的虫体组织涂片。自然干燥后滴 10mL 40% 甲醛与 90mL 70% 酒精的混合液少许，固定 15~20min，吸干；用 1% 氢氧化钠处理 1min，冲洗、吸干；用 5% 伊红水溶液染色 3~5min，冲去多余染液，吸干。镜检可见被染成红色的核型多角体病毒结晶体。

（7）微生物农药产品辨识　辨识所给定的微生物农药样品，注意其形态、色泽、气味等。

4. 实训作业

1）采集当地常见天敌昆虫标本 5 种。

2）列表比较当地几种常见瓢虫成虫的形态特征。

实训 10　园林树木树干涂白

1. 目的要求

熟悉树干涂白在园林养护中的作用，掌握涂白剂的主要配制方法，科学进行涂白操作。

2. 材料及用具

生石灰、石硫合剂、食盐、塑料桶、刷子、量筒等。

3. 内容与方法

（1）配制涂白剂　按以下比例配制涂白剂：生石灰 5kg、石硫合剂 0.5kg、盐 0.5kg、水 20kg

（2）涂白操作　用刷子将涂白剂均匀涂在树干上，离地面高度为 1m。

4. 实训作业

简述树干涂白在园林树木养护中的作用。

实训 11　常用农药理化性状观察与标签识读

1. 目的要求

了解市场上常用园林农药品种，学会阅读农药标签和使用说明书，为农药的科学使用奠定基础。

2. 材料及用具

40.7% 乐斯本乳油、2.5% 溴氰菊酯乳油、10% 吡虫啉乳油、1.8% 阿维菌素乳油、90% 晶体敌百虫、25% 灭幼脲 3 号悬浮剂、10% 氯虫苯甲酰胺悬浮剂、Bt 乳剂、白僵菌粉剂、73% 克螨特乳油、20% 哒螨酮乳油、70% 甲基托布津可湿性粉剂、25% 粉锈宁乳油、10% 福星乳油、25% 敌力脱乳油、10% 世高水分散粒剂、72.2% 普立克水剂、4% 农抗 120 水剂、2.5% 百菌清烟剂、10% 克线磷颗粒剂、25% 治线磷乳油、20% 草甘膦水剂、20% 骠马乳剂、20% 苯黄隆可溶性粉剂等。

天平、牛角匙、试管、量筒、烧杯、玻璃棒等。

3. 内容与方法

（1）常见农药理化性状的简单辨别方法

1）常见农药理化性状观察。辨别粉剂、可湿性粉剂、乳油、颗粒剂、水剂、烟剂、悬浮剂等剂型在颜色、形态等物理外观上的差异。

2）粉剂、可湿性粉剂质量的简易鉴别。取少量药粉轻轻撒在水面上，长期浮在水面的为粉剂，在 1min 内粉粒吸湿下沉，搅动时可产生大量泡沫的为可湿性粉剂。

3）乳油质量简易测定。乳油以外观透明，不分层，无沉淀为合格品。将 2~3 滴乳油滴入盛有清水的试管中，轻轻振荡，观察油水溶合是否良好，稀释液中有无油层漂浮或沉淀。稀释后油水融合良好，

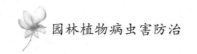

呈半透明或乳白色稳定的乳状液，表明乳油的乳化性能好；若出现少许油层，表明乳化性尚好；出现大量油层、乳油被破坏，则不能使用。

（2）农药标签识读

1）农药名称。包含内容有：农药有效成分及含量、名称、剂型等。农药名称通常有两种，一种是中（英）文通用名称，中文通用名称按照国家标准《农药通用名称命名原则》（GB 4839—2009）规定的名称，英文通用名称引用国际标准组织（ISO）推荐的名称；另一种为商家名，经国家批准可以使用。不同生产厂家有效成分相同的农药，即通用名称相同的农药，其商品名可以不同。

2）农药三证。农药三证指的是农药登记证号、生产许可证号和产品标准证书，国家批准生产的农药必须三证齐全，缺一不可。

3）净重或净容重。

4）使用说明。按照国家批准的作物和防治对象简述使用时期、用药量或稀释倍数、使用方法、限用浓度及用药量等。

5）注意事项。包括中毒症状和急救治疗措施；安全间隔期，即最后一次施药距收获时的天数；储存运输的特殊要求；对天敌和环境的影响等。

6）质量保证期。不同厂家的农药质量保证期标明方法有所差异。一是注明生产日期和质量保证期；二是注明产品批号和有效日期；三是注明产品批号和失效日期。一般农药的质量保证期是 2~3 年，应在质量保证期内使用，才能保证作物的安全和防治效果。

7）农药毒性与标志。农药的毒性不同，其标志也有所差别。毒性的标志和文字描述皆用红色，十分醒目。使用时注意鉴别。

8）农药种类标识色带。农药标签下部有一条与底边平行的色带，用以表示农药的类别。其中红色表示杀虫剂（昆虫生长调节剂、杀螨剂、杀软体动物剂）；黑色表示杀菌剂（杀线虫剂）；绿色表示除草剂；蓝色表示杀鼠剂；深黄色表示植物生长调节剂。

4. 实训作业

1）测定 1~2 种可湿性粉剂及乳油的悬浮性和乳化性，并记述其结果。

2）列表记录主要农药的剂型、有效成分含量、毒性、防治对象等。

实训 12 波尔多液的配制及质量检查

1. 目的要求

进一步熟悉波尔多液性状，掌握波尔多液的主要配制方法，学会质量鉴定。

2. 材料及用具

硫酸铜、生石灰（或熟石灰）、500mL 烧杯、100mL 烧杯、250mL 量筒、研钵、玻璃棒、试管、试管架、试管刷、铁丝、石蕊试纸、天平、黄血盐等。

3. 内容与方法

（1）波尔多液的配制

分组用以下方法配制 1% 等量式波尔多液（1∶1∶100）。注意原料的选择，硫酸铜应呈蓝色半透明结晶体，生石灰应为新鲜、洁白、质轻、烧透的块状体，最好用软水。

1）两液同时注入法。用 1/2 水溶解硫酸铜，用另 1/2 水消解生石灰，然后同时将两液注入第三容器，边倒边搅拌即成。

2）稀硫酸铜液注入浓石灰乳法。用 4/5 水溶解硫酸铜，另用 1/5 水消解生石灰，然后将硫酸铜液倒入生石灰乳中，边倒边搅拌即成。

3）生石灰乳注入稀硫酸铜法。原料准备方法同 2），但将石灰乳注入硫酸铜液中，边倒边搅拌即成。

4）用风化已久的石灰代替生石灰。配制方法同方法2）。

注意：少量配制波尔多液时，硫酸铜和生石灰要研细；如用块状石灰加水溶化时，一定要慢慢将水滴入，使石灰逐渐崩解化开。

（2）质量及鉴定

1）物态观察及酸碱性测定。比较不同方法配制的波尔多液颜色，再用石蕊试纸测定其酸碱性。质量优良的波尔多液以天蓝色胶态悬浊液微碱性反应为好。

2）铁丝镀铜试验。用磨亮的铁丝插入波尔多液片刻，观察铁丝有无镀铜现象。以不产生镀铜现象为好。

3）检查水溶性铜。取波尔多液少许，滴入 2 ~ 3 滴黄血盐。若有赤褐色出现，表示石灰不足，而水溶性铜过多。

4）检查沉降速度。将不同方法配制的波尔多液分别装入试管中，静置30min，观察波尔多液的沉降速度。沉降以越慢越好，沉淀后上部水层越薄越好，过快者不可采用。

5）滤液吹气。将波尔多液过滤后，取其滤液少许置于载玻片上，对液面轻吹约1min，液面产生薄膜为好，或取滤液10 ~ 20mL 置于三角瓶中，插入玻璃管吹气，滤液变混浊为好。

注意事项：

1）配制少量波尔多液时，硫酸铜和生石灰要研细。

2）如无生石灰，也可用熟石灰代替，但用量应增加1/3。

3）波尔多液不可用时，可添加少量石灰观察是否可以矫正。

4）波尔多液应现用现配，最好在30min 内用完。

5）如用块石灰加水消解时，一定要慢慢将水加入，使生石灰逐渐消解化开。

6）对易受硫酸铜药害的植物，可用石灰多量式或倍量式配方。

7）对易受石灰药害的植物可用半量式配方。

4. 实训作业

1）比较不同方法配制成的波尔多液的质量优劣。

2）简述波尔多液的用途。

实训 13　石硫合剂的熬制及质量检查

1. 目的要求

掌握石硫合剂熬制的方法及其成品质量检查的方法

2. 材料及用具

铁锅、玻璃棒、250mL 量筒、试管、试管刷、研钵、药物天平、波美比重计、漏斗、硫磺、生石灰、石蕊试纸、电炉等。

3. 内容与方法

（1）原料配比　大致有以下几种，见表3-1：

表 3-1　原料重量比例

硫磺粉	2	2	2	2	1
生石灰	1	1	1	1	1
水	5	8	10	12	10
原液浓度（波美度）	32 ~ 34	28 ~ 30	26 ~ 28	23 ~ 25	18 ~ 21

注：目前多采用2 : 1 : 10 的重量配比

（2）熬制方法

1）称取原料。称取黄磺粉100g，生石灰50g，水500g。

2）原料溶解。将硫磺粉研细，然后用少量热水搅成糊状；少量热水将生石灰化开，加入剩余的水，制成石灰乳。

3）熬制。煮沸石灰乳后慢慢倒入硫磺糊，至沸腾时再继续熬煮（先用大火，再用小火）45～60min，直至溶液被熬成暗红褐色（老酱油色）时停火，静置冷却过滤即成原液。

4）观察原液色泽、气味和对石蕊试纸的反应。

（3）原液浓度测定　将冷却的原液倒入量筒，用波美比重计测量其浓度。

（4）石硫合剂稀释倍数计算　测出原液浓度后，根据需要，用公式或石硫合剂浓度稀释表计算稀释加水倍数。

注意事项：

1）石硫合剂的熬制可用锅灶，也可用烧杯在电炉上进行。

2）熬制过程中应注意火力要强而匀，使药液保持沸腾而不外溢。

3）熬制时应不停地搅拌；熬制时应先将药液深度做一些标记，然后用热水随时补入蒸发的水量，切记加冷水或一次加水过多，以免因降低温度而影响原液的质量，大量熬制时可根据经验事先将蒸发的水量一次加足，中途不再补水。

4）测定原液浓度时，注意药液的深度应大于比重计之长度，使比重计能漂浮在药液中。观察比重计的刻度时，应平视。

5）原液贮存时要放在密封的储存中，或上面放一层煤油。

6）稀释液不能贮存，须立即使用。

4. 实训作业

设有波美30度的石硫合剂，需稀释为波美0.3度药液100kg，问需原液多少？（石硫合剂质量倍数稀释表见表3-2）

表3-2　石硫合剂质量倍数稀释表

计算公式：加水重量倍数＝（原液波美度/使用液波美度）－1

原液浓度（波美度）	需要浓度（波美度）									
	5	4	3	2	1	0.5	0.4	0.3	0.2	0.1
	需要稀释倍数									
15	2.0	2.75	4.00	6.50	14.0	29.0	36.5	49.0	74.0	149.0
16	2.2	3.00	4.33	7.0	15.0	31.0	39.0	52.3	79.0	159.0
17	2.4	3.25	4.66	7.5	16.0	33.0	41.5	55.6	84.0	169.0
18	2.6	3.50	5.00	8.0	17.0	35.0	44.0	59.0	89.0	179.0
19	2.8	3.75	5.33	8.5	18.0	37.0	46.5	62.3	94.0	189.0
20	3.0	4.00	5.66	9.0	19.0	39.0	49.0	65.6	99.0	199.0
21	3.2	4.25	6.00	9.5	20.0	41.0	51.5	69.0	104.0	209.0
22	3.4	4.50	6.33	10.0	21.0	43.0	54.0	72.3	109.0	219.0
23	3.6	4.75	6.66	10.5	22.0	45.0	56.5	75.6	114.0	229.0
24	3.8	5.00	7.00	11.0	23.0	47.0	59.0	79.0	119.0	239.0
25	4.0	5.25	7.33	11.5	24.0	49.0	61.5	82.3	124.0	249.0
26	4.2	5.50	7.66	12.0	25.0	51.0	64.0	85.6	129.0	259.0
27	4.4	5.75	8.00	12.5	26.0	53.0	65.5	89.0	134.0	269.0

（续）

原液浓度（波美度）	需要浓度（波美度）									
	5	4	3	2	1	0.5	0.4	0.3	0.2	0.1
	需要稀释倍数									
28	4.6	6.00	8.33	13.0	27.0	55.0	69.0	92.3	139.0	279.0
29	4.8	6.25	8.66	13.5	28.0	57.0	71.5	95.6	144.0	289.0
30	5.0	6.50	9.00	14.0	29.0	59.0	74.0	99.0	149.0	299.0

复习题

1. 名词解释

农药、内吸性杀虫剂、保护性杀菌剂、抗药性。

2. 填空题

1）杀虫剂按其作用方式可分为（   ）、（   ）、（   ）、（   ）、（   ）等。

2）适于喷雾的农药剂型有（   ）、（   ）、（   ）（   ）等。

3）随着喷雾器械的发展，喷雾法有很大改进，根据单位面积的喷液量可分为（   ）喷雾、（   ）喷雾、（   ）喷雾。

4）杀菌剂按作用方式可以分为（   ）、（   ）和（   ）。

5）目前，我国在生产上常用的药剂浓度表示法有（   ）、（   ）和（   ）等。

3. 选择题

1）波尔多液是用硫酸铜和石灰乳配制的天蓝色药液，呈（   ）。

A. 酸性　　　　　　　B. 中性　　　　　　　C. 碱性

2）波尔多液不能用下列什么容器配制（   ）。

A. 玻璃容器　　　　　B. 铁容器　　　　　　C. 陶瓷容器

3）下列农药属于杀虫剂的是（   ）。

A. 功夫夫　　　　　　B. 世高　　　　　　　C. 拉索

4）在下列农药中，（   ）是高毒农药，（   ）是中毒农药，（   ）是低毒农药。

A. 敌敌畏　　　　　　B. 甲胺磷　　　　　　C. 多菌灵

4. 计算题

1）10%的吡虫啉可湿性粉剂每袋装100g，稀释倍数为100倍，求一袋药应兑水多少千克？

2）10%的吡虫啉可湿性粉剂稀释倍数为1000倍，求配制一普通手动喷雾器需要这种药剂多少克？（注：一个普通手动喷雾器的盛水量约为15kg）。

5. 问答题

1）化学防治法有哪些优点和局限性？

2）简述等量式波尔多液的配制方法和石硫合剂的熬制过程。

3）如何做到科学合理使用化学农药？

4）农药的剂型有哪些？农药的使用方法有哪些？

5）论述怎样才能做到安全使用农药？

单元4　园林植物主要害虫及防治

学习目标

通过对食叶类害虫、吸汁类害虫、钻蛀性害虫、地下害虫的种类、发生规律与综合防治方法等相关内容的学习，能根据害虫特点开展有效综合防治。

知识目标

1. 掌握植园林植物主要害虫的形态特征与发生规律。
2. 掌握园林植物主要害虫综合管理方法。

能力目标

1. 能根据害虫的形态特征及为害状识别园林植物主要害虫种类。
2. 能根据害虫发生规律制订切实可行的综合防治方案，并组织实施，有效控制当地常见园林植物害虫。

课题1　食叶类害虫

食叶类害虫是指以咀嚼式口器为害植物叶片的一类害虫。包括大多数蛾类、蝶类、叶蜂类幼虫，少数叶甲和蝗虫等。这类害虫取食植物的叶片、嫩枝、嫩梢等部位，形成孔洞、缺刻或咬断嫩梢，影响植株生长，降低观赏价值。为害园林植物的食叶害虫种类很多，主要有以下种类：

一、刺蛾类

（一）黄刺蛾

又名洋辣子、毒毛虫。多食性害虫，为害杨、柳、榆、刺槐、枫杨、重阳木、茶花、悬铃木、樱花、石榴、三角枫、紫荆、梅、海棠、榆叶梅、蜡梅、月季、芍药、紫薇、珊瑚树、桂花、大叶黄杨、丁香、花曲柳等。幼虫体有毒毛，易引起人的皮肤瘙痒。该虫是我国城市园林绿化、风景区、农田防护林、特种经济林、果树等的重要害虫。

1. 形态特征

成虫体长 13～16mm，头胸黄色，前翅内半部黄色，外半部褐色，有两条斜线在翅尖汇合。卵浅黄色，长约 1.4mm，一端稍尖，散产或数粒产于叶背。幼虫体长 18～25mm，头黄褐色，体黄绿色，体背有一哑铃形褐色大斑，各节背侧有一对枝刺。茧似雀蛋，长 11～14mm。结于树干、枝上，灰白色，有褐色纵宽纹（图4-1）。

2. 发生规律

华北 1 年 1 代，华东华南 2 代。以老熟幼虫在树上结茧越冬，翌年 5～6 月化蛹。越冬代成虫 6 月上中旬出现，6月下旬为幼虫危害盛期。成虫羽化多在傍晚，白昼伏于叶背，夜出活动产卵，有趋光性。每次产卵50～70粒。卵期5～6天。老熟幼虫在树干、树枝上吐丝缠绕，随即分泌黏液造茧。羽化时破茧壳顶端小圆盖而出。第二代幼虫在8月中下旬大量出现。其为害一般较第一代为轻。

（二）扁刺蛾

除为害枣外，还为害苹果、梨、梧桐、枫杨、白杨、泡桐等多种果树和林木。以幼虫蚕食植株叶片，低龄啃食叶肉，稍大食成缺刻和孔洞，严重时食成光杆，致树势衰弱。

1. 形态特征

成虫体长16mm，头胸翅灰褐色，前翅从前缘到后缘有一条褐色线，线内有浅色宽带。卵初产黄绿色，后变成灰褐色，长椭圆形。散产于叶背。幼虫体长22～26mm，翠绿色，体较扁平。背有白色线。腹部各节有向背向腹斜引一白线，各节有刺突4个。体侧各有红点一列。茧长14mm，卵圆形，黑褐色，常结于树木周围浅土层中（图4-2）。

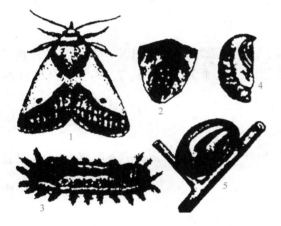

图4-1 黄刺蛾
1—成虫 2—卵 3—幼虫 4—蛹 5—茧

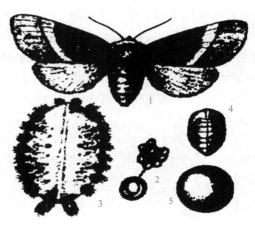

图4-2 扁刺蛾
1—成虫 2—卵 3—幼虫 4—蛹 5—茧

2. 发生规律

华南、华东地区每年发生2代，以老熟幼虫在树干基部周围土中结茧越冬，翌年4月中旬化蛹，5月中旬成虫开始羽化产卵。幼虫发生期分别在5月下旬至7月中旬、8月至第二年4月。初孵幼虫不取食，2龄幼虫开始取食卵壳和叶肉，3龄后开始啃叶形成孔洞，5龄幼虫食量大，危害重。

（三）褐边绿刺蛾

又名四点刺蛾、青刺蛾。初龄幼虫群栖为害，啃食叶肉，仅留下表皮，呈网状，可使叶肉透明；3龄以后备食叶片，造成缺刻和孔洞，6龄以后多从叶缘向内蚕食，严重时，能将叶片吃尽，仅剩叶脉。为害对象主要为梅花、紫荆、桃花、樱花、海棠、石榴、桂花等花木。

1. 形态特征

成虫体长15mm，头、胸及前翅青绿色。前翅基角褐色，外缘有一条褐色宽带；后翅及腹部淡褐色。卵淡黄绿色，扁椭圆形，长13mm。集中产于叶背，呈鱼鳞状排列。幼虫体长24～27mm，翠绿色，背线淡蓝色，背面具有两排黄色枝刺。腹末具有4个黑绒状刺突。茧长14～16mm，宽7～9mm。黄褐色，坚硬，两端钝平。在树下松土层或枝叶上可见其茧（图4-3）。

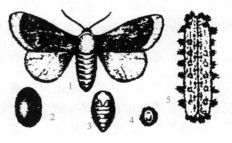

图4-3 褐边绿刺蛾
1—成虫 2—茧 3—蛹 4—卵 5—幼虫

2. 发生规律

在长江以南1年2～3代，以幼虫在树下及附近浅土层中结

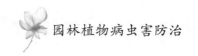

茧越冬。在湖南一带以老熟幼虫在树下部枝干上结茧越冬,翌年 4~5 月化蛹,6 月成虫羽化产卵。各代幼虫发生期分别为 6~7 月、8~9 月。初孵幼虫有群集性,4 龄后分散为害。

(四) 刺蛾类的防治方法

1. 园林技术防治

(1) 消灭越冬虫茧　刺蛾以茧越冬,历时很长,可结合抚育、修枝、松土等园林技术措施,铲除越冬虫茧。

(2) 人工摘虫叶　初孵幼虫有群居习性、受害叶片呈透明枯斑,容易识别,可组织人力摘除虫叶,消灭幼虫。

2. 物理防治

利用成虫的趋光性,设置黑光灯诱杀成虫。

3. 保护和利用天敌

注意保护利用广肩小蜂、赤眼蜂、姬蜂等天敌。

4. 药剂防治

幼虫 3 龄以前施药效果好,可用 Bt 乳剂 500 倍液、1.8% 阿维菌素乳油 1000 倍液、1% 甲维盐微乳剂 2000 倍液、90% 敌百虫 1000 倍液、2.5% 高效氯氟氰菊酯乳油 3000 倍液、2.5% 溴氰菊酯乳油 3000 倍液、20% 氯虫苯甲酰胺悬浮剂 3000 倍液等。

二、袋蛾类

袋蛾又名蓑蛾、避债虫,属鳞翅目袋蛾科。以幼虫吐丝缀合碎叶形成护囊,终身负囊取食植物叶片。

(一) 大袋蛾

又名大蓑蛾,该虫食性杂,为害悬铃木、泡桐、刺槐、榆、重阳木、垂柳、扁柏、月季、海棠、蔷薇、牡丹、芍药、美人蕉、桂花及各种果树 600 多种植物。大发生时,幼虫能将树叶吃光,仅留树枝,致使枝条枯萎,甚至整株枯死。

1. 形态特征

雌雄异型。雌虫无翅,蛆形,头部黄褐色,胸腹部白色多绒毛,体长 22~30mm;雄虫有翅,体长 15~20mm,体黑褐色,前翅近前缘有 4~5 个半透明斑 (图4-4)。卵长 0.8mm,宽 0.5mm,黄白色,产于雌蛾护囊内,椭圆形。幼虫体长 32~37mm,头赤褐色,体黑褐色,胸背骨化程度高,具二条棕色斑纹,腹部各节有横纹。雌蛹体长 22~30mm,褐色,头胸附器均消失,枣红色。雄蛹体长 17~20mm,暗褐色。护囊长约 60mm,灰褐色,外表常包有一至数片枯叶。护囊丝质较疏松。

2. 发生规律

1 年一代,幼虫共 9 龄,以老熟幼虫在护囊内越冬。翌年 4 月中旬至 5 月上旬为化蛹期,5 月中下旬成虫羽化,将卵产于护囊内,6 月中、下旬幼虫孵化,幼虫终生负囊而行。卵孵化后吐丝下垂扩散,并缀叶形成护囊。暴食期为 7~9 月。大袋蛾多在树冠的下层,靠携虫苗木远距离运输进行远距离传播。

(二) 茶袋蛾

危害悬铃木、侧柏、池柏、紫薇、月季、重阳木、杨、柳、刺槐、垂丝海棠、桂花、含笑、牡丹、芍药等多种园林植物。初孵幼虫取食寄主叶肉,只留下表皮,形成不规则的白斑,以后白斑破裂形成孔洞。发生严重时,常将叶片蚕食一光,影响花木正常生长。

1. 形态特征

雌成虫体长 15~20mm,米黄色。雄成虫体长 15~20mm,前翅具有两个长方形透明斑,体具白色长毛。卵长 0.8mm，宽 0.6mm，浅黄色，椭圆形。幼虫体长 20～24mm，具黑色网纹，头黄褐色，胸部各节背面有 4 条褐色纵纹，正中的 2 条明显。雌蛹体长 22～30mm，褐色，头胸附器均消失，枣红色，雄蛹体长 17～20mm，暗褐色。护囊长约 30mm，以细碎叶与丝织成，外层缀结平行排列小枝梗（图 4-5）。

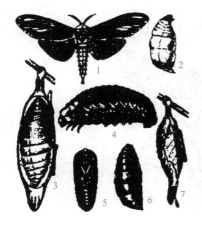

图 4-4 大袋蛾
1—雄成虫 2—雌成虫 3—雌袋
4—幼虫 5—蛹 6—茧 7—雄袋

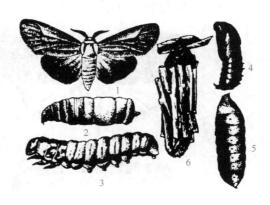

图 4-5 茶袋蛾
1—雄成虫 2—雌成虫 3—幼虫
4—雄蛹 5—雌蛹 6—护囊

2. 发生规律

1 年发生 2 代，以 3 龄、4 龄幼虫在护囊里越冬。翌年 4 月下旬取食活动，5 月上旬化蛹，下旬羽化为成虫。6 月上旬至 7 月为第一代幼虫为害期，8 月上旬化蛹，8 月中下旬羽化产卵，8 月下旬孵出第二代幼虫，至 11 月上旬进入越冬。雌雄成虫交尾后，雌虫产卵于护囊内蛹壳中，初孵幼虫从囊口涌出后随风飘散，随即吐丝黏附各种碎屑营造护囊。初孵幼虫亦先啃食叶肉，留表皮呈星点状透明斑痕。稍大后蚕食叶片成孔洞、缺刻或仅留叶柄。虫口多时可将叶片食光，还能啃食枝皮、果皮。护囊随虫体长大而增大。幼虫取食或爬行时，护囊挂在腹末随其行动。多在清晨、傍晚或阴天取食。

（三）袋蛾类防治方法

1. 园林技术防治

冬季人工摘除护囊，保护囊内天敌。

2. 生物防治

喷洒大袋蛾核型多角体病毒或利用性外激素，喷洒 Bt 制剂、杀螟杆菌等生物制剂。保护天敌，如鸟类、寄生蜂、寄生蝇等。

3. 药剂防治

幼虫 3 龄前，喷施 1% 甲维盐微乳剂 2000 倍液、90% 敌百虫 1000 倍液、2.5% 高效氯氟氰菊酯乳油 3000 倍液、2.5% 溴氰菊酯乳油 3000 倍液等。

三、夜蛾类

（一）斜纹夜蛾

一种暴食性、杂食性害虫，为害月季、百合、仙客来、香石竹、大丽花、木槿、菊花、枸杞、丁香、睡莲等多种园林植物。主要以幼虫为害全株，低龄时群集叶背啃食，3 龄后分散为害叶片、嫩茎、老龄幼虫可蛀食果实。

1. 形态特征

中型蛾子，成虫体长 14 ～ 16mm，头、胸及腹均为褐色。胸背有白色丛毛。前翅褐色（雄虫颜色较深），前翅基部有白线数条，内、外横线间从前缘伸向后缘有 3 条灰白色斜纹，雄蛾的 3 条灰白色斜纹不明显，为一条阔带。后翅白色半透明。卵扁平，呈半球状，初产黄白色，后变为暗灰色，块状黏合在一起，上覆黄褐色绒毛。幼虫体长 33 ～ 50mm，头部黑褐色，胸部多变，从土黄色到黑绿色都有，体表散生小白点，冬节有近似三角形的半月黑斑一对。蛹长 15 ～ 20mm，圆筒形，红褐色，尾部有一对短刺（图 4-6）。

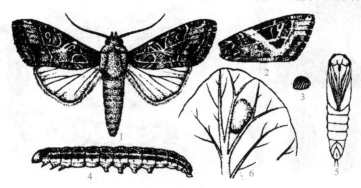

图 4-6　斜纹夜蛾
1—雌成虫　2—雄成虫前翅　3—卵　4—幼虫　5—蛹　6—叶片上的卵块

2. 发生规律

1 年 4 ～ 5 代，以蛹在土下 3 ～ 5cm 处越冬。成虫白天潜伏在叶背或土缝等阴暗处，夜间出来活动。卵多产在叶背的叶脉分叉处，经 5 ～ 6 天就能孵出幼虫，初孵时聚集叶背，4 龄以后和成虫一样，白天躲在叶下土表处或土缝里，傍晚后爬到植株上取食叶片。成虫有强烈的趋光性和趋化性。

（二）银纹夜蛾

食性杂，寄主植株除菊花外，还有美人蕉、大丽花、一串红、海棠、香石竹、槐、竹、泡桐等花卉林木。以幼虫食害叶片，造成缺刻和孔洞，发生严重时将叶片食尽。

1. 形态特征

成虫体长 15 ～ 17mm，翅展 32 ～ 35mm，体灰褐色。前翅灰褐色，具 2 条银色横纹，中央有一个银白色三角形斑块和一个似马蹄形的银边白斑。后翅暗褐色，有金属光泽。胸部背面有两丛竖起较长的棕褐色鳞毛。卵馒头形，淡黄绿色，直径 0.5 ～ 0.8mm，具纵走的格子形斑。幼虫体长 25 ～ 35mm，黄绿色，头部小而圆，胴部逐渐变粗，背线为 2 条白色细线，亚背线白色，气门线黑色，第一、第二对腹足退化，行走如拱状。蛹长约 20mm，初为绿色后变淡褐色，近羽化时深褐色，茧丝较薄，黄白色（图 4-7）。

图 4-7　银纹夜蛾
1—成虫　2—幼虫上颚

2. 发生规律

1 年 4 ～ 5 代，以蛹越冬。翌年 4 月可见成虫羽化，羽化后经 4 ～ 5 天进入产卵盛期。卵多散产于叶背。第 2 ～ 3 代产卵最多，成虫昼伏夜出，有趋光性和趋化性。初孵幼虫多在叶背取食叶肉，留下表皮，3 龄后取食嫩叶成孔洞，且食量大增。幼虫共 5 龄，有假死性，受惊后会蜷缩掉地。

（三）夜蛾类防治方法

1. 园林技术防治

结合冬季养护管理翻耕消灭越冬蛹或幼虫，夏季摘除卵块或群集初孵幼虫处理。

2. 物理防治

利用夜蛾成虫的趋光性，在成虫羽化高峰期采用黑光灯或频震杀虫灯诱杀成虫。利用夜蛾成虫对糖醋味道的趋性，用糖液诱杀成虫。配方为：白糖 6 份、米醋 3 份、白酒 1 份、水 2 份、加入少量的敌百虫。

3. 生物防治

保护和利用天敌。如：盾脸姬蜂、广赤眼蜂、黑卵蜂、绒茧蜂、多胚跳小蜂、寄蝇等。

4. 药剂防治

在幼虫初龄阶段和幼虫尚未分散时，喷施 1.8% 阿维菌素乳油 1000 倍液、1% 甲维盐微乳剂 2000 倍液、90% 敌百虫 1000 倍液、2.5% 高效氯氟氰菊酯乳油 3000 倍液、2.5% 溴氰菊酯乳油 3000 倍液、20% 氯虫苯甲酰胺悬浮剂 3000 倍液等。

四、尺蛾类

（一）国槐尺蛾

主要为害国槐、龙爪槐等。

1. 形态特征

成虫体长 12～17mm，翅展 30～45mm。体褐色，触角丝状，复眼圆形，黑褐色。口器发达，黄褐色。前翅有 3 条明显的横线。前足短小，中、后足较大。卵钝椭圆形，长 0.6～0.7mm，宽 0.4～0.5mm，初产是绿色，孵化前灰褐色。幼虫初孵时黄褐色，取食后为绿色，老熟幼虫体长 30～40mm。幼虫分为春型和秋型。春型幼虫体粉绿色，气门黑色，气门线以上密布黑色小点；秋型幼虫头及背线黑色，每节中央呈黑色"十"字形，亚背线与气门上线为间断的黑色纵条。蛹长 13～17mm，初为粉绿色，渐变为紫褐色。臀棘具钩刺 2 枚（图 4-8）。

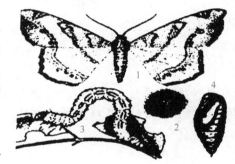

图 4-8　国槐尺蛾
1—成虫　2—卵　3—幼虫　4—蛹

2. 发生规律

1 年 3～4 代，以蛹越冬。翌年 4 月中旬羽化为成虫。成虫具有趋光性，白天在墙壁、树干或灌木丛里停落，夜出活动产卵，卵多产于叶片正面主脉上，每处一粒。每次平均产卵 420 粒。5 月中旬刺槐开花时，第一代幼虫为害；6 月下旬及 8 月上旬，第二代、第三代幼虫为害。幼虫共 6 龄，4 龄前食量小，5 龄后剧增，幼虫有吐丝下垂习性。幼虫老熟后吐丝下垂至松土中化蛹。

（二）丝绵木尺蛾

又名大叶黄杨尺蛾、造桥虫。主要为害丝棉木、大叶黄杨及榆树等，其中大叶黄杨受害最重。

1. 形态特征

雌蛾体长 13～15mm，翅展 37～43mm。雄蛾体长 10～13mm，翅展 33～43mm。翅底银白色，具有大小不等、排列不规则的银灰色斑纹。前翅外缘有连续的淡灰色斑，外横线呈一行淡灰色斑，上端分岔，下端有一黄褐色大斑。中室端部有一大斑。翅基有一深黄褐、灰色花斑。腹部金黄色，有由黑点组成的条纹 9 行，雄蛾腹部斑纹 7 条，后足胫节内侧有黄色毛丛。卵椭圆形，黄绿色。老熟幼虫体长 33mm 左右，体黑色，前胸背板黄色，有 5 个近方形的黑斑，足黑色，背线、亚背线、气门上线及亚腹线白色，气门线及腹线黄色。蛹棕褐色，长 13～15mm（图 4-9）。

2. 发生规律

1 年发生 4 代，以老熟幼虫在被害寄主下松土层中化蛹越冬。3 月底成虫出现，5 月上旬第一代幼虫及 7 月上中旬第二代幼虫为害最重，常将大叶黄杨咬食成秃枝，甚至整株死亡。成虫多在叶背成块产卵，排列整齐。初孵幼虫常群集为害，啃食叶肉，3 龄后食成缺刻。第三代、第四代幼虫在 10 月下旬及 11 月中旬吐丝下垂，入土化蛹越冬。

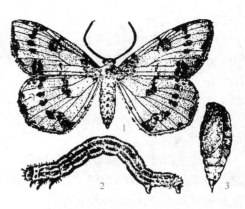

图 4-9　丝绵木尺蛾
1—成虫　2—幼虫　3—蛹

（三）尺蛾类防治方法

1. 园林技术防治

可人工挖蛹、采摘卵块，利用成虫飞翔力不强，在寄主干部潜伏的特点捕杀成虫。

2. 物理防治

灯光诱杀成虫。利用幼虫下树化蛹越冬及成虫羽化上树习性，涂毒环阻杀或干基绑草或塑料薄膜诱集成虫产卵和幼虫，集中杀灭。

3. 生物防治

保护和利用天敌。如寄生蝇、胡蜂、卵寄生蜂、土蜂、姬蜂等。用苏云金杆菌制剂，以 $1 \times 10^8/\text{mol}$ 的含孢量进行地面喷雾，也可用 $1 \times 10^8/\text{g}$ 含孢量的青虫菌 500 ~ 1000 倍液喷雾。

4. 药剂防治

幼虫期应在 3 龄分散之前，喷洒 50% 杀螟松乳油 1000 倍液、90% 晶体敌百虫 1000 倍液、50% 辛硫磷乳油 800 倍液，均有良好的效果。

五、毒蛾类

（一）舞毒蛾

又名秋千毛虫、柿毛虫。为害多种针阔叶林木和果树，能取食梅花、月季、桂花、樱花、柿、杏、李、桦、槭、云杉等 500 余种植物。主要以幼虫取食植物的嫩叶、嫩芽。大发生时可将叶片吃光仅残留叶脉。

1. 形态特征

雌雄异型。雌蛾较大，黄白色，体长 22 ~ 30mm，翅展 58 ~ 80mm，触角黑色双栉齿状。前翅黄白色，横脉明显具有 "<" 形黑褐色斑纹一个，前后翅外缘每两脉间有一个黑褐色斑点，缘毛黑白相间。腹部肥大，末端着生黄褐色毛丛。雄虫体小，棕褐色，体长 16 ~ 21mm，翅展 37 ~ 54mm，触角羽毛状，翅面具有与雌蛾相同的斑纹。卵圆形，两侧稍扁，直径 1.3mm 左右，体黑色，前胸背板黄色，有 5 个近方形的黑斑，足黑色，背线、亚背线、气门上线及亚腹线白色，气门线及腹线黄色。蛹棕褐色，长 13 ~ 15mm（图 4-10）。

2. 发生规律

1 年发生 1 代，以完成胚胎发育的幼虫在卵内越冬。次年 4 ~ 5 月孵化为幼虫，6 ~ 7 月老熟幼虫在树干上、树洞内、枝叶间吐丝固定虫体化蛹，蛹期 2 周左右，成虫羽化不久即交尾产卵。初孵幼虫有群聚性，毛长体轻，遇惊扰吐丝下垂，可借风远距离传播，故称秋千毛虫。2 龄以后的幼虫逐渐分散，白天潜藏在树下石块间、杂草丛或树皮缝内，傍晚后则成群上树为害，幼虫有很强的迁移能力，饥饿时可远距离转移。雄成虫白天在林内翩翩飞舞，故称舞毒蛾。有趋光性。

（二）杨毒蛾

又名杨雪毒蛾、杨柳毒蛾，为害山杨、黑杨、赤杨、白桦等树种。大发生时，幼虫将大面积杨树林和防护林叶片吃光，残留叶脉成网状，形如火烧。

1. 形态特征

成虫体长 11 ~ 20mm，翅展 32 ~ 55mm。雄蛾胸部前足间无灰色毛，翅上鳞片厚，触角主干黑白相间，雄虫交配器的外缘有很多细锯齿。卵块表面的覆盖物灰白色较粗糙，呈泡沫状。幼虫背面有灰白色较狭纵带，中央有一条暗色纹，背上的毛瘤为黑色。头部淡褐色。蛹棕褐色或黑褐色，无白斑，光泽差，毛簇灰黄色（图4-11）。

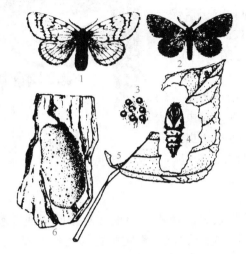

图4-10　舞毒蛾

1—雌成虫　2—雄成虫　3—卵　4—蛹　5—被害状　6—卵块

图4-11　杨毒蛾

1—成虫　2—幼虫　3—蛹

2. 发生规律

东北地区1年发生1代，华北，华东、西北1年发生2代，以2~3龄幼虫在枯枝落叶下、树皮裂缝内越冬。翌年5月上旬，杨、柳展叶时上树为害。杨毒蛾幼虫在夜间活动，但当早春夜间过于寒冷时，白天也外出取食。幼虫为害时常常吐丝拉网隐蔽。幼虫5龄，6月上旬开始老熟。在树洞或土内化蛹。6月中旬开始羽化，卵产在树叶或者枝干上，成块，上被一层雌蛾性腺分泌物。初孵幼虫发育很慢，并能吐丝悬垂被风吹动，到8月下旬至9月上旬，幼虫开始下树，寻找隐蔽处越冬。成虫有趋光性。杨柳干基萌芽条及覆盖物多，杨毒蛾发生重。

（三）毒蛾类防治方法

1. 园林技术防治

人工摘除带虫叶片。舞毒蛾秋冬季节刮除卵块。

2. 物理防治

灯光诱杀成虫。

3. 生物防治

保护食虫鸟类、寄生蜂、蝇。并使用Bt、青虫菌等生物制剂。

4. 药剂防治

幼虫3龄以前用常规性药剂集中杀灭，药剂的选择可参考刺蛾。杨毒蛾和舞毒蛾幼虫有白天下树、晚上上树习性，干基部涂毒环毒杀幼虫，或树干上束草诱杀幼虫，并集中烧毁。

六、卷叶蛾类

（一）苹褐卷蛾

苹褐卷蛾又名褐带卷叶蛾，为害绣线菊、榆、柳、海棠、蔷薇、大丽花、月季、小叶女贞、万寿菊、杨等园林植物以及苹果、桃等多种果树。除卷叶危害外，还啃食果面，造成虫疤，降低果品质量。

1. 形态特征

成虫黄褐色，体长8~10mm，翅展18~25mm。前翅褐色，基本斑纹浓褐色，中部有一条自前缘向后缘的浓褐色宽横带，上窄下宽，横带内缘中部凸出，外缘弯曲，朝前缘外端有半圆形斑，浓褐色。各斑纹边缘有深色细线。后翅灰褐色。卵扁椭圆形，淡绿色，近孵化时褐色，呈鱼鳞状卵块。幼虫体长 18～22mm，体绿色，头及前胸北背板淡绿色，大多数个体前胸背板后缘二侧各有一黑斑，毛片色较淡，臀栉 4～5 根。蛹长 11～12mm，全体淡褐色。唯有胸部腹面绿色。腹部背面各节有两横排刺突（图4-12）。

图 4-12　苹褐卷蛾
1—成虫　2—幼虫

2. 发生规律

每年发生 2～3 代，以初龄幼虫在树皮缝、疤痕等处结茧越冬。幼虫取食新芽、花蕾、嫩叶。遇惊从卷叶中钻出，吐丝下垂。成虫昼伏夜出，卵多产于叶面上，每虫雌虫可产卵 140 粒左右。初孵幼虫有群集性，取食叶肉成筛孔状，成长后分散为害。对糖醋有趋性。

（二）桉小卷蛾

桉小卷蛾主要为害桉属、红胶木属、白千层属和桃金娘属的植物。幼虫吐丝缀叶形成芽苞或是叶苞，隐藏在苞内取食嫩芽幼叶。严重时，嫩梢及大部分叶被吃光，严重影响植物的生长发育，是桉树苗圃和幼林地的主要害虫。

1. 形态特征

成虫体翅呈灰褐色，雌蛾体长 6～7mm，前翅近后缘部分为灰白色，在近后缘距基部有灰褐色的斑块，两前翅合拢时，灰褐色的斑块相连。雄蛾前翅基部中间靠后缘处有一突起的灰白色鳞毛丛。卵椭圆形，长 0.5～0.6mm，初产时乳白色，近孵化时黄褐色。老熟幼虫体长 13～14mm 黄褐色。头淡黄色，背线、亚背线褐色，毛片白色，臀栉明显。蛹纺锤形，栗褐色，长 5～7mm（图4-13）。

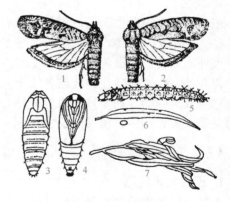

图 4-13　桉小卷蛾
1—雄成虫　2—雌成虫　3—雌蛹背面　4—雌蛹腹面
5—幼虫　6—叶上卵　7—幼虫取食的虫苞

2. 发生规律

在广东每年发生 8～9 代，在海南岛 1 年发生 12 代左右。无明显的越冬现象，只是冬季发育迟缓，时代重叠严重。各个雌蛾的产卵量一般为 2～200 粒，幼虫孵出后即爬到嫩芽吐丝缀叶为害。幼虫一般 5 个龄期，少数 4 个或 6 个龄期。幼虫大部分下地化蛹，少数在叶苞中化蛹。雨水太多或低温不利于桉小卷蛾的发生，所以广东 9～10 月降雨量少，气候温暖，虫口密度大，危害严重。该虫主要为害幼苗，对大树也有危害，但不严重。因此，防治桉小卷蛾的重点应放在苗木及幼树阶段。

（三）卷叶蛾类防治方法

1. 园林技术防治

幼虫为害初期，摘除粘卷在一起的虫叶，消灭其中幼虫或蛹；结合修剪，剪除带虫嫩梢或叶片。

2. 物理防治

根据成虫的趋光性，结合防治其他园林害虫设置黑光灯诱杀成虫。

3. 生物防治

保护和利用天敌，天敌有松毛虫赤眼蜂、寄生蜂等。

4. 药剂防治

对卵可用 50% 杀螟松乳油 100～150 倍液喷雾，对低龄幼虫可用 1.8% 阿维菌素乳油 1000 倍液、1% 甲维盐微乳剂 2000 倍液、90% 敌百虫 1000 倍液、2.5% 高效氯氟氰菊酯乳油 3000 倍液、2.5% 溴氰菊酯乳油 3000 倍液等。

七、枯叶蛾类

(一) 杨枯叶蛾

又称贴皮毛虫。主要为害杨、柳及桃花、樱花、梅花、李杏等多种花木。

1. 形态特征

成虫体长 24~30mm，翅展雌蛾 56~76mm，雄蛾 40~59mm，体黄褐色。翅面散生不规则的灰褐色斑点。前翅外缘呈弧形波状，后缘极短，从翅基发出 5 条断断续续的黑色波状纹，中室呈黑褐斑；后翅有三条明显的黑色斑纹。卵椭圆形，长约 2mm，初产浅黄绿色，其上有黑色花纹。卵块上覆盖灰黄绒毛。老熟幼虫体长 80~85mm，灰绿色，全身周围具有细长的灰色毛，胸部第二节、第三节背面各具一黑色肉瘤，其上密布长毛，腹部扁平，第八节背面具有一个瘤状突起。蛹褐色，茧灰褐色，其上有幼虫体毛（图 4-14）。

图 4-14　杨枯叶蛾
1—成虫　2—成虫　3—卵　4—幼虫　5—蛹　6—茧

2. 发生规律

1 年发生 1 代，以小龄幼虫紧贴树皮凹陷处或枯叶中越冬。翌年 4 月中旬幼虫活动，白天多栖伏在树干上与树皮紧贴一起，其颜色与树皮相似，夜间取食为害，餐食叶片。5 月末 6 月初结茧化蛹。6 月中旬成虫羽化，产卵于叶片上，每雌虫产卵 200~300 粒。6 月末第一代幼虫孵化，初孵幼虫群集取食，不久以幼虫越冬。

(二) 马尾松毛虫

幼虫主要为害马尾松，也为害黑松、湿地松、火炬松、加勒比松等，是我国为害松林的最严重的大害虫。大发生时，能在短时间内将大面积松针吃光，受害松林成片枯死，如同火烧。

1. 形态特征

成虫体色变化很大，有灰白、灰褐、茶褐、黄褐等色。雌蛾体色比雄蛾浅。雌蛾触角短栉状，体和翅背灰褐色鳞毛，前翅中室白斑不明显，翅面有 5 条深褐色横线，外横线略呈波浪状，亚外缘斑黑褐色，内侧衬有黄棕色斑，腹部粗壮，末端圆；雄蛾触角羽毛状，一般茶褐色到黑褐色，前翅较宽，外缘呈弧形弓出，中室白斑显著，翅面上有 3~4 条向外弓起的横条纹，亚外缘斑列内侧呈褐色，腹部尖削。卵椭圆形，初产时粉红色，孵化前紫黑色，卵面光滑无保护物。老熟幼虫体长 47~61mm，头黄褐色，体色随龄期不同而有差异，大致分棕红色和灰黑色两种。中、后胸背毒毛带明显。腹部各节背面毛簇中有窄而扁平的片状毛，先端呈齿状，体侧着生许多白色长毛，近头部特别长，两侧各有一条纵带由中胸至腹部第八节气门上方，纵带上各有一白色斑点。雌蛹长 26~33mm，雄蛹长 19~26mm。纺锤形，棕色或栗色，腹部臀棘细长，末端卷曲或卷成小圈。雌蛹肥大，触角基部较平滑，端部与前足等长，生殖孔位于第八节腹节；雄蛹瘦小，触角基部突出，端部长于前足，生殖孔位于第九节腹节。茧长椭圆形，30~45mm，灰白色或淡黄褐色，外有散生黑色短毒毛（图 4-15）。

图 4-15　马尾松毛虫
1—成虫　2—卵　3—幼虫　4—蛹

2. 发生规律

1 年发生的世代数随地理位置的不同而有很大差异，在长江流域的各省区，每年发生 2~3 代，珠江

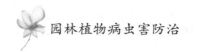

流域每年发生 3 ~ 4 代。在同一地区，部分年完成 2（或 3）代，部分年却完成 3（或 4）代，两者的比例受年度气候（有效积温）的影响很大。此外，与食物丰富程度亦有密切关系。一般以 3 ~ 4 龄幼虫在松枝丛、树皮缝、地被物或表土处越冬。在温度较高的海南、广东、广西等部分地区，幼虫越冬现象不明显。翌年平均气温 10 度以上出蛰，幼虫一般为 6 龄。1 ~ 2 龄时有群集为害和吐丝下垂的习性，啃食叶缘；3 龄后分散为害，取食整根针叶；5 龄、6 龄食量最大，占一生总食量的 70% ~ 80%。越冬代和第一代危害最大。成虫具有强烈的趋光性，一般在傍晚羽化，当晚即可交配，交尾后即可产卵。各代产卵量不一致，平均产卵量 300 ~ 400 粒。

在海拔 200m 以下的丘陵地带，在气候干燥、地被光秃、灌木稀少的 10 年生左右纯松林地带，易爆发成灾。

（三）枯叶蛾类防治方法

1. 做好虫情监测

以"预防为主"，做好虫情监测，以便为制订防治方案提供科学依据。

2. 园林技术防治

（1）合理配置植物　按照适地适树的原则营造混交林，林间要合理密植，以形成适宜的郁闭度，创造不利于松毛虫生长发育的生态环境。

（2）实施封山育林　对林木稀疏，下木较多的松毛虫发生林地，应进行封山育林，禁止放牧和人为破坏、培育阔叶树种。保护冠下植被、增种蜜源植物，以丰富林地的生物群落，创造有利于天敌栖息的环境。

（3）结合修剪消灭越冬幼虫。春季捕杀丝网内群集的天幕毛虫幼虫。

3. 物理防治

使用黑光灯诱集成虫的方法降低虫口密度。北方在冬季通过人工搂树盘，破坏松毛虫越冬场所，或在春季幼虫上树前绑毒绳，抹毒环的方法阻隔幼虫上树取食。

4. 生物防治

保护和利用天敌。如卵期的寄生蜂、幼虫期的食虫蝽、蛹期的寄生蝇以及各种食虫鸟类。气候条件适宜的南方应用 2×10^8 孢子/g 白僵菌粉剂喷粉或 $0.5 \times 10^8 ~ 2 \times 10^8$ 孢子/mol 菌液加 0.01% 洗衣粉喷雾；苏云金杆菌防治松毛虫，一般在 3 ~ 4 龄幼虫期间进行，施菌量为 $1 \times 10^8 ~ 2 \times 10^8$ 菌数/mol；还可在松毛虫产卵盛期，选择晴天无风的天气，分阶段林间施放赤眼蜂，$4.5 \times 10^5 ~ 1.5 \times 10^6$ 只/hm²。

5. 药剂防治

低龄幼虫期可喷 50% 杀螟松乳油或 90% 敌百虫晶体各 1000 倍液；发生严重时，可喷杀 2.5% 溴氰菊酯乳油 4000 ~ 6000 倍液，25% 灭幼脲 3 号 1000 倍液，对各种枯叶蛾均有良好的防治效果。

八、灯蛾类

（一）美国白蛾

又名秋幕毛虫。为世界检疫性害虫，食性极杂，为害糖槭、白蜡、桑、樱花、杨、柳、臭椿、悬铃木、榆、栎、桦、刺槐、五叶枫等植物。

1. 形态特征

成虫体长 14mm 左右，体纯白色，雄蛾前翅常有黑斑点。雄虫触角双栉齿、雌虫触角锯齿状。前足基节及腿节端部橘红色。卵圆球形，初产淡黄绿色，孵前为灰褐色，卵块行列整齐，被鳞毛。幼虫分红头和黑头型 2 种，我国多为黑头型。老熟幼虫体长 32mm 左右，体黄绿至灰黑色，背中线为黄白色，背部毛瘤黑色，体侧毛瘤多橙黄色，毛瘤生长有白色长毛。蛹长 8 ~ 15mm，暗红褐色。茧灰白色，薄、松、丝质，混以幼虫体毛（图 4-16）。

2. 发生规律

辽宁、河北地区 1 年 2～3 代，陕西 1 年 2 代，以蛹在杂草丛、砖缝、浅土层、枯枝落叶层等处越冬。翌年 4 月初至 5 月底越冬蛹羽化，2 代区成虫发生在 5～6 月及 7～8 月，5～10 月为幼虫为害期。

成虫白天静伏，有趋光性，卵产在树冠外围叶片上，卵多在阴天或夜间湿度较大时孵化。幼虫耐饥能力强，共 7 龄，1～4 龄为群聚结网阶段，初孵幼虫在叶背吐丝缀叶 1～3 片成网幕，2 龄后网内食物不足而分散为 2～4 小群在结新网，更多的叶片被包进网幕中，使网幕增大，犹如一层白纱包缚着，5 龄后脱离网幕分散生活。

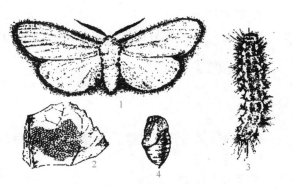

图 4-16　美国白蛾
1—成虫　2—卵　3—幼虫　4—蛹

（二）人纹污灯蛾

人纹污灯蛾又名红腹白灯蛾。为害蔷薇、月季、菊花、木槿、芍药、萱草、石竹、碧桃、蜡梅、荷花、杨、榆、槐等园林植物。

1. 形态特征

成虫体长约 20mm，翅展约 55mm。雄蛾触角短，锯齿状，雌蛾触角羽毛状。下唇须先端黑色。胸部和前翅白色，前翅面上有两排黑点，停栖时黑点合并呈"人"字形，前足腿节与前翅基部均为红色；后翅略带红色。腹部背面呈红色，其中线上具一列黑点。卵扁圆形，浅绿色，直径 0.6mm 左右。老熟幼虫体长约 40mm，黄褐色，背部有暗绿色线纹；各节有 10～16 个突起，其上簇生红褐色长毛。蛹圆锥形，紫褐色，尾部 12 根短刚毛（图 4-17）。

2. 发生规律

1 年发生 2～6 代，以蛹在土中越冬。翌年 4 月成虫羽化，直至 6 月。由于羽化期长，所以产卵极不整齐，有世代重叠现象。成虫趋光性很强，白天静伏隐蔽处，晚上活动，将卵成块或成行产于叶背面，每处有数十粒

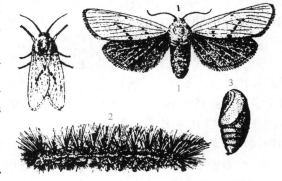

图 4-17　人纹污灯蛾
1—成虫　2—幼虫　3—蛹

至百余粒不等，每雌蛾可产卵 400 粒左右。初孵幼虫群集叶背取食叶肉，3 龄后分散为害，蚕食叶片，仅留叶脉和叶柄。幼虫有假死性。

（三）灯蛾类防治方法

1. 植物检疫

加强植物检疫，并做好虫情监测，一旦发现检疫害虫，应尽快查清发生范围，并进行封锁和除治。

2. 园林技术防治

幼虫在 4 龄前群集于网幕中，为害状比较明显，应抓住这一时机发动人工摘除网幕，消灭幼虫。5 龄后，在离地面 1m 处的树干上围草诱集幼虫化蛹，再集中烧毁。

3. 物理防治

根据灯蛾成虫具有趋光性，于成虫羽化期设置灯光诱杀。还可用性引诱剂诱杀成虫。

4. 生物防治

可用苏云金杆菌（1×10^8 孢子/mol）和灯蛾核型多角体病毒防治幼虫。还可释放周氏啮小蜂防治美国白蛾。同时要保护和利用灯蛾绒茧蜂、小花蝽、草蛉、胡蜂、蜘蛛、鸟类等天敌。

5. 药剂防治

幼虫期，用 90% 敌百虫晶体 1000 倍液、20% 菊杀乳油 2000 倍液等进行喷雾。

九、蝶类

（一）柑橘凤蝶

柑橘凤蝶又名花椒凤蝶。为害柑橘、金橘、柠檬、佛手、柚子、花椒、黄菠萝等。

1. 形态特征

雌成虫体长 25～27mm，翅展 89～92mm；雄成虫体长 21～23mm，翅展 72～78mm。体黄色，背中线黑色。翅面除黑色外，其余斑纹均为黄色，前翅中室内有重组放射状黄色线纹，上方有两个黄色新月斑；前后翅中室外从前缘至后缘都有 8 个横列的黄色斑块，亚外缘线有黄色新月形斑，前翅 8 个，后缘 6 个，外缘都有黄色波形线纹；后翅黑带中有散生的蓝色鳞粉，臀角处有一橙黄色圆斑，斑内有一小黑点。卵圆球形，直径 1.2～1.3mm，初产时淡黄色，孵化前变黑。老熟幼虫体长 40～51mm，黄绿色，胸腹连接处稍膨大，后胸两侧有舌眼线纹，后胸与第一腹节间有蓝黑色带状斑，腹部第四节和第五节两侧各有一条蓝黑色斜纹分别延伸至第五和第六节背面。头部臭丫腺为黄色。蛹纺锤形，前端有两个尖角，长 28～32mm。颜色多种，有淡绿、黄白、暗褐等（图 4-18）。

2. 发生规律

此虫发生代数因地而异，东北一般 1 年 2 代，长江流域及其以南地区一般 1 年 3～6 代不等，各地均以蛹悬于叶背、枝干及其隐蔽场所越冬。广州地区各代发生的时间为第一代 3～4 月；第二代 4 月下旬至 5 月；第三代 5 月下旬至 6 月；

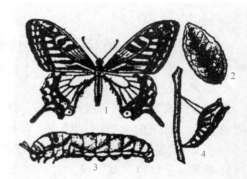

图 4-18　柑橘凤蝶
1—成虫　2—卵　3—幼虫　4—蛹

第四代 6 月下旬至 7 月；第五代 8～9 月；第六代 10～11 月。有世代重叠现象。成虫白天活动飞舞于花丛间，产卵于嫩芽、叶及枝梢上，散产，卵期 5～20 天。初孵幼虫只有 1～2mm，2 龄以前体长可达 15mm 左右，黑褐色，背上有一白色斑纹，形似鸟粪，体上有肉刺。2 龄幼虫后黄绿色，3 龄后食量大增。各龄幼虫白天潜伏，夜晚活动取食。先食嫩叶，稍大后食老叶，一般由枝梢上部向下取食，轻则将叶吃成缺刻，重则可把叶片吃光，只剩下几条主脉和叶柄。受惊扰时即从第一胸节背面伸出臭丫腺，同时释放一种臭味。幼虫老熟后吐丝缠绕于基物上化蛹。

（二）菜粉蝶

菜粉蝶又名白粉蝶、菜青虫。为害羽衣甘蓝、草桂花、醉蝶花、旱金莲、大丽花、花苞菜等。

1. 形态特征

成虫体黑色，有白色绒毛，长约 17mm，翅展约 50mm。前后翅为粉白色，前翅前缘、翅基半部及顶角处常黑色，翅面上有两块黑斑。后翅前缘有一黑斑。卵长瓶形，高 1mm，黄绿色，表面有网纹。幼虫老熟时长约 35mm，青绿色，背中线为黄色细线，体表密布黑色瘤状突起，其上着生短细毛。蛹长 18～21mm，纺锤形，如为青绿色，后为灰褐色。体背有 3 条纵脊（图 4-19）。

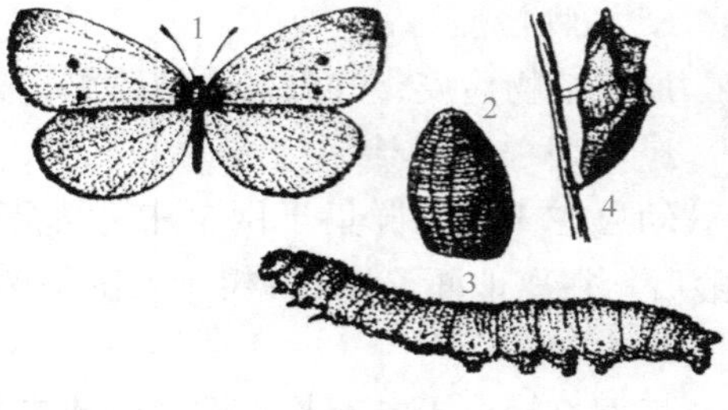

图 4-19　菜粉蝶
1—成虫　2—卵　3—幼虫　4—蛹

2. 发生规律

此虫发生世代数因地而异，华北地区 1 年发生 4 代；华南 1 年发生 8 代，以蛹在向阳的篱笆、屋檐、墙角及枯枝下越冬。翌年 3~4 月成虫羽化。白天活动，卵多产在叶片背面，卵期约 7 天。幼虫取食寄主芽、叶、花，严重时将叶片吃光，只留叶柄和叶脉。因发生世代重叠，所以每年 4~10 月均有幼虫为害，但以夏季为害最重。

（三）赤蛱蝶

赤蛱蝶寄主有万寿菊、菊花、绣线、一串红等花卉，有时还为害榆树和榉树。

1. 形态特征

成虫体长 20mm，翅展 60mm。前翅外半部有数个小白斑，中部有宽而不规则的云状横纹；后翅暗褐色，外缘赤橙色，中列生 4 个黑斑，内侧与橙色交界处有数个小黑斑。背面有 4~5 个眼状纹。卵长椭圆形，淡绿色，竖立状，高 0.7mm，有纵脊纹。幼虫老熟时体长 32mm 左右，背面黑色，腹部黄褐色。体上有黑褐色棘状枝刺，每枝刺上还有小分枝。气门黑色，有光泽。蛹长 25mm，灰绿褐色，呈圆锥状有棱角，腹部背面有 7 列刺状突起（图 4-20）。

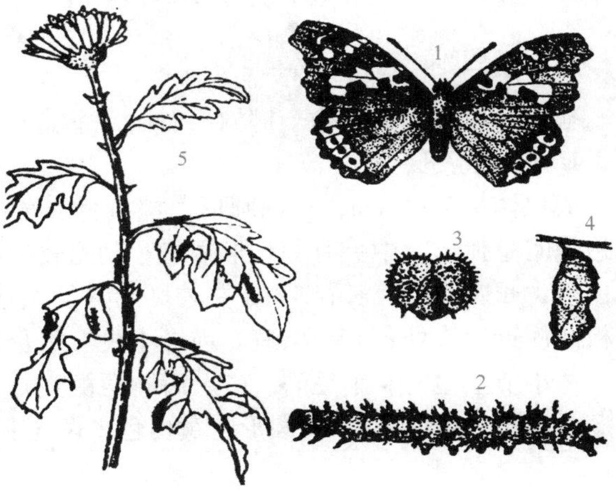

2. 发生规律

1 年发生 2 代，以成虫越冬，翌年 3~4 月开始活动，白天飞舞，分散产卵。幼虫共 5 龄，喜食嫩叶，化蛹时幼虫先吐丝将尾端钩缀于叶片上倒悬，再行蜕皮化蛹。

图 4-20　赤蛱蝶
1—成虫　2—幼虫　3—幼虫头部　4—蛹　5—被害状

（四）蝶类防治方法

1. 园林技术防治

冬季清除植株附近围篱建筑物以及悬挂在枝、叶上的虫蛹；成虫出现期可用捕虫网捕捉成虫；从初夏起根据受害状和地面虫粪人工捕杀幼虫。

2. 生物防治

可喷施青虫菌。凤蝶金小蜂、广大腿小蜂、白粉蝶绒茧蜂、舞毒蛾黑疣姬蜂等都是蝶类蛹体寄生蜂，收集到的越冬蛹不要直接处死，应放在寄生蜂保护器中。

3. 药剂防治

幼虫发生期喷洒 1.8% 阿维菌素乳油 1000 倍液，20% 除虫菊酯乳油 2000 倍液等。

十、叶甲类

（一）白杨叶甲

白杨叶甲又名杨叶甲。成虫和幼虫均为害虫、柳叶片，有时猖獗成灾。

1. 形态特征

成虫体长 9~12mm，宽 6~9mm，近椭圆形，后半部略宽。头部小，触角 11 节。前胸背板蓝紫色，两侧各有一条纵沟，其两侧有粗大的刻点。小盾片蓝黑色，三角形。鞘翅红色，近翅基 1/4 处略收缩，末端圆钝。鞘翅比前胸宽，密布刻点，沿外缘有纵隆线。卵长椭圆形，长约 2mm，初产是为黄色，后渐变深，至孵化前为橙黄色或黄褐色。老熟幼虫体长 15~17.5mm，头部黑色，胸腹部近白色。前胸背板有黑色 "W" 形纹，第 2~3 节两侧各有一个黑色刺状突起。受惊时从中溢出乳白色液体。尾部黑色，蛹为离蛹，体长 9~14mm，初为白色，羽化前橙黄色（图 4-21）。

2. 发生规律

1 年发生 1~2 代，以成虫在枯落物、表土层越冬。翌年 4 月寄主展新叶开始出蛰，为害嫩芽，经取食补充营养后，交尾产卵。卵产于叶背或嫩枝叶柄处，竖立排列块状，每块40～120粒不等，卵期5～6天。4月末5月初幼虫孵化，初龄幼虫群集取食叶肉，受害叶呈网状；2龄后开始分散取食，取食叶缘成缺刻状；3～4龄能食尽全叶，仅剩叶脉，幼虫共4龄。于6月上旬开始老熟，附着于叶背悬垂化蛹，蛹期5～8天。6月中旬羽化成虫，成虫具有假死性，6月下旬～8月上中旬还有越夏习性，8月下旬又恢复取食活动。第二代成虫发生期一般在8～9月出现，并于10月越冬。

图 4-21　白杨叶甲
1—成虫　2—卵　3—幼虫　4—蛹

（二）榆黄叶甲

榆黄叶甲主要为害榆、榔榆、白榆、垂榆及榉树。

1. 形态特征

成虫体长7～9mm，长椭圆形，棕黄色，全体密被柔毛及刻点。触角丝状黑色。前胸背板宽阔，两侧边缘略呈弧形，中央有一长形黑斑。鞘翅较前胸背板略宽，后半部微膨大，沿肩部有一黑色纵纹。卵黄白色，长圆锥形，长径1mm左右。老熟幼虫体长9.5mm，扁长形。头部小，黑。胸部黄色，前胸背板两侧近后缘处各有一黑斑，前缘中央有重灰色黑色小斑点。中、后胸及腹部第1～8节背面分成2小节，每小节上生有4个毛瘤。中、后胸两侧生有2个毛瘤，腹部两侧各有3个毛瘤。腹部每节各有6个毛瘤。蛹长7mm左右，椭圆形，黄白色，两翅灰黄色，背面被有黑色刺毛（图4-22）。

2. 发生规律

1年发生2～3代，以成虫在屋檐、墙缝或石块及枯枝落叶层中越冬。翌年5月开始活动，将卵成块产在叶上，每雌虫可产卵500余粒，卵期5～7天。初龄幼虫取食叶肉，残留下表皮，受害处呈网眼状，逐渐变成褐色。2龄以后，将叶吃成孔洞。老熟幼虫于6月中旬、下旬下树，爬到隐蔽场所群集化蛹，蛹期经5～7天羽化成虫。成虫较活跃，善于飞翔和爬行，有趋光性，也可取食植物，致使叶片出现不整齐的穿孔。天气炎热时，白天静伏于叶片背面，早晚或夜间取食。

（三）榆紫叶甲

榆紫叶甲主要为害家榆、白榆、黄榆。常将榆树叶片吃光，暴发成灾。

1. 形态特征

成虫体长10～11mm，近椭圆形，背面成弧形腔起，腹面紫色。头及足深紫色，有蓝绿色光泽，触角细长，棕褐色，前胸背板矩形，宽约为长的2倍，两侧扁平，具粗而深的刻点。前胸背板及鞘翅紫红色与金绿色相间，有很强的金属光泽，鞘翅后端略宽，其上密被刻点，基部有压痕。卵长椭圆形，约2mm，淡茶褐色。老熟幼虫10mm左右，黄白色，头部褐色，头顶有4个黑点，前胸背板亦有2个黑点，背中线淡灰色，其下方有一条淡黄色纵带。周身密被颗粒状黑色毛瘤。蛹为离蛹。体长9.5mm，乳黄色，体略扁。羽化前背面显灰黑色（图4-23）。

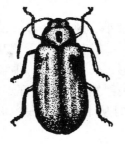

图 4-22　榆黄叶甲

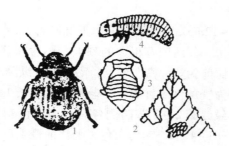

图 4-23　榆紫叶甲
1—成虫　2—卵　3—蛹　4—幼虫

116

2. 发生规律

1 年发生 1 代，以成虫在浅土层中越冬。翌年 4 月中、下旬成虫开始出土，沿树干爬上树冠取食新芽，4 月下旬至 5 月上旬交尾产卵，卵初产于在小枝上，交错排列成两行，展叶后成块产于叶片上，每卵块 11～28 粒，每雌虫可产卵 208～1888 粒，卵期 3～11 天。5 月幼虫孵化，共 4 龄，幼虫期 19～24 天；6 月上中旬老熟幼虫如土化蛹，蛹期 9～14 天；6 月下旬新成虫出土为害；7 月上旬至 8 月当气温达 30℃时，成虫有越夏习性，气温下降又继续上树为害；10 月以后成虫下树入土越冬。成虫不善飞行，寿命长，可达 262～780 天，并有迁移为害习性。

（四）叶甲类防治方法

1. 园林技术防治

冬春季在墙角缝隙、砖石堆、枯枝落叶层等处搜集越冬成虫杀死。根据越冬后成虫假死性较强，可于早春成虫上树集中补充营养期间实施人工振落，事先在树下铺好塑料布，搜集成虫集中消灭。

2. 生物防治

保护和利用天敌。如跳小蜂、寄生蝇及食鸟类等。

3. 药剂防治

卵期用 50% 辛硫磷乳油 1000～1500 倍液喷雾；幼虫、成虫期喷 90% 敌百虫 800～1000 倍液、20% 菊杀乳油 2000 倍液或 2.5% 敌杀死乳油 4000～6000 倍液均有良好防治效果。

十一、月季叶蜂

蔷薇三节叶蜂，主要为害月季、玫瑰类花卉。以幼虫取食嫩叶，大发生时常将嫩叶吃光或仅剩粗叶脉，严重影响花卉的观赏效果。

（一）形态特征

成虫体长 7.5mm，翅展 17mm。雌虫头胸部黑色带有光泽，腹部橙黄色，触角黑色鞭状，由三节组成，第三节最长。翅黑色半透明。足全部黑色。雌虫比雄虫体略小。卵椭圆形，长约 1mm，初产淡黄色，孵化前为绿色。幼虫体长 18～19mm，初孵幼虫微带淡绿色，头部淡黄色，老熟时黄褐色。胸、腹部各节有三条黑点线，上生短毛。胸足 3 对，腹足 6 对。蛹长 6.0～10.3mm，淡黄色，羽化头胸变成黑色。茧淡黄色，卵圆形，丝质（图 4-24）。

（二）发生规律

1 年 2 代，以幼虫在土中作茧越冬。4 月间化蛹，5～6 月羽化为成虫。以产卵管在月季新梢上刺成纵向裂口，产卵于其中，卵 2 列，30 粒左右。卵孵化后新梢破裂变黑倒折。初孵幼虫经常数十头群集为害，啃食叶片与嫩枝，严重时叶片全被食光，仅留叶柄。6 月底至 7 月初为第一代幼虫为害盛期，第二代幼虫为害盛期在 8 月中、下旬。10 月上旬起陆续化蛹越冬。

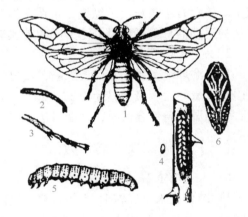

图 4-24　月季叶蜂
1—雌成虫　2—触角放大　3—跗节放大
4—卵及其在寄主组织内排列　5—幼虫　6—蛹

（三）叶蜂类防治方法

1. 园林技术防治

加强栽培管理。冬、春季在受害寄主附近土中挖茧消灭越冬虫蛹；及时摘除产卵枝梢、叶片以及群集取食的幼虫，集中处理。

2. 生物防治

保护和利用天敌。亦可喷施含孢子量 1×10^{10}/mol 以上的青虫菌粉或浓缩液 200～400 倍液。

3. 药剂防治

幼虫为害期喷洒 10% 虫螨腈悬浮剂 1000 倍液或 20% 杀灭菊酯 2500 倍液等。

十二、软体动物类

软体动物多喜阴湿环境，常在温室大棚、阴雨高湿天气或种植密度大时发生严重。主要种类有蜗牛、蛞蝓等（图 4-25）。啃食花卉和观叶植物的花、芽、嫩茎及果，造成叶片缺刻、孔洞及幼苗倒伏、果实腐烂。

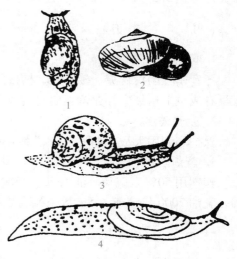

图 4-25　蜗牛与蛞蝓
1—灰巴蜗牛　2—同型蜗牛
3—灰蜗牛　4—野蛞蝓

（一）灰巴蜗牛

1. 形态特征

触角 2 对，前触角较短，后触角较长，并在顶端长有黑眼。贝壳椭圆形，壳顶尖端，自左向右旋转，第五圈后突然扩大。卵圆形乳白，直径 1～1.5mm。幼贝体长约 2mm，贝壳淡褐色。

2. 发生规律

灰巴蜗牛 1 年发生 1 代，寿命达 1 年以上，成贝与幼贝白天在砖块、花盆或叶下栖息，晚间活动取食，阴天也可整天活动取食。成贝产卵于松土内，初孵幼贝群集为害，以后分散。

（二）蛞蝓

1. 形态特征

蛞蝓体分为头、躯干、足三部分。头上有触角 2 对，触角顶端有眼。体前端较钝，后端稍尖，腹部较平。体背有两条灰白色纵线。足在身体下方，以明显的环状沟纹将头与躯干分开。足平滑，是肌肉很发达的运动器官。蛞蝓可分泌透明的胶状液体，干后发亮。

2. 发生规律

喜温湿环境，畏光。白天隐蔽，夜出活动取食和繁殖。空气及土壤干燥时（土壤含水量低于 15%）可引起大量死亡。最适温度为 12～20℃。温度在 25℃ 时，潜入土隙、花盆及砖石中，30℃ 以上也会大量死亡。温湿度条件合适时，寿命可达 1～3 年。

（三）软体动物类防治方法

1）人工捕杀。

2）结合浇水，浇施 1:15 倍茶籽饼浸出液。

3）在花盆下及四周撒茶籽饼或石灰粉阻止蜗牛通过。大量发生时撒施聚乙醛、甲萘威等颗粒剂毒杀。

实训 14　食叶类害虫的形态及为害状识别

1. 目的要求

了解园林植物常见食叶性害虫的种类，掌握其主要种类的形态特征及为害状，为害虫防治奠定基础。

2. 材料及用具

双目解剖镜、放大镜、镊子、挑针等。主要食叶害虫生活史标本；卵、幼虫、蛹浸渍标本；成虫针插干制标本。

3. 内容与方法

根据当地实际，结合教学的有关内容对实验材料进行观察，主要观察其形态及为害状。

（1）观察本地常见蛾类害虫　如刺蛾类、舟蛾类、夜蛾类、毒蛾类、灯蛾类、螟蛾类等成虫、幼虫的形态特征、为害部位及为害状。

（2）观察常见蝶类害虫　如柑橘凤蝶、粉蝶类、蛱蝶类等成虫、幼虫的形态特征、为害部位及为害状。

（3）观察其他类害虫　如叶甲类、叶蜂类等成虫、幼虫的形态特征及为害状观察。

4. 实训作业

1）简述食叶性害虫的为害特点。

2）列表比较供试标本的主要形态特征。

复习题

1. 填空题

1）黄刺蛾属（　　）目，（　　）科。该虫在辽宁、陕西、河北等地一年发生（　　）代，以（　　）在枝杈及树干上结茧越冬。

2）识别天蛾幼虫时，是明显的特征为体较（　　），腹部第八节背面具一个（　　）。

3）尺蛾又称（　　），属（　　）目，（　　）科，其幼虫只有（　　）对腹足，着生于第六和第十节上，因此爬行时常（　　），屈曲前进，犹如量地，故称尺蛾。

4）舞毒蛾又名（　　），其成虫雌雄（　　），雌体较大，污白色；雄体较小，棕褐色。

5）黏虫属（　　）目，（　　）科。除为害（　　）作物外，还为害草坪草，是一种暴食性害虫。

6）美国白蛾又名（　　），属鳞翅目，（　　）科，是世界（　　）害虫。

7）柑橘凤蝶成虫白天活动，卵散产于（　　）上，初孵幼虫（　　）色，长大惊扰时即伸出（　　）释放一种臭味。

8）杨叶甲分布全国各地，主要寄主为（　　）树和（　　）树。

9）榆蓝叶甲在我国的生活史为一年（　　）代，以（　　）在（　　）越冬，越冬后成虫（　　）性很强，因此可用人工振落法防治。

10）叶蜂类幼虫为多足型，除其有3对胸足外，通常有（　　）对腹足。

11）蔷薇三节叶蜂属（　　）目，（　　）科。

2. 单项选择题

1）褐边绿刺蛾在北京地区的生活史为（　　）。

A. 一年1代，以老熟幼虫越冬　　　　　B. 一年2代，以老熟幼虫越冬

C. 一年2代，以蛹越冬　　　　　　　　D. 一年1代，以卵越冬

2）丽绿刺蛾幼虫分为（　　）龄。

A. 5龄　　　　　　　B. 6龄　　　　　　　C. 7龄　　　　　　　D. 8龄

3）大袋蛾幼虫喜光，常聚集到（　　）为害。

A. 树干上　　　　　B. 树杈处　　　　　C. 树枝梢头

4）银纹夜蛾产卵方式为（　　）。

A. 堆产　　　　　　B. 散产　　　　　　C. 块产

5）柑橘凤蝶的越冬虫态为（　　）。

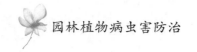

　　A. 老熟幼虫　　　　　B. 幼龄幼虫　　　　　C. 蛹

3. 多项选择题

1）扁刺蛾的分布地区有（　　　　）。

　　A. 东北　　　　　　B. 华北　　　　　　C. 华东　　　　　　D. 中南

2）国槐尺蛾的主要分布地区有（　　　　）。

　　A. 广东　　　　　　B. 北京　　　　　　C. 山东　　　　　　D. 沈阳

3）侧柏毒蛾的主要分布省区有（　　　　）。

　　A. 北京　　　　　　B. 河南　　　　　　C. 山东　　　　　　D. 辽宁

4）斜纹夜蛾的主要为害寄主为（　　　　）。

　　A. 香椿　　　　　　B. 仙客来　　　　　C. 丁香　　　　　　D. 月季

5）马尾松毛虫的主要寄主为（　　　　）。

　　A. 黑松　　　　　　B. 湿地松　　　　　C. 火炬松　　　　　D. 加勒比松

4. 问答题

1）简述食叶害虫的危害特点。

2）以黄刺蛾为例说明刺蛾类害虫危害特点及防治方法。

3）以国槐尺蛾为例说明尺蛾类害虫的危害特点及防治方法。

4）简述斜纹夜蛾的危害特点及防治方法。

5）举出几种常见叶甲种类及其为害的寄主，并说明叶甲类害虫的防治方法。

6）以蔷薇三节叶蜂为例说明叶蜂类害虫的危害特点及防治方法。

5. 论述题

论述美国白蛾的形态特征、分布、发生规律及综合防治方法。

课题 2　吸汁类害虫

　　吸汁类害虫是指成、若虫以刺吸或锉吸式口器取食植物汁液为害的昆虫，是园林植物害虫中较大的一个类群，其中以刺吸口器害虫种类最多。常见的吸汁类害虫有同翅目的蝉类、蚜虫类、木虱类、蚧虫类、粉虱类，半翅目的蝽类，缨翅目的蓟马类，节肢动物门蛛形纲蜱螨目中的某些害螨（叶螨、瘿螨等）。

　　吸汁类害虫不像其他害虫那样造成植物组织或器官的残缺破损，吸汁类害虫的唾液中含有某些碳水化合物水解酶，甚至还含有从植物组织中获得的植物生长激素和某些毒素，在为害前和为害过程中不断将唾液注入植物组织内进行体外消化，并吸取植物汁液，造成植物营养匮乏，致使植物受害部分出现褪色、黄化、枯斑、缩叶、卷叶、虫瘿或肿瘤等各种畸形现象，甚至整株枯萎或死亡。有些种类还大量分泌蜡质或排泄蜜露，污染叶面和枝梢，影响植物呼吸与光合作用，诱发煤炱菌滋生造成煤污病或蚂蚁滋生，影响植物的生长和观赏效果。还有些种类是植物病毒的传播媒介，造成病毒病害的蔓延。

　　此类害虫多数个体较小，发生初期为害状不明显，易被人忽视。但其繁殖力却很强，1 年中的发生代数多，一旦发生种群数量大，虫口密度高，并能借风力扩散蔓延，为害严重，是园林植物的一类重要害虫。

一、蚜虫类

　　蚜虫类属同翅目蚜科，小型多态性昆虫，同一种类分有翅和无翅个体。触角 3～6 节。有翅个体有单眼，无翅个体无单眼。喙 4 节。如有翅，则前翅大后翅小，有明显的翅痣。跗节 2 节，第一节很短。雌性无产卵器。

（一）棉蚜

又名瓜蚜。为世界性害虫，我国各地均有分布。寄主植物近300种，为害扶桑、木槿、蜀葵、石榴、一串红、倒挂金钟、茶花、菊花、牡丹、常春藤、紫叶李、垂竹、夹竹桃、兰花、梅花、大丽花、紫荆、仙客来、鸡冠花、玫瑰等花木。以成虫和若虫群集在寄主的嫩梢、花蕾、花朵和叶背，吸取汁液，致使叶片皱缩，影响开花。同时，诱发煤污病。

1. 形态特征

无翅胎生雌蚜体长1.5~1.8mm，夏季黄绿色，春、秋季棕色至黑色，体外被蜡粉。复眼黑色。触角6节，仅第5节端部有一感觉圈。腹管圆筒形，具瓦状纹，基部较宽。尾片圆锥形，近中部收缩。有翅胎生雌蚜体长1.2~1.9mm。黄色、浅绿色或深绿色。前胸背板黑色。腹部两侧有3~4对黑色斑纹。触角6节，感觉圈着生在第3、5、6节上，第3节上有成排的感觉圈5~8个。腹管、尾片同无翅型。卵为椭圆形，长约0.5mm，初产时黄绿色，后变为漆黑色，有光泽。无翅若蚜复眼红色，无尾片，夏季黄绿色，秋季蓝灰色至蓝绿色。有翅若蚜虫体被蜡粉，体两侧有短小的褐色翅芽，夏季黄褐或黄绿色，秋季蓝灰黄色（图4-26）。

2. 发生规律

1年发生20多代。以卵在木槿、石榴等枝条上越冬。翌春3~4月卵孵化为干母，在越冬寄主上进行孤雌胎生，繁殖3~4代，4~5月间产生有翅蚜，飞到菊花、扶桑、茉莉、瓜叶菊或棉花等夏季寄主上为害。晚秋10月间产生有翅蚜，从夏寄主迁移到越冬寄主上，产生有性无翅雌蚜和有翅雄蚜，交配后产卵，以卵越冬。捕食性天敌有各种瓢虫（如七星瓢虫、异色瓢虫、龟纹瓢虫等）、大草蛉、丽草蛉、食蚜蝇等。寄生性天敌有蚜茧蜂、蚜霉菌等。

（二）月季长管蚜

分布于吉林、辽宁、北京、河北、山西东、安徽、江苏、上海、浙江、江西、湖南、湖北、福建、贵州、四川等地，为害月季、蔷薇、白兰、十姊妹等蔷薇属植物。以成虫、若虫群集于寄主植物的新梢、嫩叶、花梗和花蕾上刺吸为害。植物受害后，枝梢生长缓慢，花蕾和幼叶不易伸展，花朵变小，而且诱发煤污病，使枝叶变黑，严重影响观赏价值。

1. 形态特征

无翅孤雌蚜体长约4mm，宽约1.4mm，长卵形。淡绿色或黄绿色，少数橙红色。腹管长圆筒形，长为尾片长的2.5倍。尾片长圆锥形，有曲毛7~9根。有翅孤雌蚜草绿色，腹部各节有中、侧缘斑，第8节有一大宽横斑，腹管长为尾片2倍，尾片有曲毛9~11根。若虫初孵若蚜体长约1.0mm左右，初孵出时白绿色，渐变为淡黄绿色（图4-27）。

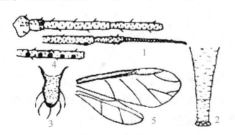

图4-26 棉蚜

无翅孤雌蚜：1—触角 2—腹管 3—尾片
有翅孤雌蚜：4—触角（第3节） 5—前、后翅

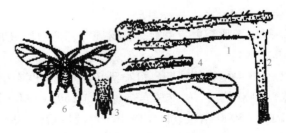

图4-27 月季长管蚜

无翅孤雌蚜：1—触角 2—腹管 3—尾片
有翅孤雌蚜：4—触角 5—前翅 6—成虫

2. 发生规律

1年发生10代左右，冬季在温室内可继续繁殖为害。在北方以卵在寄主植物的芽间越冬；在南方以

成蚜、若蚜在月季、蔷薇的叶芽和叶背越冬。翌春越冬蚜虫开始活动，并产生有翅蚜。全年有 2 个发生高峰：4 月中旬至 5 月，9～10 月。气温 20℃ 左右，干旱少雨，有利于该虫繁殖。而盛夏高温、多雨对其繁殖不利。

（三）桃蚜

又名桃赤蚜、烟蚜、菜蚜、温室蚜。分布于全国各地。主要为害桃、海棠、樱花、月季、蜀葵、香石竹、仙客来及一二年生草本花卉。幼叶被害后，向反面横卷，呈不规则卷缩，最后干枯脱落。其排泄物诱发煤污病。该虫还可传播病毒病。

1. 形态特征

无翅孤雌成蚜体卵圆形，体长约 2.0mm。体黄绿或赤褐色。复眼红色，额瘤显著。腹管圆筒形，细长，有瓦纹。尾片圆锥形，有长曲毛 6～7 根。有翅孤雌蚜体长同无翅蚜，头胸黑色，腹部淡绿色。卵椭圆形，初为绿色，后变黑色。若虫似无翅孤雌胎生蚜，淡绿或淡红色，体较小（图 4-28）。

2. 发生规律

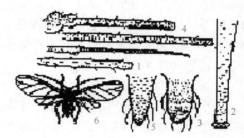

图 4-28　桃蚜
无翅孤雌蚜：1—触角　2—腹管　3—尾片
有翅孤雌蚜：4—触角　5—尾片　6—成虫

北方 1 年发生 20～30 代，南方 1 年发生 30～40 代。生活周期类型属乔迁式。在我国北方主要以卵在桃树的枝梢、芽腋、花芽基部、树皮缝和小枝中越冬，少数以无翅胎生雌蚜在十字花科植物上越冬。翌年 3 月开始孵化为害，先群集在芽上，后转移到花和叶上为害。5、6 月繁殖最盛，并不断产生有翅蚜迁入蜀葵和十字花科植物上为害，10 月、11 月又产生有翅蚜迁回桃、樱花等树木上，若以卵越冬，则产生雌雄性蚜，交尾、产卵越冬。春末夏初及秋季是桃蚜为害严重的季节。

（四）蚜虫类综合防治方法

贯彻"预防为主，综合防治"的植保方针，注意虫情调查，抓紧早期防治。主要措施有：

1. 园林技术防治

结合林木养护管理，冬季剪除有卵的枝叶或刮除枝干上的越冬卵。盆栽花卉零星发生蚜虫时，可用毛笔蘸水将蚜虫轻轻刷掉，并及时处理刷下的蚜虫。

2. 物理防治

利用黄板诱杀有翅蚜，利用银板或银灰色地膜趋避有翅蚜。

3. 生物防治

保护蚜虫天敌瓢虫、草蛉、食蚜蝇等，抑制蚜虫的蔓延。

4. 药剂防治

在木本寄主植物休眠期，可喷洒 3～5 波美度石硫合剂以杀灭越冬虫体。在发生期喷洒 3% 莫比朗（啶虫脒）2000 倍液、0.26% 苦参碱水剂 1500～2000 倍液、50% 抗蚜威可湿性粉剂 1000、2.5% 溴氰菊酯乳油 2000～3000 倍液、10% 吡虫啉可湿性粉剂 1000 倍液、家庭养花时可用烟草石灰水防治，方法是烟草末 40g 加水 1kg，浸泡 48h 小时后过滤制得原液。使用时加水 1kg 稀释，再加 2～3g 洗衣粉，搅匀后喷洒植株。施药后覆土浇水。

二、介壳虫类

介壳虫类属同翅目蚧总科，又称蚧虫。体小型或微小型。雌成虫无翅，头胸完全愈合而不能分辩，体被蜡质粉末或蜡块，或有特殊的介壳，无翅，触角、眼、足除极少数外全部退化，无产卵器。雄虫只有一对前翅，后翅退化成平衡棒，跗节1节。

（一）日本龟蜡蚧

分布于河北、河南、山东、山西、陕西、甘肃、江苏、浙江、福建、湖北、湖南；江西、广东、广西、贵州、四川、云南等地。为害茶、山茶、桑、枣、柿、柑橘、无花果、杧果、苹果、梨、山楂、桃、杏、李、樱桃、梅、石榴、栗等100多种植物。若虫和雌成虫刺吸枝、叶汁液，排泄蜜露常诱致煤污病发生，削弱树势重者枝条枯死。

1. 形态特征

雌成虫体背有较厚的白蜡壳，呈椭圆形，长4~5mm，背面隆起似半球形，中央隆起较高，表面具龟甲状凹纹，边缘蜡层厚且弯卷，由8块组成。雄成虫体长1~1.4mm，淡红至紫红色，眼黑色，触角丝状，翅1对，白色透明，具2条粗脉，足细小。卵椭圆形，长0.2~0.3mm，初淡橙黄后紫红色。初孵若虫体长约0.4mm，椭圆形扁平，淡红褐色，触角和足发达，灰白色，腹末有1对长毛。固定1天后开始泌蜡丝，7~10天形成蜡壳，周边有12~15个蜡角。后期蜡壳加厚雌雄形态分化，雌若虫与雌成虫相似，雄蜡壳长椭圆形，周围有13个蜡角似星芒状。雄蛹梭形，长约1mm，棕色（图4-29）。

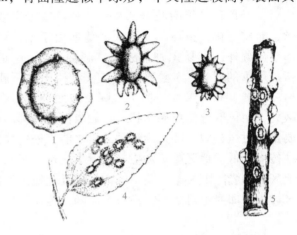

图4-29　日本龟蜡蚧
1—雌成虫　2—雄成虫　3—若虫　4、5—被害状

2. 发生规律

1年发生1代，以受精雌虫主要在1~2年生枝上越冬。翌春寄主发芽时开始为害，虫体迅速膨大，成熟后产卵于腹下。产卵盛期5月中旬。每雌产卵千余粒，多者3000粒。卵期10~24天。初孵若虫多爬到嫩枝、叶柄、叶面上固着取食，8月初雌雄开始性分化，8月中旬至9月为雄化蛹期，羽化期为8月下旬至10月上旬，雄成虫寿命1~5天，交配后即死亡，雌虫陆续由叶转到枝上固着为害。天敌有瓢虫、草蛉、寄生蜂等。

（二）日本松干蚧

又名松干蚧，属珠蚧科。分布于山东、辽宁、江苏、浙江和上海等地。主要为害马尾松和赤松、油松，其次为害黑松。被害树由于皮层组织被破坏，一般树势衰弱，生长不良，针叶枯黄，芽梢枯萎，以后树皮增厚、硬化。卷曲翘裂。幼树严重被害后，易发生软化垂枝和树干弯曲，并常引起次期病虫害的发生。此虫为国内外检疫对象。

1. 形态特征

雌成虫体长2.5~3.3mm，卵圆形。橙褐色。触角9节，念珠状。雄虫体长1.3~15mm，翅展3.5~3.9mm。头、胸部黑褐色，腹部淡褐色。触角丝状，10节。前翅发达，后翅退化为平衡棍。腹部9节，在第七节背面有1个马蹄形的硬片，其上生有柱状管腺10~18根，分泌白色长蜡丝。卵长约0.24mm，宽约0.14mm，椭圆形。初产时黄色，后变为暗黄色。孵化前在卵的一端可透见2个黑色眼点。卵包被于卵囊中。卵囊白色，椭圆形。1龄初孵若虫，长0.26~0.34mm，长椭圆形，橙黄色，触角6节。1龄寄生若虫，长约0.42mm，宽约0.23mm，梨形或心脏形，橙黄色。虫体背面两侧有成对的白色蜡条，腹面有触角和足等附肢。2龄无肢若虫，触角和足全部消失，口器特别发达。虫体周围有长的白色蜡丝。雌雄分化显著。3龄雄若虫，体长约1.5mm，橙褐色。口器退化，触角和胸足发达。外形与雌成虫相似，但腹部狭窄，无背疤，腹末无"八"形臀裂。雄蛹外被白色茧。茧疏松，长1.8mm左右，椭圆形（图4-30）。

2. 发生规律

1 年发生 2 代，以 1 龄寄生若虫越冬（或越夏）。越冬代成虫期 3 月下旬至 5 月下旬，第一代成虫期浙江为 9 月下旬至 11 月上旬。雌成虫交尾后，于翘裂皮下、粗老皮缝、轮枝橄下及球果鳞片等隐蔽处潜入，分泌蜡丝形成卵囊。若虫孵出后，喜沿树干向上爬行。通常活动 1 ~ 2 天后，即潜入树皮缝隙、翘裂皮下和叶腋等处，口针刺入寄主组织开始固定寄生。1 龄寄生若虫虫体很小，生活隐蔽，很难识别，故称"隐蔽期"。1 龄寄生若虫脱皮后，触角和足等附肢全部消失，分泌蜡粉组成长的蜡丝，雌雄分化，虫体迅速增大。此期由于虫体较大，显露于皮缝外，较易识别，故称"显露期"。这是为害松树最严重的时期。3 龄雄若虫，喜沿树干向下爬行，于树皮裂缝、球果鳞片、树干根际及地面杂草、石块等隐

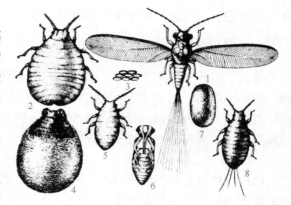

图 4-30 日本松干蚧
1—雄成虫 2—雌成虫 3—卵 4—卵囊
5—3 龄雄若虫 6—雄蛹 7—茧
8—1 龄初孵若虫

蔽处，由体壁分泌蜡质絮状物，做成白色椭圆形小茧化蛹。日本松干蚧的扩散蔓延和远距离的传播，主要是通过风、雨水和人为活动。雨水能将松树枝干上的卵囊、雌成虫及初孵若虫冲至地面，随着雨水流动传播到低洼地区蔓延发生。从发生区调运苗木、鲜松柴及未剥皮的原木，都能将日本松干阶带到其他地区。卵囊除随枝柴、杂草等被带到其他地区外，人的衣帽和鞋履等也能沾带卵囊而代为传播。到发生区放牧，卵囊也可附在牲畜身上而随之传播。捕食性昆虫，如瓢虫、草岭等也能携带卵囊进行传播。

（三）吹绵蚧

又名白条蚧。属同翅目，珠蚧科。吹绵蚧原产澳洲，但现在广布于热带和温带较温暖的地区。我国除西北外，全国各省（区）均有发生。长江以北多发生于温室内，南方各省为害严重。寄主植物有玫瑰、金橘、牡丹、蔷薇、月季、桂花、含笑、山茶、芙蓉、石榴、玉兰、米兰、佛手、常春藤、扶桑、海桐、棕榈、南天竹、柑橘、桃、李、梨等 250 多种。

1. 形态特征

雌成虫卵圆形，橘红色，体长 2.5 ~ 3.5mm。背面隆起，并着生黑色短毛，披白色蜡质分泌物。无翅。足和触角均黑色。雌成虫成熟后，腹部末端有 1 个白色卵囊。囊上有脊状隆起线 14 ~ 16 条。雄成虫体瘦小，长 3mm，翅展 5 ~ 8mm。胸部黑色，腹部橘红色。触角 10 节，每节上有很多微毛。前翅发达，紫黑色，后翅退化为平衡棒。腹末有 2 个肉质突起，各有 4 根长毛。卵为长椭圆形，初产橙黄色，后变橘红色，密集于卵囊内。初孵若虫卵圆形，长 0.66mm，橘红色。触角、足及体毛均发达。触角黑色，6 节。2 龄后雌雄异形，2 龄雌若虫体椭圆形，背面隆起，散生黑色细毛，橙红色。体被黄白蜡质粉及絮状纤维。触角 6 节。2 龄雄若虫体狭长，蜡质物少。3 龄若虫触角均 9 节，雌若虫体隆起甚高，黄白蜡质布满全体。雄若虫体色较淡。雄蛹体长 3.5mm，橘红色，被白色蜡质薄粉。茧白色，长椭圆形，茧质疏松（图 4-31）。

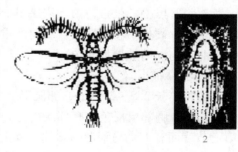

图 4-31 吹绵蚧
1—雄成虫 2—雌成虫

2. 发生规律

吹绵蚧在我国南方 1 年发生 3 ~ 4 代；长江流域 2 ~ 3 代；华北 2 代。2 ~ 3 代地区，以若虫、成虫或卵越冬。发生期各地不同。浙江第 1 代卵和若虫盛期 5 ~ 6 月，第 2 代 8 ~ 9 月。四川第 1 代卵和若虫盛期 4 月下旬至 6 月，第 2 代 7 月下旬至 9 月初，第 3 代为 9 ~ 11 月。吹绵蚧世代不整齐，同一时期内田间有各种虫态。若虫孵化后在卵囊内经一段时间开始分散活动。初孵若虫颇活跃。1 ~ 2 龄向树冠外层迁

移，多寄居于新梢和叶背主脉两侧，2龄后向大枝及主干爬行。成虫喜集居于主梢阴面及枝权处，或枝条叶片上。固定取食后终生不移动，吸取汁液并营囊产卵。卵产在卵囊内，产卵期达1个多月。每雌产卵数百粒，最多达2000粒。雌虫寿命60天左右。卵和若虫期因季节而异。春季卵期14~26天，若虫期48~54天；夏季卵期10天左右，若虫期49~106天。成、若虫均分泌蜜露，导致花木煤污病的发生。温暖高湿有利其发生。雄若虫行动较活泼，经2次蜕皮后，口器退化，不再为害，在枝干裂缝或树干附近松土杂草中作白色薄茧化蛹。蛹期7天左右。在自然条件下，雄虫数量极少，不易发现。

控制吹绵蚧的主要天敌有澳洲瓢虫和大红瓢虫等。

（四）介壳虫类综合防治方法

1. 加强检疫
日本松干蚧属于检疫对象，要做好苗木、接穗、砧木检疫工作。

2. 园林技术防治
通过园林技术措施来改变和创造不利于蚧虫发生的环境条件。如实行轮作，合理施肥，清洁花圃，提高植株自然抗虫力；合理确定植株种植密度，合理疏枝，改善通风透光条件；结合花木管护，剪除虫枝或刷除虫体，可以减轻蚧虫的危害。

3. 保护和利用天敌
介壳虫天敌多种多样，种类十分丰富，如澳洲瓢虫可捕食吹绵蚧；大红瓢虫和红缘黑瓢虫可捕食草履蚧；红点唇瓢虫可捕食日本龟蜡蚧、桑白蚧、长白蚧等多种蚧虫；异色瓢虫、草蛉等可捕食日本松干蚧。寄生盾蚧的小蜂有蚜小蜂、跳小蜂、缨小蜂等。因此，在园林绿地中种植蜜源植物、保护和利用天敌，在天敌较多时，不使用药剂或尽可能不使用广谱性杀虫剂，在天敌较少时进行人工饲养繁殖，发挥天敌的自然控制作用。

4. 药剂防治
1）消灭越冬虫源。冬季或早春植物发芽前，喷10%柴油乳剂或3~5°Be石硫合剂或45%晶体石硫合剂50倍液，如混用化学药剂效果更好。

2）初孵若虫分散转移期药剂防治。可用2~3Be°石硫合剂；卵囊盛期可用40%速扑杀乳油800~1000倍液、20%噻嗪·杀扑磷300倍液、50%杀螟松乳油300倍液喷洒。

3）对日本松干蚧疫区或疫情发生区的苗木、松原木、小径材、薪材、新鲜球果等外调时必须进行剥皮或采用溴甲烷熏蒸处理，用药量20~30g/m³，熏蒸24h，处理合格后方可调运。

三、蝉类

蝉类属于同翅目蝉亚目，蝉类成虫体形小至大型，触角刚毛状或锥状。跗节3节。翅脉发达。雌性有由3对产卵瓣形成的产卵器。

（一）大青叶蝉

又名青叶蝉、大绿浮尘子、桑浮尘子、青叶跳蝉。属同翅目，叶蝉科。分布于东北、华北、中南、西南、西北、华东各地。食性广，为害多种植物，如圆柏、扁柏、桧柏、杨、柳、刺槐、桑、苹果、丁香、海棠、梅、樱花、木芙蓉、梧桐、杜鹃、月季、杨、柳、核桃、柑橘、禾本科草坪草等。成虫和若虫为害叶片，刺吸汁液，造成小白斑点、褪色、畸形、卷缩、甚至全叶枯死。此外，还可传播病毒病。

1. 形态特征
雌虫成虫体长9.4~10mm，雄虫体长7.2~8.3mm。青绿色，头部黄色，单眼间有2黑点。前胸背板淡黄绿色，后半部深青绿色，小盾片淡黄绿色。前翅绿色微带蓝色，末端灰白色，半透明；后翅烟黑色，半透明。腹部背面蓝黑色，腹面及足橙黄色。卵为长卵圆形，白色微黄，略弯曲。若虫共5龄。体黄绿色，具翅芽（图4-32）。

2. 发生规律

新疆、甘肃、内蒙古每年发生 2 代；北京、河北、山东等地每年发生 3 代；湖北 5 代；江西 5 ~ 6 代。长江以北各地以卵在果树、柳树、白杨等树皮缝隙中越冬；长江以南各地则多以卵在草坪禾本科杂草及杂草茎秆内越冬。广东冬季各虫态均有，无越冬现象。据北京资料，各代发生期为：第 1 代 4 月中旬至 7 月上旬；第二代 6 月中旬至 8 月中旬；第 3 代 7 月下旬至 11 月中旬。越冬卵在翌春 3 月下旬开始发育，初孵若虫常喜群聚取食，若遇惊扰便疾行横走，由叶面向叶背逃避。成虫飞翔能力较弱，日光强烈时，活动较盛，飞翔也多。成虫趋光性强。每雌产卵 62 ~ 148 粒。一般每 10 粒卵左右排成 1 个卵块，整齐排列在枝条表皮下。夏季卵多产于禾本科植物的茎秆和叶鞘上。越冬卵多产于林木、果树幼嫩光滑的枝条和主干上。大发生时，一些苗木及幼树，常因卵痕密布枝条，不耐寒风而干枯死亡。

（二）小绿叶蝉

又名小绿浮尘子、叶跳虫。属同翅目。叶蝉科。分布普遍。为害桃、梅花、樱花、红叶李、苹果、柑橘、草坪禾本科杂草等。以成虫或若虫栖息于叶背，刺吸叶片汁液，使叶片呈现白色小斑点，严重时整片叶苍白，导致早期脱落。

1. 形态特征

成虫体长 3 ~ 4mm，绿色或黄绿色。头略呈三角形，复眼灰褐色，无单眼。前胸背板与小盾片淡绿色。翅有亚缘脉，仅有 1 个端室。卵新月形，初产时乳白色，孵化前转淡绿色。若虫草绿色，具翅芽，体长 2.2mm（图 4-33）。

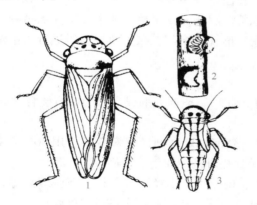

图 4-32 大青叶蝉
1—成虫　2—卵　3—若虫

图 4-33 小绿叶蝉

2. 发生规律

发生代数因地而异。黄河流域每年发生 4 ~ 6 代；江苏、浙江每年发生 9 ~ 11 代；江西 10 ~ 11 代；福建 11 ~ 12 代。以成虫在杂草丛中或树皮缝内越冬。广东 12 ~ 13 代，无明显越冬现象，当气温高于 10℃便能活动。翌春桃、李、杏发芽后出蛰，飞到树上刺吸汁液，经取食后交尾产卵。卵多产在新梢或叶片主脉里。卵期 5 ~ 20 天。非越冬成虫寿命 30 天，完成 1 个世代 40 ~ 50 天。在江西南昌越冬代成虫 3 月上旬开始产卵，3 月下旬开始孵化。4 ~ 11 月田间各虫态均可见。浙江杭州，越冬成虫于 3 月中旬开始活动。3 月下旬至 4 月上旬为产卵盛期。初孵若虫在叶背为害，活动范围不大。3 龄长出翅芽后，善爬善跳，喜横走。全年有 2 次为害高峰：5 月下旬至 6 月中旬和 10 月中旬至 11 月中旬。有世代重叠现象。成虫无趋光性，飞翔力不强，清晨和傍晚及盛夏中午活动力弱。

（三）斑衣蜡蝉

又名椿皮蜡蝉。为害臭椿、香椿、香樟、悬铃木、红叶李、紫藤、法桐、槐、榆、黄杨、珍珠梅、女贞、桂花、樱桃、美国地锦和葡萄等。成虫和若虫刺吸嫩梢及幼叶的汁液，造成叶片枯黄，嫩梢萎蔫，枝条畸形以及诱发煤污病。

1. 形态特征

成虫体长约 18mm，翅展为 50mm 左右，灰褐色。前翅革质，基部 2/3 为浅褐色，上布有 20 多个黑点，端部 1/3 处为灰黑色。后翅基部为鲜红色，布有黑点，中部白色，翅端黑蓝色。卵圆柱形，长 3mm，卵块表面有层灰褐色泥状物。若虫 1~3 龄体为黑色，4 龄体背面红色，有黑白相间斑点，有翅芽（图 4-34）。

2. 发生规律

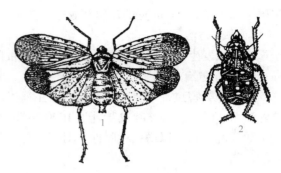

图 4-34　斑衣蜡蝉
1—成虫　2—若虫

1 年发生 1 代，以卵在枝干和附近建筑物上越冬。翌年 4 月若虫孵化，5 月上中旬为若虫孵化盛期。小若虫群居在嫩枝幼叶上为害，稍有惊动便蹦跳而逃离。其危害不仅影响枝蔓当年的成熟，还影响来年枝条的生长发育。6 月中下旬成虫出现，成虫和若虫常常数十头群集为害，此时寄主受害更加严重。成虫交配后，将卵产在避风处，卵粒排列呈块状，每块卵粒不等，卵块覆盖有黄褐色分泌物，类似黄土泥块贴在树干皮上。10 月成虫逐渐死亡，留下卵块越冬。

（四）蚱蝉

又名知了。我国华南、西南、华东、西北及华北大部分地区都有分布。为害桂花、紫玉兰、白玉兰、梅花、蜡梅、碧桃、樱花、葡萄、苹果、梨、柑橘等多种林木。雌成虫在当年生枝梢上连续刺穴产卵，呈不规则螺旋状排列，使枝梢皮下木质部呈斜线状裂口，造成上部枝梢枯干。

1. 形态特征

成虫体长 40~48mm，全体黑色，有光泽。头的前缘及额顶各有黄褐色斑一块。前后翅透明。雄虫有鸣器。雌虫无鸣器，产卵器明显。卵长椭圆形，长约 2.5mm，乳白色，有光泽。老熟若虫头宽 11~12mm，体长 25~39mm，黄褐色。头部有黄褐色"人"字形纹。具翅芽，翅芽前半部灰褐色，后半部黑褐色（图 4-35）。

2. 发生规律

4 年或 5 年发生 1 代，以卵和若虫分别在被害枝内和土中越冬。越冬卵于 6 月中、下旬开始孵化。夏季平均气温达到 22℃ 以上，老龄若虫多在雨后的傍晚，出土蜕皮羽化出成虫。雌虫 7~8 月先刺吸树木汁液，进行一段补充营养，之后交尾产卵，从羽化到产卵约需 15~20 天。选择嫩梢产卵，产卵于木质部内。产卵孔排列成一长串，每卵孔内有卵 5~8 粒，一枝上常连产百余粒。被产卵枝条，产卵部位以上枝梢很快枯萎。枯枝内的卵须落到地面潮湿的地方才能孵化。初孵若虫钻入土中，吸食植物根部汁

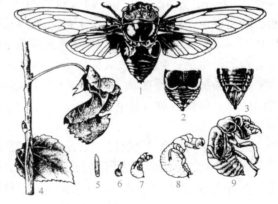

图 4-35　蚱蝉
1—成虫　2—雌虫腹面观　3—雄虫腹面观
4—被害状　5—卵　6~9—若虫

液。若虫在地下生活 4 年或 5 年。每年 6~9 月脱皮一次，共 4 龄。1、2 龄若虫多附着在侧根及须根上，而 3、4 龄若虫多附着在比较粗的根系上，且以根系分叉处最多。若虫在地下的分布以 10~30cm 深度最多，最深可达 80~90cm。雄成虫善鸣是此种最突出的特点。

（五）蝉类综合防治方法

1. 园林技术防治

清除花木周围的杂草；结合修剪，剪除有产卵伤痕的枝条，并集中烧毁；对于蚱蝉可在成虫羽化前

在树干绑 1 条 3~4cm 宽的塑料薄膜带，拦截出土上树羽化的若虫，傍晚或清晨进行捕捉消灭。

2. 物理防治

在成虫发生期用黑光灯诱杀，可消灭大量成虫。

3. 药剂防治

对叶蝉类害虫，主要应掌握在其若虫盛发期喷药防治。可用 2.5% 天王星乳油 3000 倍液、50% 叶蝉散乳油 5000 倍液、3% 啶虫脒乳油 1000 倍液、20% 杀灭菊酯 1500 倍液喷雾。对于蜡蝉，药液应加入少量柴油或洗衣粉，以增强粘附性。对于蚱蝉，可于若虫入土前在树干基部附近地面喷施残效期长的高浓度触杀剂。

四、粉虱类

粉虱类属同翅目粉虱科。体微小，雌雄均有翅，翅短而圆，膜质，翅脉极少，前翅仅有 2~3 条，前后翅相似，后翅略小。体翅均有蜡粉。成、若虫有 1 个特殊的瓶状孔，开口在腹部末端的背面。

（一）温室白粉虱

俗称小白蛾子。分布于欧美各国温室，是园艺作物的重要害虫。该虫 1975 年始于北京，现几乎遍布全国。白粉虱的寄主植物广泛，有 16 科 200 余种，为害一串红、天竺葵、倒挂金钟、瓜叶菊、杜鹃花、扶桑、茉莉、大丽花、万寿菊、夜来香、佛手、月季、牡丹、绣球等。成虫和若虫吸食植物汁液，被害叶片褪绿、变黄、萎蔫，甚至全株枯死。并分泌大量蜜液，严重污染叶片和果实，往往引起煤污病的大发生，影响植物观赏价值。

1. 形态特征

成虫体长 1~1.5mm，淡黄色。翅面覆盖白蜡粉，停息时双翅在体上合成屋脊状如蛾类，翅端半圆状遮住整个腹部，翅脉简单，沿翅外缘有一排小颗粒。卵长约 0.2mm，侧面观长椭圆形，基部有卵柄，柄长 0.02mm，从叶背的气孔插入植物组织中。初产淡绿色，覆有蜡粉，而后渐变褐色，孵化前呈黑色。1 龄若虫体长约 0.29mm，长椭圆形，2 龄约 0.37mm，3 龄约 0.51mm，淡绿色或黄绿色，足和触角退化，紧贴在叶片上营固着生活；4 龄若虫又称伪蛹，体长 0.7~0.8mm，椭圆形，初期体扁平，逐渐加厚呈蛋糕状（侧面观），中央略高，黄褐色，体背有长短不齐的蜡丝，体侧有刺（图 4-36）。

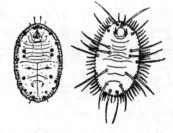

图 4-36　温室白粉虱

2. 发生规律

温室 1 年可发生 10 余代，以各虫态在温室越冬并继续为害。成虫羽化后 1~3 天可交配产卵。也可进行孤雌生殖，其后代为雄性。成虫有趋嫩性，在寄主植物打顶以前，成虫总是随着植株的生长不断追逐顶部嫩叶产卵，因此白粉虱在植物上自上而下的分布为：新产的绿卵、变黑的卵、初龄若虫、老龄若虫、伪蛹、新羽化成虫。白粉虱卵以卵柄从气孔插入叶片组织中，与寄主植物保持水分平衡，极不易脱落。若虫孵化后 3 天内在叶背可做短距离游走，当口器插入叶组织后就失去了爬行的机能，开始营固着生活。粉虱繁殖的适温为 18~21℃，在生产温室条件下，约 1 个月完成 1 代。冬季温室苗木上的白粉虱，是露地花木的虫源，通过温室开窗通风或苗木向露地移植而使粉虱迁入露地。因此，白粉虱的蔓延，人为因素起着重要作用。白粉虱的种群数量，由春至秋持续发展，夏季的高温多雨抑制作用不明显，到秋季数量达高峰。

（二）黑刺粉虱

又名桔刺粉虱、刺粉虱。分布江苏、安徽、河南以南至台湾、广东、广西、云南。为害月季、白兰、榕树、樟树、山茶、柑橘等。成若虫刺吸叶、果实和嫩枝的汁液，被害叶出现失绿黄白斑点，随为害的加重斑点扩展成片，进而全叶苍白早落。排泄蜜露可诱致煤污病发生。

1. 形态特征

成虫体长 0.96～1.3mm，橙黄色，薄敷白粉。复眼肾形红色。前翅紫褐色，上有 7 个白斑；后翅小，淡紫褐色。卵新月形，长 0.25mm，基部钝圆，具 1 小柄，直立附着在叶上，初乳白后变淡黄，孵化前灰黑色。若虫体长 0.7mm，黑色，体背上具刺毛 14 对，体周缘泌有明显的白蜡圈；共 3 龄。蛹椭圆形，初乳黄渐变黑色。蛹壳椭圆形，长 0.7～1.1mm，漆黑有光泽，壳边锯齿状，周缘有较宽的白蜡边，背面显著隆起，胸部具 9 对长刺，腹部有 10 对长刺，两侧边缘雌有长刺 11 对，雄 10 对（图4-37）。

2. 发生规律

1 年 4 代。以若虫于叶背越冬。越冬若虫 3 月间化蛹，3 月下旬至 4 月羽化。世代不整齐，从 3 月中旬至 11 月下旬田间各虫态均可见。各代若虫发生期：第 1 代

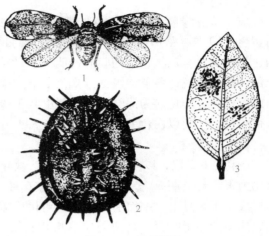

图 4-37　黑刺粉虱
1—雌成虫　2—雌蛹壳　3—被害状

4 月下旬至 6 月，第 2 代 6 月下旬至 7 月中旬，第 3 代 7 月中旬至 9 月上旬，第 4 代 10 月至翌年 2 月。成虫喜较阴暗的环境，多在树冠内膛枝叶上活动，卵散产于叶背，散生或密集呈圆弧形，数粒至数十粒一起，每雌可产卵数十粒至百余粒。初孵若虫多在卵壳附近爬动吸食，共 3 龄，2、3 龄固定寄生，若虫每次蜕皮壳均留叠体背。天敌有瓢虫、草蛉、寄生蜂、寄生菌等。

（三）粉虱类综合防治方法

1. 园林技术防治

1）加强管理合理修剪，可减轻发生与为害。

2）早春发芽前结合防治蚧虫、蚜虫、红蜘蛛等害虫，喷洒含油量 5% 的柴油乳剂或粘土柴油乳剂，毒杀越冬若虫有较好效果。

2. 物理防治

粉虱对黄色敏感，有强烈趋性，可设置黄板诱杀成虫。

3. 生物防治

保护和利用天敌。可人工繁殖释放丽蚜小蜂，每隔两周放 1 次，共 3 次释放丽蚜小蜂成蜂 15 头/株，寄生蜂可在温室内建立种群并能有效地控制白粉虱为害。

4. 药剂防治

1～2 龄可选用 10% 天王星乳油 3000 倍液、2.5% 功夫乳油 3000 倍液、20% 吡虫啉 3000 倍液、10% 扑虱灵乳油 1000 倍液。3 龄及其以后各虫态的防治，最好用含油量 0.4%～0.5% 的矿物油乳剂混用上述药剂，可提高杀虫效果。单用化学农药效果不佳。温室可用 80% 敌敌畏乳油熏蒸。

五、木虱类

木虱类属同翅目木虱科。体小型，形状如小蝉，善跳能飞。触角绝大多数 10 节，最后一节端部有 2 根细刚毛。跗节 2 节。

（一）梧桐木虱

又名青桐木虱。是青桐树上的重要害虫。该虫若虫和成虫多群集青桐叶背和幼枝嫩干上吸食为害，破坏输导组织，若虫分泌的白色絮状蜡质物，能堵塞气孔，影响光合作用和呼吸作用，致使叶面呈苍白萎缩症状；且因同时招致霉菌寄生，使树木受害更甚。严重时树叶早落，枝梢干枯，表皮粗糙，易风折，严重影响树木的生长发育。

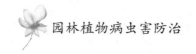

1. 形态特征

成虫体黄绿色，长 4～5mm，翅展约 13mm。头顶两侧显著陷入，复眼突出，呈半球形，赤褐色；触角黄色，10 节，最后两节黑色。前胸背板弓形，前后缘黑褐色；中胸具淡褐色纵纹 2 条，中央有 1 条浅沟；足淡黄色，爪黑色；翅膜质透明，翅脉茶黄色，内缘室端部有一褐色斑，径脉自翅的端半部分权。腹部背板浅黄色，各节前缘饰以褐色横带。雌虫比雄虫稍大。卵略呈纺锤形，长约 0.7mm。初产时淡黄白或黄褐色，孵化前为深红褐色。若虫共 3 龄，1、2 龄虫体较扁，略呈长方形；末龄近圆筒形，茶黄而微带绿色，体敷以白色絮状蜡质物，长 3.4～4.9mm（图 4-38）。

2. 发生规律

1 年发生 2 代，以卵在枝干上越冬，次年 4 月底 5 月初越冬卵开始孵化为害，若虫期 30 多天。第一代成虫 6 月上旬羽化，下旬为盛期；第二代成虫于 8 月上、中旬羽化。成虫羽化后需补充营养才能产卵。第一代成虫多产卵于叶背，经两周左右孵化；第二代卵大都产在主枝阴面、侧枝分叉处或主侧枝表皮粗糙处。发育很不整齐，有世代重叠现象。若虫和成虫均有群居性，常常十多头至数十头群居在叶背等处。若虫潜居生活于白色蜡质物中，行走迅速；成虫飞翔力差，有很强的跳跃能力。

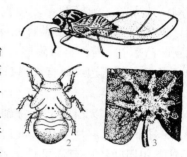

图 4-38 梧桐木虱
1—成虫 2—若虫 3—被害状

（二）樟木虱

分布于浙江、江西、湖南、台湾、福建等地。为害樟树，若虫吸取叶片汁液，导致叶面出现淡绿、淡黄绿，以至紫红色的突起，影响光合作用和树势正常生长。

1. 形态特征

成虫体长 1.6～2.0mm，翅展 4.5mm。体黄色或橙黄色。触角丝状，9～10 节逐渐膨大呈球杆状，末端着生 2 根长短不一的刚毛。复眼大而突出，半球形，呈黑褐色。雌虫腹部末节的背板向后张开，侧面观呈叉状；雄虫腹末呈圆锥形。各足胫节端部具黑刺 3 根，跗节 2 节，爪 2 个。卵长约 0.3mm，纺锤形，一端尖，一端稍钝具柄，柄长 0.06mm。初产时乳白色，透明，近孵化时呈黑褐色，具光泽。若虫体长 0.3～0.5mm，体初呈淡色，扁椭圆形。体周有白色蜡丝，随虫的增长而蜡丝增多。体色逐渐加深呈黄绿色。复眼红色。老熟后体长 1.0～1.2mm，呈灰黑色，体周的蜡丝排列紧密，羽化前蜡丝脱落。

2. 发生规律

1 年 1 代，少数 2 代，以若虫在被害叶背面瘿内越冬。翌年 3 月上旬至 4 月上旬化蛹。4 月上中旬羽化成虫交配、产卵，4 月中旬至 5 月上旬为第一代卵孵化期，少数若虫 5 月下旬羽化为成虫，6 月上旬出现第二代若虫。成虫产卵于嫩梢或嫩叶上，排列成行，或数粒排一平面上。初孵若虫爬行较慢。

（三）木虱类综合防治方法

1. 加强检疫

在调运苗木或其他繁殖材料时，加强对木虱的检验检疫，防止木虱随苗木调运传入或传出。

2. 园林技术防治

4 月上旬及时摘除着卵叶。4 月中旬至 5 月上旬，剪除有若虫的枝梢，集中烧毁。

3. 药剂防治

在卵期、若虫期喷洒 3% 啶虫脒乳油 1000～2000 倍液、50% 乐果乳油 1000 倍液或 50% 马拉硫磷乳油 1000 倍液，兼有杀卵效果。

六、蝽类

蝽类属半翅目。体小至大型。体扁平而坚硬。触角线状或棒状，3～5 节。前翅为半鞘翅。

（一）绿盲蝽

又名棉青盲蝽、青色盲蝽、小臭虫、破叶疯、天狗蝇等。分布在全国各地。为害茶、苹果、梨、桃、石榴、葡萄等。成、若虫刺吸茶树等幼嫩芽叶，用针状口器吸取汁液，受害处出现黑色枯死状小点，后随芽叶伸展变为不规则状孔洞，孔边有一圈黑纹，叶缘残缺破烂，叶卷缩畸形，受害重。

1. 形态特征

成虫体长约5mm，宽约2.2mm，绿色，密被短毛。头部三角形，黄绿色，复眼黑色突出，无单眼，触角4节丝状，较短，约为体长2/3，第2节长等于3、4节之和，向端部颜色渐深，1节黄绿色，4节黑褐色。前胸背板深绿色，布许多小黑点，前缘宽。小盾片三角形微突，黄绿色，中央具1浅纵纹。前翅膜质部分半透明暗灰色，革质部分绿色。足黄绿色，后足腿节末端具褐色环斑，雌虫后足腿节较雄虫短，不超腹部末端，跗节3节，末端黑色。卵长约1mm，黄绿色，长口袋形，卵盖奶黄色，中央凹陷，两端突起，边缘无附属物。若虫5龄，与成虫相似。初孵时绿色，复眼桃红色。2龄黄褐色，3龄出现翅芽，4龄超过第1腹节，2、3、4龄触角端和足端黑褐色，5龄后全体鲜绿色，密被黑细毛；触角淡黄色，端部色渐深。复眼灰色（图4-39）。

2. 发生规律

在江西1年发生6~7代，以卵在树皮或断枝内及土中越冬。翌春3~4月卵开始孵化。成虫寿命长，产卵期30~40天，发生期不整齐。成虫飞行力强，喜食花蜜，羽化后6、7天开始产卵。非越冬代卵多散产在嫩叶、茎、叶柄、叶脉、嫩蕾等组织内，外露黄色卵盖。有春、秋两个发生高峰。主要天敌有寄生蜂、草蛉、捕食性蜘蛛等。

（二）杜鹃冠网蝽

又名梨网蝽、梨花网蝽。分布全国各地。以若虫、成虫为害杜鹃、月季、山茶、含笑、茉莉、蜡梅、紫藤等盆栽花木。成虫、若虫都群集在叶背面刺吸汁液，受害叶背面出现黑褐色黏稠物。这一特征易区别于其他刺吸害虫。整个受害叶背面呈锈黄色，正面形成很多苍白斑点，受害严重时斑点成片，以至全叶失绿，远看一片苍白，提前落叶，不再形成花芽。

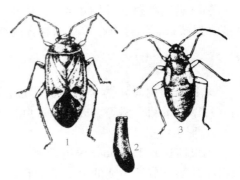

图4-39 绿盲蝽
1—成虫 2—卵 3—若虫

1. 形态特征

成虫体长3.5mm左右，体形扁平，黑褐色。触角丝状，4节。前胸背板中央纵向隆起，向后延伸成叶状突起，前胸两侧向外突出成羽片状。前翅略呈长方形。前翅、前胸两侧和背面叶状突起上均有很一致的网状纹。静止时，前翅叠起，由上向下正视整个虫体，似由多翅组成的"X"字形。卵长椭圆形，一端弯曲，长约0.6mm，初产时淡绿色，半透明，后变淡黄色。若虫初孵时乳白色，后渐变暗褐色，长约1.9mm。3龄时翅芽明显，外形似成虫，在前胸、中胸和腹部3~8节的两侧均有明显的锥状刺突（图4-40）。

2. 发生规律

在长江流域1年发生4~5代，各地均以成虫在枯枝、落叶、杂草、树皮裂缝以及土、石缝隙中越冬。4月上中旬越冬成虫开始活动，集中到叶背取食和产卵。卵产在叶组织内，上面附有黄褐色胶状物，卵期半个月左右。初孵若虫多数群集在主脉两

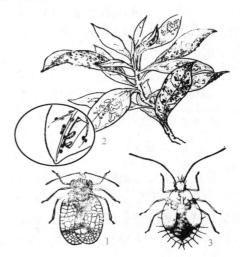

图4-40 杜鹃冠网蝽
1—成虫 2—卵及被害状 3—若虫

侧为害。若虫脱破 5 次，经半个月左右变为成虫。第一代成虫 6 月初发生，以后各代分别在 7 月旬、8 月初、8 月底 9 月初，因成虫期长，产卵期长，世代重叠，各虫态常同时存在。1 年中 7~8 月为害最重，9 月虫口密度最高，10 月下旬后陆续越冬。成虫喜在中午活动，每头雌成虫的产卵量因寄主不同而异，可由数十粒至上百粒，卵分次产，常数粒至数十粒相邻，产卵处外面都有 1 个中央稍为凹陷的小黑点。

（三）蜡类综合防治方法

1）清除越冬虫源。冬季彻底清除落叶、杂草，并进行冬耕、冬翻。
2）对茎干较粗并较粗糙的植株，涂刷白涂剂。
3）保护和利用天敌。
4）药剂防治。在成、若虫发生盛期可喷 50% 杀螟松 1000 倍液、43% 新百灵乳油（辛·氟氯氰乳油）1500 倍液、10%~20% 拟除虫菊酯类 1000~2000 倍液、10% 吡虫啉可湿性粉剂 1000 倍液、20% 灭多威乳油 1000 倍液。每隔 10~15 天喷施 1 次，连续喷施 2~3 次。

七、蓟马类

蓟马类属缨翅目（图 4-41）。体小型或微小型，细长，黑、褐或黄色。口器锉吸式。触角线状，6~9 节。翅狭长，边缘有很多长而整齐的缨毛。

（一）花蓟马

又名台湾蓟马。为害香石竹、唐菖蒲、大丽花、美人蕉、木槿、菊花、紫薇、兰花、荷花、夹竹桃、月季、茉莉、橘等。成虫和若虫为害园林植物的花，有时也为害嫩叶。

1. 形态特征

成虫体长约 1.3mm，褐色带紫，头胸部黄褐色；触角较粗壮，第三节长为宽的 2.5 倍并在前半部有一横脊；头短于前胸，后部背面皱纹粗，颊两侧收缩明显；头顶前缘在两复眼间较平，仅中央稍突；前翅较宽短，前脉鬃 20~21 根，后脉鬃 14~16 根；第 8 腹节背面后缘梳完整，齿上有细毛；头、前胸、翅脉及腹端鬃较粗壮且黑。2 龄若虫体长约 1mm，基色黄；复眼红；触角 7 节，第 3、4 节最长，第 3 节有覆瓦状环纹，第 4 节有环状排列的微鬃；胸、腹部背面体鬃尖端微圆钝；第 9 腹节后缘有一圈清楚的微齿。

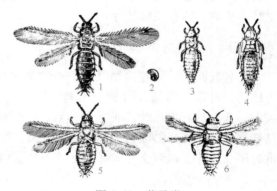

图 4-41　蓟马类
1~4—花蓟马（1—成虫　2—卵　3—若虫　4—蛹）
5—烟蓟马　6—茶黄蓟马

2. 发生规律

在我国南方年发生 11~14 代，以成虫越冬。成虫有趋花性，卵大部分产于花内植物组织中，如花瓣、花丝、花膜、花柄，一般产在花瓣上。每雌产卵约 180 粒。产卵历期长达 20~50 天。

（二）烟蓟马

烟蓟马是又名棉蓟马、瓜蓟马。分布遍布全国各地。可为害 300 多种植物，其中为害较重的有香石竹、芍药、冬珊瑚、李、梅、葡萄、柑橘以及多种锦葵科植物。烟蓟马的直接为害使茎叶的正反两面出现失绿或黄褐色斑点斑纹。使其他花卉水分较多的叶组织变厚变脆，向正面翻卷或破裂，以致造成落叶，影响生长。花瓣也会出现失色斑纹而影响质量。

1. 形态特征

成虫体长 1.0~1.3mm，黄褐色，背面色深。触角 7 节，复眼紫红，单眼 3 个，其后两侧有一对短鬃。翅狭长，透明，前脉上有鬃 10~13 根排成 3 组；后脉上有鬃 15~16 根，排列均匀。卵乳白色，长

0.2～0.3mm，肾形。若虫淡黄色，触角6节，第4节具3排微毛，胸、腹部各节有微细褐点，点上生粗毛。4龄翅芽明显，不取食可活动，称为蛹。

2. 发生规律

山东6～10代，华南10代以上。多以成虫或若虫在土缝或杂草残株上越冬，少数以蛹在土中越冬。5～6月是为害盛期。成虫活跃，能飞善跳，扩散快，白天喜在隐蔽处为害，夜间或阴天在叶面上为害，多行孤雌生殖。卵多产在叶背皮下或叶脉内，卵期6～7天。初孵若虫不太活动，多集中在叶背的叶脉两侧为害，一般气温低于25℃，相对湿度60%以下适其发生，7～8月间同一时期可见各虫态，进入9月虫量明显减少，10月开始越冬。主要天敌有小花蝽、姬猎蝽、带纹蓟马等。

（三）茶黄蓟马

又名茶叶蓟马。分布湖北、贵州、云南、广东、广西等地区。为害台湾相思、守宫木、山茶、葡萄等。以成虫、若虫挫吸汁液，主要为害嫩叶。受害叶背主脉两侧现两条或多条纵列的红褐色条痕，叶面凸起，严重的叶背现一片褐纹，致叶片向内纵卷，芽叶萎缩，严重影响植物生长发育。

1. 形态特征

雌成虫体长0.9mm，体橙黄色。触角暗黄色8节。复眼略突出，暗红色。单眼鲜红色，排列成三角形。前翅橙黄色，窄，近基部具1小浅黄色区。腹部背片第2～8节具暗前脊，但第3～7节仅两侧存在，前中部约1/3暗褐色。腹片第4～7节前缘具深色横线。卵浅黄白色，肾形。若虫初孵时乳白色，后变浅黄色，形似成虫，但体小于成虫，无翅。

2. 发生规律

1年生5～6代，以若虫或成虫在粗皮下或芽的鳞苞里越冬。翌年4月开始活动，5月上中旬若虫在新梢顶端的嫩叶上为害。茶黄蓟马可进行有性生殖或孤雌生殖。雌蓟马羽化后2～3天，可把卵产在叶背叶脉处或叶肉中；每雌产卵数十粒至百多粒。若虫孵化后均伏于嫩叶背面刺吸汁液为害，行动迟缓。成虫活泼，善跳，受惊时能进行短距离飞迁。

（四）蓟马类综合防治方法

1. 园林技术防治

春季彻底清除杂草。害虫初发生时，结合园林修剪，剪除带虫叶片。

2. 保护和利用天敌

创造有利于天敌繁衍的园林生态环境；减少化学农药的使用，以减少对天敌的杀伤。

3. 药剂防治

蓟马为害高峰初期喷洒10%吡虫啉可湿性粉剂2000倍液、2.5%保得乳油2000～2500倍液、3%啶虫脒乳油1000～2000倍液。盆栽花卉可埋施15%铁灭克颗粒剂。

八、螨类

（一）朱砂叶螨

又名红蜘蛛。属蜱螨目，叶螨科。是许多花卉的主要害螨。分布广泛。为害香石竹、菊花、凤仙花、茉莉、月季、桂花、一串红、鸡冠花、蜀葵、木槿、木芙蓉、桃和许多温室植物。被害叶初呈黄白色小斑点，后逐渐扩展到全叶，造成叶片卷曲，枯黄脱落。

1. 形态特征

雌成螨体长0.55mm，体宽0.32mm。体椭圆形，锈红色或深红色。须肢端感器长约为宽的2倍。后半体背表皮纹成菱形。背毛26根，其长超过横列间距。各足爪间突裂开为3对针状毛。雄成螨体长0.36mm，宽0.2mm。须肢端感器长约为宽的3倍。卵为圆球形，直径0.13mm。初产时透明无色，后渐变为橙黄色。幼螨近圆形，半透明。取食后体色呈暗绿色，足3对。若螨椭圆形，体色较深，体侧有较明显的块状斑纹，足4对（图4-42）。

2. 发生规律

年发生代数因地而异。每年可发生12~20代。在北方，主要以雌螨在土块缝隙、树皮裂缝及枯叶等处越冬，此时螨体为橙红色，体侧的黑斑消失。在南方以成螨、若螨、卵在寄主植物及杂草上越冬，但气温升高时，仍可繁殖。翌年春季，旬平均气温达7℃以上时，雌螨出蛰活动，并取食产卵，一生可产卵50~150粒。卵多产于叶背叶脉两侧或在丝网下面。主要是两性生殖，也能进行孤雌生殖。高温干燥有利于发生。发育最适温度为25~30℃，相对湿度为35%~55%。降雨，特别是暴雨，可起到冲刷致死的作用。

图4-42 朱砂叶螨

（二）山楂叶螨

又名山楂红蜘蛛。分布于北京、辽宁、内蒙古、河北、河南、山东、山西、陕西、宁夏、甘肃、江苏、江西等地。为害樱花、海棠、桃、榆叶梅、锦葵等花木。群集在叶片背面主脉两侧吐丝结网，并多在网下栖息、产卵和为害。受害叶片常先从叶背近叶柄的主脉两侧出现黄白色至灰白色小斑点，继而叶片变成苍灰色，严重时则出现大型枯斑，叶片迅速枯焦并早期脱落，极易成灾。

1. 形态特征

雌成螨椭圆形，体长0.5mm，有冬、夏型之分：冬型体色鲜红，夏型体色暗红。雄成螨体长0.4mm，浅黄绿色至橙黄色，末端瘦削。卵圆球形，初为黄白色，孵化前变为橙红色。幼螨体小而圆，黄绿色，3对足。若螨近圆球形，前期为淡绿色，后变为翠绿色，足4对，近似成螨（图4-43）。

2. 发生规律

世代数因地区气候条件和其他因素的影响而有差异。辽宁1年5~6代，山东1年7~9代，河南1年12~13代。以受精雌成螨在枝干树皮裂缝、粗皮下或干基土壤缝隙等处越冬。次年3月下旬至4月上旬，越冬雌成螨出蛰为害。当日均温达15℃时成虫开始产卵，5月中、下旬为第一代幼螨和若螨的出现盛期。6~7月危害最重。进入雨季后种群密度下降，8~9月出现第二次危害高峰，10月底以后进入越冬状态。

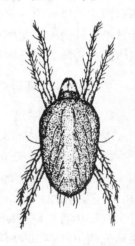

图4-43 山楂叶螨

（三）螨类防治方法

1. 园林技术防治

（1）减少虫源，改善园地生态环境　加强栽培管理，搞好圃地卫生，及时清除园地杂草和残枝虫叶，减少虫源；改善园地生态环境，增加植被，为天敌创造栖息生活繁殖场所。保持圃地和温室通风凉爽，避免干旱及温度过高。夏季园地要适时浇水喷雾，尽量避免干旱或高温使害螨生存繁殖。初发生危害期，可喷清水冲洗。

（2）越冬期防治　叶螨越冬的虫口基数直接关系到翌年的虫口密度，因而必须做好有关防治工作，以杜绝虫源。对木本植物，刮除粗皮、翘皮，结合修剪，剪除病、虫枝条，越冬量大时可喷波美3~5Be°石硫合剂，杀灭在枝干上越冬的成螨。亦可树干束草，诱集越冬雌螨，来春收集烧毁。

2. 生物防治

叶螨天敌种类很多，注意保护瓢虫、草蛉、小花蝽、植绥螨等天敌。

3. 药剂防治

发现红蜘蛛在较多叶片为害时，应及早喷药。防治早期危害，是控制后期猖獗的关键。可喷施1.8%阿维菌素乳油3000~5000倍液、5%尼索朗乳油或15%达螨灵乳油1500倍液、50%阿波罗悬浮剂

5000 倍液。喷药时，要求做到细微、均匀、周到，要喷及植株的中、下部及叶背等处，每隔 10~15 天喷 1 次，连续喷 2~3 次，有较好效果。

实训 15　吸汁类害虫的形态及为害状识别

1. 目的要求

了解园林植物常见吸汁类害虫的种类，掌握其主要种类的形态特征及为害状，为害虫防治奠定基础。

2. 材料及用具

双目解剖镜、放大镜、镊子、挑针等。主要吸汁类害虫生活史标本；卵、幼虫、蛹浸渍标本；成虫针插干制标本。

3. 内容与方法

根据当地实际，结合教学的有关内容对实验材料进行观察，主要观察其形态及为害状。

（1）观察本地常见同翅目主要害虫　如蚜虫类、介壳虫类、蝉类、粉虱类、木虱类等成虫、若虫的形态特征、为害部位及为害状。

（2）观察常见蝽类　如梨网蝽、盲蝽的形态特征。

（3）观察螨类害虫　如朱砂叶螨、黄蜘蛛等成虫、幼虫的形态特征及为害状观察。

4. 实训作业

1）简述吸汁类害虫的为害特点。

2）列表比较供试标本的主要形态特征。

复习题

1. 填空题

1）吹绵蚧以雌成虫或若虫在（　　　）上越冬。

2）日本龟蜡蚧等吸汁害虫常诱发（　　　）病。

3）多数蓟马在叶（　　　）面叶脉的（　　　）处化蛹。

4）大青叶蝉属于（　　　）目昆虫，以成虫及若虫刺吸植物汁液，受害叶片呈现（　　　），影响生长，而且能传播（　　　）病。

5）叶螨俗称（　　　），体形微小，体长一般在（　　　）mm 以下。

6）温室粉虱成虫具有趋光，趋（　　　）色的特性，可以用该颜色的粘虫板诱杀。

2. 选择题

1）用"烟草水"喷洒植株可有效防治（　　　）。

A. 蚜虫　　　B. 红蜘蛛　　　C. 粉虱

2）木虱类的若虫能分泌（　　　）色絮状蜡质物，影响树木光合作用。

A. 白　　　B. 黄　　　C. 黑

3）蓟马是（　　　）目昆虫的通称。

A. 脉翅　　　B. 同翅　　　C. 缨翅

4）大青叶蝉在枝条上的产卵刻痕呈（　　　）形。

A. 马蹄　　　B. 月牙　　　C. 锯齿

5）梨网蝽以成虫和若虫在叶片（　　　）刺吸为害。

A. 叶脉处　　　B. 正面　　　C. 背面

3. 问答题

1）园林植物吸汁类害虫有哪些类？试列举出五类并说出其分类地位。

2）园林"五小"害虫指的是哪几类？

3）如何综合防治园林植物吸汁类害虫？

课题3 钻蛀性害虫

钻蛀性害虫主要包括蛀干、蛀茎、蛀新梢以及蛀蕾、花、果、种子等的各种害虫。其中有鞘翅目的天牛类、吉丁虫类、小蠹虫类、象甲类，鳞翅目的木蠹蛾类、透翅蛾类、螟蛾类，膜翅目的茎蜂类、树蜂类，等翅目的白蚁类等。这类害虫对园林植物的生长发育造成较大程度的危害，以至成株成片死亡。

钻蛀性害虫生活隐蔽，除成虫期进行补充营养、觅偶、寻找繁殖场所等活动时较易发现外，均隐蔽在植物体内部为害。等到受害植物表现出凋萎、枯黄等症状时，已接近死亡，难以恢复生机。因此防治钻蛀性害虫较为困难，采取防患于未然的综合防治措施显得尤为重要。

一、天牛类

属鞘翅目天牛科。全世界已知2万种，我国已知2000多种，主要以幼虫钻蛀植物茎干，在韧皮部和木质部形成蛀道为害，主要种类有光肩星天牛、星天牛、桑天牛、松墨天牛、桃红颈天牛、菊小筒天牛等。

（一）光肩星天牛

分布辽宁、吉林、河北、陕西、山东、河南、安徽、江苏、浙江、湖北、广西、甘肃等地。为害杨柳、榆、槭、刺槐等园林树种。成虫取食嫩叶和嫩枝的皮，幼虫蛀食韧皮部和边材，并在木质部内蛀成不规则坑道，严重阻碍养分和水分的输送，影响树木的正常生长，使枝干干枯甚至全株死亡。

1. 形态特征

成虫体黑色，有光泽。体长20~36mm。鞘翅基部光滑无颗粒，翅面上各有大小不同的由白色绒毛组成的斑纹20个左右。雌虫腹部5节，末节部分露出鞘翅，雄虫腹部全部被鞘翅遮盖。卵初为白色。近孵化时呈黄褐色，长椭圆形，两端稍弯曲，长6mm左右。老熟幼虫体长约50mm，身体略带黄色。前胸大而长，背板后半部色较深，呈凸字形，前缘无深色细边。前胸腹板主腹片两侧无骨化的卵形斑。腹部背面可见9节，第10节变为乳头状突起，1~7节背腹面各有步泡突1个，背面的步泡突中央具横沟2条，腹面的为1条。蛹全体乳白色至黄白色，体长30~37mm，附肢颜色较浅。触角前端卷曲呈环形，置于前、中足及翅上。前胸背板两侧各有侧刺突1个，背面中央有1条压痕，翅尖端达腹部第4节前缘部分，有由黄褐色绒毛形成的毛块各1块，第6节上绒毛较少。第8节背板上有1个向上生的棘状突起；腹面呈尾足状，其下面及后面有若干黑褐色小刺（图4-44）。

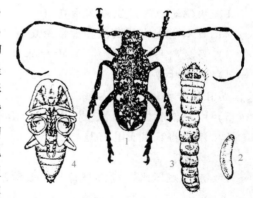

图4-44 光肩星天牛
1—成虫 2—卵 3—幼虫 4—蛹

2. 发生规律

江苏、浙江、山东、辽宁、上海地区1年发生1代或2年1代。以1~3龄幼虫越冬。翌年3月下旬开始活动取食，有排泄物排出，4月底5月初开始在隧道上部作蛹室，经10~40天到6月中、下旬化蛹，蛹期20天左右。成虫羽化后在蛹室内停留7天左右，然后咬10mm左右的羽化孔飞出。成虫白天活动，取食植物的嫩枝皮，补充营养，经2~3天后交尾。产卵前成虫咬1椭圆形刻槽，然后把产卵管插入韧皮部与木质部之间产卵，每刻槽产卵 1 粒，产后分泌胶状物堵住产卵孔。每雌虫产卵 30 粒左右。从树的根际开始直到树梢直径 4mm 处均有刻槽分布，主要集中在树杈和萌生枝条的地方。树皮刻槽并不全部产卵，空槽无胶状物堵孔，易区别。成虫飞翔力弱，敏感性不强，容易捕捉。趋光性弱。成虫寿命较长。雌虫 40 天左右，雄虫 20 天左右。卵期在夏季 10 天左右，秋后产的卵少数滞育到第 2 年才能孵化。幼虫孵出后，开始取食腐坏的韧皮部，并将褐色粪便及蛀屑从产卵孔中排出。3 龄末或 4 龄幼虫在树皮下取食 3 ~ 4cm 后，开始蛀入木质部，从产卵孔中排出白色的木丝，起初隧道横向稍有弯曲，然后向上。在蛀入木质部后往往仍回到韧皮部与木质部之间取食，使树皮陷落，树体生长畸形。

（二）星天牛

星天牛又名柑橘星天牛、银星天牛。国内分布北起吉林、辽宁，西到甘肃、陕西、四川、云南，南迄广东，东达沿海各省。主要为害杨、柳、榆、刺槐、核桃、桑树、红椿、木麻黄、乌桕、梧桐、相思树、苦楝、悬铃木、栎、月季、樱花、柑橘及其他果树等。成虫啃食枝条嫩皮，食叶成缺刻；幼虫蛀食树干和主根，于皮下蛀食数月后蛀入木质部，并向外蛀 1 通气排粪孔，推出部分粪屑，削弱树势，于皮下蛀食环绕树干后常使整株枯死。

1. 形态特征

雌成虫体长 36 ~ 41mm，雄虫体长 27 ~ 36mm，体黑色，略带金属光泽。头部和体腹面被银灰色和部分蓝色细毛，但不成斑纹。触角 1、2 节黑色，其他各节基部 1/3 有淡蓝色毛环，其余部分黑色。雌虫触角超出身体 1、2 节，雄虫触角超出身体 4、5 节。前胸背板中瘤明显，两侧具尖锐粗大的侧刺突。鞘翅基部有黑色小颗粒，每翅具大小白斑约 20 个，排成 5 行，第 1、2 行各 4 个，第 3 行 5 个，斜形排列，第 4 行 2 个，第 5 行 3 个。斑点变异较大，有时很不整齐，不易辨别行列，有时靠近中缝的消失，第 5 行侧斑点与翅端斑点合并，以致每翅仅剩约 15 个斑点。卵为长椭圆形，长 5 ~ 6mm。初产时白色，以后渐变为浅黄白色。老熟幼虫体长 38 ~ 60mm，乳白色到淡黄色。头部褐色，长方形，中部前方较宽，后方缢入。前胸略扁，背板骨化区呈"凸"字形，凸字形纹上方有两个飞鸟形纹。主腹片两侧各具 1 块密布微刺突出卵形区。蛹纺锤形，长 30 ~ 38mm。初为淡黄色，羽化前各部分逐渐变为黄褐色至黑色。翅芽超过腹部第 3 节后缘（图 4-45）。

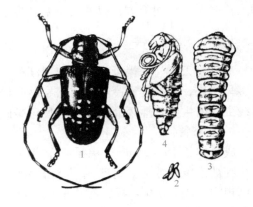

图 4-45　星天牛
1—成虫　2—卵　3—幼虫　4—蛹

2. 发生规律

1 年 1 代，以幼虫、蛹或成虫潜伏在菊科植物根部越冬，幼虫常占 50%，成虫和蛹各约占 1/4。翌年 4 ~ 6 月成虫外出活动，5 月上旬 ~ 8 月下旬进入幼虫为害期，8 月中下旬 ~ 9 月上中旬又开始越冬。卵单产，产于被害梢内，咬伤切口变黑，茎梢上部枯萎，并从伤口处折断。初孵幼虫在茎内由上向下蛀食，蛀至茎基部时，从侧面蛀 1 排粪孔，还没发育好的幼虫又转移其他植株由下向上为害，末龄幼虫在根茎部越冬或发育成蛹或羽化为成虫越冬。天敌有蚂蚁、赤腹茧蜂、姬蜂、肿腿蜂等。

（三）桑天牛

又名粒肩天牛，我国南北各地均有发生，在江、浙地区更为普遍。以幼虫蛀食枝干，轻则影响树体发育，重则全株枯死。主要为害桑、杨、柳、榆、枫杨、油桐、山核桃、柑橘、枇杷、苹果、梨、枣、海棠、樱花、无花果等园林树木和果树。成虫啃食嫩枝皮层，造成枝枯叶黄，幼虫蛀食枝干木质部，降低工艺价值，严重受害时常整枝、整株枯死。

1. 形态特征

成虫体长 26～51mm，体宽 18～16mm。体和鞘翅都为黑色，密被黄褐色绒毛，一般背面呈青棕色，腹面棕黄色，深浅不一。前胸背板有横行皱纹，两侧中央各有一刺状突起。鞘翅基部密布黑色光亮的瘤状颗粒。卵扁平，长 5～7mm，长椭圆形。幼虫体长 60mm 左右，圆筒形，乳白色。第 1 胸节发达，背板后半部密生棕色颗粒小点，背板中央有 3 对尖叶状凹皱纹。蛹体长 50mm，纺锤形，淡黄色（图 4-46）。

2. 发生规律

南方每年 1 代，在北方 2 或 3 年完成 1 代，以成熟幼虫在树干孔道中越冬，2～3 年 1 代时，幼虫期长达 2 年，至第 2 年 6 月初化蛹，下旬羽化，7 月上中旬开始产卵，下旬孵化。在广东、台湾 1 年 1 代的地区，越冬幼虫 5 月上旬化蛹，下旬羽化，6 月上旬产卵，中旬孵化。

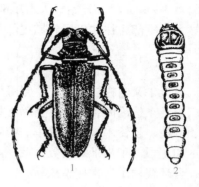

图 4-46　桑天牛
1—成虫　2—幼虫

成虫于 6、7 月间羽化后，一般晚间活动有假死性，喜吃新枝树皮、嫩叶及嫩芽。被害伤痕边缘残留绒毛状纤维物，伤痕呈不规则条块状。卵多产在直径 10～30mm 粗的 1 年生枝条上。先咬破树皮和木质部，成"U"字形伤口，然后产入卵粒。一头雌虫约产卵一百多粒。卵经两周左右孵化，初孵幼虫即蛀入木质部，逐渐侵入内部，向下蛀食成直的孔道，每隔一定距离向外有一排粪孔。幼虫化蛹时，头向上方，以木屑填塞蛀道上、下两端。蛹经 20 天左右羽化，蛀圆形孔外出。

（四）松墨天牛

又称松天牛、松褐天牛。分布于江苏、安徽、浙江、江西、湖北、湖南、福建、广东等地区。主要为害马尾松，其次为害冷杉、雪松、落叶松、刺柏等树种的衰弱木或新伐倒木。同时，松褐天牛又是松材线虫病的主要传播媒介，松树一旦感染此病，基本上无法挽救。

1. 形态特征

成虫体长 15～28mm，棕褐或赤褐色。前胸背板有 2 条宽的橙黄色纵纹，小盾片密被橙黄色绒毛。每鞘翅具 5 条纵纹，由方形或长方形的黑褐色和灰白色斑纹相间组成。（图 4-47）雄虫触角超过体长一倍多，雌虫触角超出约 1/3。卵乳白色，长椭圆形。幼虫乳白色，扁圆筒形。头部黑色，前胸背板褐色，中央有波状横纹。蛹乳白色，圆筒形，体长 20～26mm。

2. 发生规律

1 年 1 代，以老熟幼虫在木质部坑道中越冬。次年 3 月下旬越冬幼虫在虫道末端蛹室中化蛹。4 月中旬成虫开始羽化，咬羽化孔飞出，啃食嫩枝、树皮补充营养，5 月达盛期。成虫具弱趋光性。性成熟后，在树干基部或粗枝条的树皮上，咬 1 眼状浅刻槽，然后于其中产 1 至数粒卵。孵化的幼虫蛀入韧皮部、木质部与边材，蛀成不规则的坑道。

图 4-47　松墨天牛

（五）桃红颈天牛

国内分布遍及各省。为害桃、梅花、樱桃、杏、梨、苹果、海棠和樱花等。造成树势衰弱，严重时可使植株死亡，是桃树的主要害虫。

1. 形态特征

成虫体长为 32mm 左右，体黑色发亮。前胸棕红色，密布横皱，两侧有刺突 1 个，鞘翅翅面光滑。卵乳白色，卵圆形，长 6～7mm。幼虫老熟时体长为 48mm 左右，乳白色，前胸最宽，背板前缘和两侧有 4 个黄斑块，体侧密生黄棕色细毛，体背有皱褶。蛹体长 35mm，初期乳白色，后渐变为黄褐色（图 4-48）。

2. 发生规律

该虫 2 年（少数地区 3 年）发生 1 代，以幼虫在树干蛀道内越冬。翌年 3 ~ 4 月幼虫开始活动，4 ~ 6 月化蛹，蛹期为 8 天左右。6 ~ 8 月为成虫羽化期，多在午间活动与交尾，产卵于树皮裂缝中，以近地面 35cm 以内树干产卵最多，卵期约 7 天。幼虫期 2 ~ 3 年，幼虫在树干内的蛀道极深，蛀道可达地面下 6cm。幼虫一生钻蛀隧道全长约 50 ~ 60cm，蛀孔外及地面上常常堆积大量红褐色粪屑。受害严重的树干中空，树势衰弱，以致枯死。

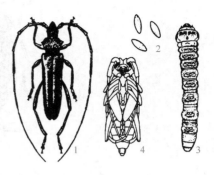

图 4-48 桃红颈天牛
1—成虫　2—卵　3—幼虫　4—蛹

桃红颈天牛有一种奇特的臭味，管氏肿腿蜂可寄生桃红颈天牛的幼虫。

（六）天牛类综合防治方法

1. 加强检疫

天牛类害虫大部分时间生活在树干里，易被人携带传播，所以在苗木、繁殖材料等调运时，要加强检疫、检查。双条杉天牛、黄斑星天牛、锈色粒肩天牛、松褐天牛为检疫对象，应严格检疫。对其他天牛也要检查有无产卵槽、排粪孔、羽化孔、虫道和活虫，一经发现，立即处理。

2. 园林技术防治

天牛成虫飞翔力不强，有假死性，可以进行人工捕捉；利用硬物击打产卵痕以杀卵；及时剪除被害枝条或伐除虫害木；用小刀挑开被害木的表皮层杀死初孵幼虫。树干涂白防止成虫产卵。

3. 生物防治

保护和利用天敌。招引益鸟、释放寄生蜂等。

4. 药剂防治

在成虫羽化盛期可喷洒杀螟松 1000 倍液；韧皮部幼虫期用 40% 乐果乳油或 50% 杀螟松乳油或 50% 敌敌畏乳油 100 ~ 200 倍液喷树干；用 80% 敌敌畏乳油 50 倍液注射于蛀孔内或浸药棉塞入虫孔，再用泥浆封住虫孔。或用溴氰菊酯等农药做成毒签插入蛀孔中，毒杀幼虫。

二、吉丁虫类

吉丁类属鞘翅目吉丁甲科。小型至大型，成虫色彩鲜艳，具金属光泽，多绿、蓝、青、紫、古铜色。触角锯齿状，前胸背板无突出的侧后角。幼虫体扁，头小内缩，前胸大，多呈鼓槌状，气门 "C" 字形，位于背侧，无足。成虫生活在木本植物上，产卵于树皮缝内。幼虫大多数在树皮下、枝干或根内钻蛀，有的生活在草本植物的茎内，少数潜叶或形成虫瘿。

（一）金缘吉丁虫

分布于山西、河北、陕西、甘肃等省。为害梨、苹果、沙果、桃等。幼虫蛀食皮层，被害组织颜色变深，被害处外观变黑。蛀食的隧道内充满褐色虫粪和木屑，破坏输导组织，造成树势衰弱，后期常成纵裂伤痕以至干枯死亡。

1. 形态特征

成虫体长 13 ~ 17mm，全体翠绿色，具金属光泽，身体扁平，密布刻点。头部颜面有粗刻点，背面具 5 条蓝黑色纵线纹；雄虫腹部末端尖形，雌虫腹部末端钝圆。卵为椭圆形，长约 2mm，宽约 1.4mm，初乳白色，后渐变黄褐色。老熟幼虫体长 30 ~ 60mm，扁平，由乳白渐变黄白色，无足。头小，暗褐色。蛹为裸蛹，长 15 ~ 20mm，宽约 8mm，初乳白色，后变紫绿色，有光泽（图 4-49）。

2. 发生规律

2 年 1 代，以幼虫过冬。越冬部位多在外皮层，老熟越冬幼虫已潜入木质部。翌年春天越冬幼虫继

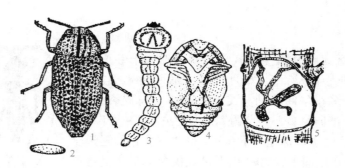

图 4-49　金缘吉丁虫

1—成虫　2—卵　3—幼虫　4—蛹　5—被害状

续为害。3月下旬开始化蛹，4月下旬成虫开始羽化，但因气温较低，都不出洞。5月中旬成虫向外咬一条扁圆形通道。5月中、下旬为产卵盛期，8月初为孵化盛期。幼虫孵化后蛀入树皮。9月以后长大幼虫逐渐转入木质部蛀食，准备过冬。

（二）六星吉丁虫

分布江苏、浙江、上海等地。为害重阳木、悬铃木、枫杨等。幼虫围绕干部串食皮层，韧皮部全部破坏，其中充满红褐色粉末粘结的块状虫粪，导致树木生长不良，甚至全株死亡。

1. 形态特征

成虫体长 10mm，略呈纺锤形，茶褐色，有金属光泽。鞘翅不光滑，上有 6 个全绿斑点。腹面金绿色。卵乳白色，椭圆形。老熟幼虫体长约 30mm 左右，身体扁平，头小，胴部白色，胸部第 1 节特别膨大，中央有黄褐色"人"形纹。第 3、4 节短小，以后各节逐渐增大。蛹乳白色。体形大小与成虫相似（图 4-50）。

2. 发生规律

在上海 1 年发生 1 代，以幼虫越冬。成虫于 5 月中旬开始出现，6~7 月为羽化盛期，8 月上旬仍有成虫发现。成虫在晨露未干前较迟钝，并有假死性。卵产在皮层缝隙内。幼虫孵化后先在皮层为害，排泄物不排向外面。8 月下旬幼虫老熟，蛀入木质部化蛹。

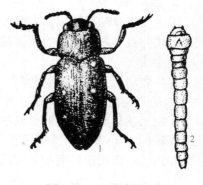

图 4-50　六星吉丁虫

1—成虫　2—幼虫

枯黄脱落，9 月间被害处大量流出黑褐色胶体。11 月随着气温下降幼虫在蛀道内越冬。

（三）吉丁虫类综合防治办法

1. 加强栽培管理

改进肥水管理，增强树势，提高抗虫能力，并尽量避免伤口，以减轻受害。

2. 园林技术防治

刮除树皮消灭幼虫。及时清理田间被害死树、死枝，减少虫源。成虫发生期，组织人力清晨震树捕杀成虫。

3. 药剂防治

成虫羽化盛期前，用 80% 敌敌畏乳油 1000 倍液、20% 菊杀乳油 800~1000 倍液或 10% 氯氰菊酯乳油 2000 倍液等喷涂树干。

三、小蠹虫类

小蠹类属于鞘翅目小蠹科，为小型甲虫。体卵圆形或近圆筒形，棕色或暗色，被有稀毛。触角锤状。鞘翅上有纵列刻点。幼虫白色，肥胖，略弯曲，无足，头部棕黄色。大多数种类生活在树皮下，有的种类蛀入木质部。不同的种类钻蛀的坑道形式也不同。

（一）松纵坑切梢小蠹

遍布我国南北各省区，为害马尾松、赤松、华山松、油松、樟子松、黑松等。以成虫和幼虫蛀害松树嫩梢、枝干或伐倒木。凡被害梢头，易被风吹折断。

1. 形态特征

成虫体长 3.5 ~ 4.5mm，椭圆形，全体黑褐或黑色，具光泽密布刻点和灰黄色茸毛。头部半球形，黑褐色，额中央有一纵隆线；触角端部膨大呈锤状。前胸背板近梯形，前狭后宽。鞘翅棕褐色，基部与端部的宽度相似，长约为宽的 3 倍，其上有由刻点组成的明显行列，斜面上第二列间部凹陷，小瘤和茸毛消失，雄虫较雌虫显著（图 4-51）。卵淡白色、椭圆形。幼虫体长 5 ~ 6mm，乳白色，无腹足，体粗壮多皱纹、微弯曲。蛹为裸蛹，长约 4.5mm，白色。

2. 发生规律

1 年发生 1 代，以成虫在被害枝梢内越冬。越冬成虫于翌年 3 月下旬到 4 月中旬离开越冬处，侵入松枝梢头髓部进行补充营养，以后在健康的树梢、衰弱树或新伐倒的树木上筑坑、交配、产卵。卵于 4 月中旬孵化，幼虫孵出后即行蛀食为害，形成坑道，坑道为单纵坑，在树皮下层，微触及边材，坑道长一般为 5 ~ 6cm，子坑道在母坑道两侧，与母坑道垂直，长而弯曲，通常 10 ~ 15 条。幼虫期约 1 个月。5

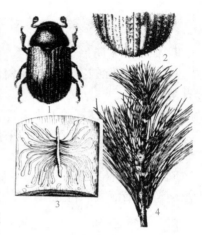

图 4-51　松纵坑切梢小蠹
1—成虫　2—成虫鞘翅末
3—端干被害状　4—梢被害状

月中旬化蛹，蛹室位于子坑道的末端。5 月下旬到 6 月上旬出现新成虫，再侵入新梢进行补充营养。成虫在梢枝上蛀入一定距离后随即退出，另蛀新孔，在 1 条枝梢上侵入孔可多达 14 个。

（二）柏肤小蠹

我国华北、西北、华中、华东、华南均有分布。主要为害侧柏、圆柏等的枝干树皮和木质部表面，破坏树木水分和养分的输导，易造成整枝或整株枯死。

1. 形态特征

成虫体赤褐色或黑褐色，无光泽，长 2.5 ~ 3.5mm，宽 1.2 ~ 1.5mm，长扁圆形。体密被刻点及黄色细毛。鞘翅上各有 9 条纵纹并有栉状齿。雌雄的区别除外表体形一大一小外，主要是雌虫额面短阔较平突，颗粒较多，鞘翅斜面的栉状齿较小（图 4-52）。雄虫额面狭长凹陷，光滑，鞘翅斜面的栉状齿较大。卵初产时为椭圆形，长约 0.5mm，宽 0.3mm，白色透明，表面很光滑。后期卵粒一端出现一个黄色下陷的凹点，卵粒皱褶明显。老熟幼虫体长 5mm，体乳白色，有许多皱褶。蛹乳白色，体长 3 ~ 4mm，尾端有两个尖。

2. 发生规律

1 年发生 2 ~ 3 代，以幼虫及成虫越冬。越冬成虫于翌年 4 月上旬飞出活动，越冬幼虫也相继发育成蛹，羽化成虫，5 月中旬为越冬代成虫侵入盛期。第 1 代卵于 4 月上旬产出，6 月上旬出现第 1 代蛹，6 月中旬开始羽化，7 月中旬为羽化盛期；第 2 代卵始见于 6 月中旬，8 月上旬出现第 2 代成虫；

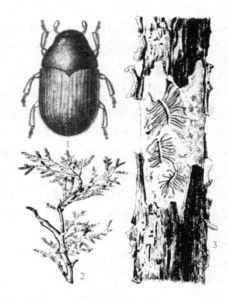

图 4-52　柏肤小蠹
1—成虫　2、3—小枝干被害状

9月下旬前羽化的第2代成虫可以产出第3代卵，并发育为幼虫，早期幼虫于9月下旬发育为蛹，进一步发育为成虫，10月下旬羽化结束，此代成虫大多数不再侵害新寄主，并连同第2、3代幼虫进入越冬期。成虫多侵害长势衰弱的濒死木、枯死木及健康立木的枯死枝杈部。成虫具补充营养的习性，羽化后的成虫常在健康柏树的树冠上部或外缘枝梢上咬蛀侵入孔并向下蛀食，补充营养。然后再寻找寄主，在较粗的枝干上侵蛀为害；雌性成虫先行侵蛀，后雄性成虫飞来共同筑坑、交尾。雌性成虫边蛀坑边行产卵活动，幼虫孵出后又向两侧不断蛀食。世代重叠现象严重。

（三）小蠹虫类综合防治方法

1. 园林技术防治

1）及时剪除被害枝梢、死梢。当越冬成虫及新羽化成虫进行补充营养造成枝梢枯萎时，应及时剪除并烧毁。

2）保持林地良好的卫生条件，改善立地条件促进林木健康成长。

3）进行合理的抚育管理，采伐后的原木及枝梢头，应及时运出林外。

2. 药剂防治

成虫侵入新梢之前，用80%敌敌畏乳油1000倍液或2.5%溴氰菊酯或20%速灭杀丁（杀灭菊酯）2000～3000倍液喷洒树冠。

四、象甲类

象甲类属鞘翅目象甲科，亦称象鼻虫。小至大型，许多种类头部延长成管状，状如象鼻，长短不一。体色变化大，多为暗色，部分种类具金属光泽。跗节"似4节"。幼虫多为黄白色，体肥壮，无眼无足。成虫和幼虫均能为害，取食植物的根、茎、叶、果实和种子。成虫多产卵于植物组织内；幼虫钻蛀为害，少数可以产生虫瘿或潜叶为害。

（一）臭椿沟眶象

我国东北、华北、西北、华中、华东等地均有发生。幼虫主要蛀食臭椿、千头椿枝干树皮和木质部，造成树势衰弱以至死亡。为害症状是树干或枝上出现灰白色的流胶和排出虫粪木屑。

1. 形态特征

成虫体黑色。额部窄，中间无凹窝；头部布有小刻点；前胸背板和鞘翅上密布粗大刻点；前胸前窄后宽。前胸背板、鞘翅肩部及端部布有白色鳞片形成的大斑，稀疏掺杂红黄色鳞片。卵长圆形，黄白色。幼虫老熟时12mm左右，乳白色。蛹长11mm左右，黄白色（图4-53）。

2. 发生规律

1年发生1代，以幼虫和成虫在根部或树干周围2～20cm深的土层中越冬。以幼虫越冬的，次年5月化蛹，7月为羽化盛期；以成虫在土中越冬的，4月下旬开始活动。5月上中旬为第一次成虫盛发期，7月底至8月中旬为第二次盛发期。成虫有假死性，产卵前取食嫩梢、叶片补充营养，为害1个月左右，便开始产卵，卵期8天左右。初孵化幼虫先咬食皮层，稍长大后即钻入木质部为害，老熟后在坑道内化蛹，蛹期12天左右。

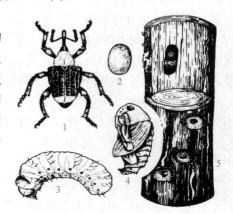

图4-53 臭椿沟眶象
1—成虫 2—卵 3—幼虫
4—蛹 5—被害状

（二）一字竹象

又称笋子虫、竹象虫、竹笋象虫。发生于四川、湖南、江苏、安徽、福建、江西、陕西等地区。为害毛竹、刚竹、桂竹、淡竹、红竹等。雌成虫取食竹笋，作为补充营养；幼虫蛀食笋肉，使竹笋腐烂折倒，或笋成竹后节距缩短，竹材易被风折。

1. 形态特征

成虫体梭形，黑色，雌雄成虫前胸背板上均有一字形黑斑。卵长卵圆形，褐色，长约 3mm。幼虫黄色，头赤褐色，口器黑色，体多皱纹。蛹淡黄色，长约 15mm，尾部有两个突起（图 4-54）。

2. 发生规律

1 年发生 1 代，以成虫在土茧中越冬，次年 4 月底成虫出土，雌虫以笋为补充营养，将笋啄成很多小洞，产卵时头向下在笋上产卵，数量最多可达 80 粒。卵经 3 ~ 5 天孵化，幼虫老熟，咬破笋等入土，在地下 8 ~ 15mm 深处做土茧，经半月以后化蛹，蛹期半个月，6 月底 ~ 7 月底羽化为成虫于土茧内越冬。

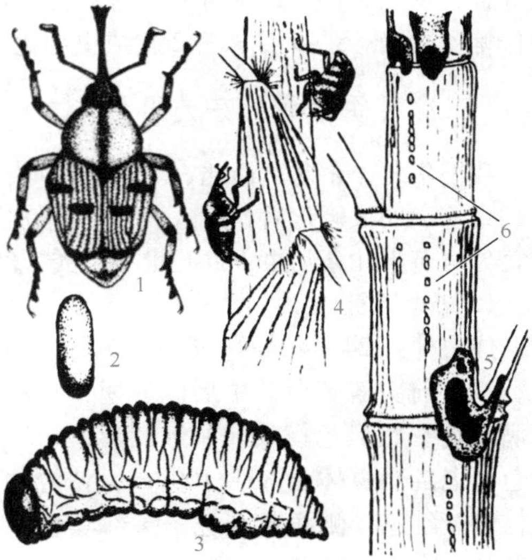

（三）象甲类综合防治方法

1. 园林技术防治

利用成虫不喜飞和有假死性的习性，捕杀成虫。中耕松土，破坏越冬土茧，可使其越冬成虫大量死亡。及时清除枯死枝干，剪除被害枝或挖除虫害笋，消灭虫源。

2. 保护和利用天敌

创造良好的园林生态环境，保护益鸟、蜘蛛等天敌；引进和释放寄生性天敌。

图 4-54　一字竹象
1—成虫　2—卵　3—幼虫　4—成虫产卵状
5—幼虫为害状　6—成虫为害状

3. 药剂防治

成虫期出土期喷 1 ~ 2 次 20% 菊杀乳油 1500 倍液，或 2.5% 溴氰菊酯乳油 2000 ~ 2500 倍液，或 50% 辛硫磷乳油或 40% 氧化乐果乳油 1000 倍液；成虫期用灭幼脲油胶悬剂超低量喷雾防治成虫，使成虫不育，卵不孵化；幼虫期向树体注射 10 倍的氧化乐果或敌敌畏乳油，每厘米干径 15 ~ 20mL，或用氧化乐果微胶囊、灭幼脲缓释膏油剂点涂排泄孔，毒杀幼虫。

五、木蠹蛾类

木蠹蛾类属鳞翅目木蠹蛾科。中至大型蛾类。体粗壮。前后翅的中脉主干存在，前翅径脉造成 1 个翅室。没有喙管。幼虫钻蛀树干和枝梢。

（一）咖啡木蠹蛾

又称咖啡豹蠹蛾。分布于江苏、浙江、上海、江西、福建、广东、湖北、四川等地。为害广玉兰、山茶、杜鹃、贴梗海棠、重阳木、冬青、木槿、悬铃木、红枫等。初孵幼虫多从新梢上部芽腋蛀入，沿髓部向上蛀食成隧道，不久被害新梢枯死，幼虫钻出后重新转迁邻近新梢蛀入，经多次转蛀，当年新梢可全部枯死，影响观赏价值。

1. 形态特征

成虫体长 11 ~ 26mm，翅展 30 ~ 50mm。雌虫触角丝状；雄虫触角基部羽毛状，端部丝状。体粗壮，密被灰白色鳞毛，胸部背面有青蓝色斑点 6 个。翅灰白色其间亦密布青蓝色的斑点。卵长椭圆形，淡黄色。老熟幼虫体长 17 ~ 35mm，红色，前胸背板黑褐色，近后缘中央有 3 ~ 5 行向后呈梳状的齿列。臀板黑色。蛹长 16 ~ 27mm，黄褐色，头部有一个突起（图 4-55）。

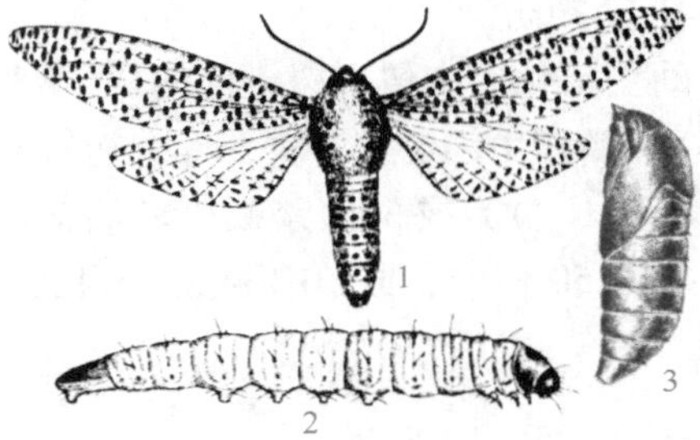

图 4-55　咖啡木蠹蛾
1—成虫　2—幼虫　3—蛹

2. 发生规律

1年2代，以老熟幼虫在被害枝条内越冬。每年3~4月越冬幼虫化蛹，4~5月成虫羽化，卵单粒或数粒聚产在寄主枝干伤口或裂皮缝隙中，初孵幼虫多自枝梢上方的腋芽蛀入，蛀入处的上方随即枯萎，经5~7天后又转移为害较粗的枝条。幼虫蛀入时先在皮下钻蛀成横向同心圆形的坑道，然后沿木质部向上蛀食，每隔5~10cm向外咬一排粪孔，状如洞箫。被害枝梢上部常干枯，易于辨认。老熟幼虫在蛀道中作蛹室化蛹。8~9月，第2代成虫羽化飞出。成虫具趋光性。

（二）芳香木蠹蛾东方亚种

我国华北、东北、西北、华东等地均有发生。为害杨、柳、榆、槐树、白蜡、栎、核桃、苹果、香椿、梨等。幼虫孵化后，蛀入皮下取食韧皮部和形成层，以后蛀入木质部，向上向下穿凿不规则虫道，被害处可有十几条幼虫，蛀孔堆有虫粪，幼虫受惊后能分泌一种特异香味。

1. 形态特征

成虫体长24~40mm，翅展80mm，体灰乌色，触角扁线状，头、前胸淡黄色，中后胸、翅、腹部灰乌色，前翅翅面布满呈龟裂状黑色横纹。卵近圆形，初产时白色，孵化前暗褐色。老龄幼虫体长80~100mm，初孵幼虫粉红色，大龄幼虫体背紫红色，侧面黄红色，头部黑色，有光泽，前胸背板淡黄色，有两块黑斑，体粗壮，有胸足和腹足，腹足有趾钩，体表刚毛稀而粗短。蛹长约50mm，赤褐色（图4-56）。

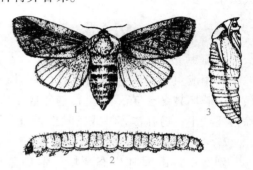

图4-56 芳香木蠹蛾东方亚种
1—成虫 2—幼虫 3—蛹

2. 发生规律

2~3年1代，以幼龄幼虫在树干内及末龄幼虫在附近土壤内结茧越冬。5~7月发生，产卵于树皮缝或伤口内，每处产卵十几粒。幼虫孵化后，蛀入皮下取食韧皮部和形成层，以后蛀入木质部，向上向下穿凿不规则虫道，被害处可有十几条幼虫，蛀孔堆有虫粪，幼虫受惊后能分泌一种特异香味。

（三）木蠹蛾类综合防治方法

1. 园林技术防治

剪除被害枝条。用钢丝从下部的排粪孔穿进，向上钩杀幼虫。树干涂白防止成虫在树干上产卵。及时发现和清理被害枝干，消灭虫源。

2. 物理防治

成虫羽化期间设置灯光、性外激素诱捕器诱杀。

3. 生物防治

用"海绵吸附法"往蛀道最上方的排粪孔施放昆虫病原线虫2000~4000条/头虫，不仅高效、无污染，而且有利蛀道的愈合。或以1亿~8亿孢子/g白僵菌粘膏涂排粪孔。

4. 药剂防治

幼虫孵化后未侵入树干前向树干喷施2.5%溴氰菊酯乳油2000倍液，或20%杀灭菊酯乳油3000倍液等，每隔10~15天1次，毒杀初孵幼虫。幼虫初蛀入韧皮部或边材表层期间，用40%氧化乐果乳剂柴油液（1:9），或50%杀螟松乳油柴油液涂虫孔。对已蛀入枝、干深处的幼虫，可用棉球蘸40%氧化乐果乳油50倍液，或50%敌敌畏乳油10倍液注入虫孔内。并于蛀孔外涂以湿泥，可收到良好的杀虫效果。

六、透翅蛾类

透翅蛾属鳞翅目透翅蛾科，全世界已知100种以上，我国约10余种，其显著特征是成虫前翅无鳞片而透明，很像胡蜂，白天活动。以幼虫蛀食茎干、枝条，形成肿瘤。为害园林树木严重的有白杨透翅蛾、葡萄透翅蛾、苹果透翅蛾等。

（一）白杨透翅蛾

分布于东北、华北、西北、华东等地，危害杨柳科植物。以幼虫钻蛀树干和顶芽，抑制顶芽生长，形成秃梢，蛀入树干后，被害组织增生形成瘤状虫瘿，因此易造成枯萎或风折。

1. 形态特征

成虫体长 11～20mm，翅展 22～38mm。体青黑色，形似胡蜂。头顶有一束黄褐色毛簇，其余密布黄白色鳞片。前翅窄长，覆盖赭色鳞片，后翅全部透明。腹部青黑色，上有 5 条橙色环带。卵椭圆形，黑色。幼虫体长 30～33mm，初孵幼虫淡红色，老熟时黄白色，臀节略骨化，背面有 2 个深褐色的刺，胸足 3 对，腹足、臀足退化，仅留趾钩（图 4-57）。

2. 发生规律

1 年 1 代，以幼虫在被害枝干内越冬。翌年 4 月开始活动取食，6 月下旬为羽化盛期，羽化时蛹壳有 2/3 伸出孔外，并遗留在孔外经久不掉，极易识别。成虫飞翔力很强，且极为迅速，白天活动。卵多产于 1～2 年生幼树叶柄基部有绒毛的枝干上。幼虫孵化后为害嫩芽，使嫩芽枯萎脱落；危害侧枝或主干时，钻入木质部与韧皮部之间，围绕枝干，钻蛀虫道，被害处形成虫瘿。近 9 月下旬，幼虫停止取食，在虫道末端吐丝作薄茧越冬。

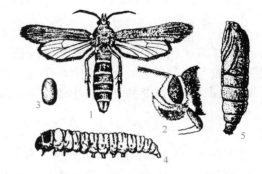

图 4-57　白杨透翅蛾
1—成虫　2—成虫头部侧面　3—卵　4—幼虫　5—蛹

（二）葡萄透翅蛾

分布于辽宁、河北、河南、山东、山西、江苏、浙江及四川等省及京、津两市。主要为害葡萄。以幼虫蛀食枝蔓，造成枝蔓死亡。受害处从蛀孔处排出褐色粪便，幼虫多蛀食蔓的髓心部，被害处膨大肿胀似瘤，叶片变质，果实脱落，易折断或枯死。

1. 形态特征

成虫体长 18～20mm，翅展为 30～36mm，体蓝黑色，前翅脉为红褐色，翅脉间膜质透明，后翅膜质半透明，腹部 4、5 及 6 节中部有一明显的黄色横带，以第四节横带最宽。雄蛾腹末有毛束。卵椭圆形，略扁平，红褐色。老熟时体长 35～40mm，全体略呈圆筒形，头部红褐色，口器黑色，胴部淡黄白色，老熟时略带黄色。前胸背板上有倒八字纹。胸足淡褐色，爪黑色，全体疏生细毛。蛹长 18mm，红褐色，呈椭圆形（图 4-58）。

2. 发生规律

1 年发生 1 代以老幼虫在被害的枝蔓髓心部过冬。4 月上中旬化蛹；5 月陆续羽化成虫，交尾产卵；5 月下旬至 7 月上旬幼虫为害当年生嫩蔓，7 月中旬至 9 月下旬为害二年生以上老蔓，10 月中旬起至冬眠以前，幼虫进入老熟阶段，食量加大，11 月中、下旬起在蔓髓部越冬。成虫羽化前蛹蠕动并钻出羽化孔露出头，胸部、腹部末端仍留化羽孔内而不落地，成虫羽化后蛹皮仍留在羽化孔处，成虫多在夜间羽化，有趋光性。成虫羽化后不久即交尾产卵，卵散产于枝、蔓和芽腋间，每雌约产卵 50 粒，卵期约 10 天，卵孵化后幼虫多从叶柄基部蛀入新梢内为害，蛀孔处常堆有虫粪。

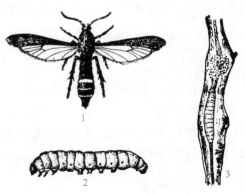

图 4-58　葡萄透翅蛾
1—成虫　2—幼虫　3—被害状

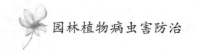

（三）透翅蛾类综合防治方法

1. 园林技术防治

可结合修剪将受害严重且藏有幼虫的枝蔓剪除、烧掉。6、7月经常检查嫩梢，发现有虫粪、肿胀或枯萎的枝条及时剪除。如果被害枝条较多，不宜全部剪除时，可用铁丝从蛀孔处刺入，杀死初龄幼虫。

2. 药剂防治

可从蛀孔处蛀入80%敌敌畏乳油20～30倍液或用棉球蘸敌敌畏药液塞入孔口内杀死幼虫；或塞入1/4片磷化铝，再用塑料膜包扎以杀死幼虫；也可在成虫羽化盛期，喷2.5%溴氰菊酯乳油3000倍液，以杀死成虫。

七、茎蜂类

茎蜂类属于膜翅目茎蜂科，成虫体细长，腹部没有腰。触角线状，前胸背板后缘近乎直线。前翅翅痣狭长。前足胫节只有1个距。产卵器短，锯状，平时缩入体内。幼虫无足，多蛀食枝条。

为害园林植物的茎蜂类害虫主要是月季茎蜂。

（一）月季茎蜂

月季茎蜂，又叫钻心虫、折梢虫。分布华北、华东各地。除为害月季外，还为害蔷薇、玫瑰等花卉。以幼虫蛀食花卉的茎干，常从蛀孔处倒折、萎蔫，对月季为害很大。

1. 形态特征

雌成虫体长16mm（不包括产卵管），翅展22～26mm。体黑色有光泽，3～5腹节和第六腹节基部一半均赤褐色，第一腹节的背板露出一部分，1～2腹节背板的两侧黄色，其他翅脉黑褐色。雄成虫略小，翅展12～14mm，颜面中央有黄色。腹部赤褐色或黑色，各背板两侧缘黄色（图4-59）。卵黄白色，直径约1.2mm。幼虫乳白色，头部浅黄色，体长约17mm。蛹棕红色，纺锤形。

2. 发生规律

1年发生1代，以幼虫在蛀害茎内越冬。翌年4月间化蛹，5月上中旬（柳絮盛飞期）出现成虫。卵产在当年的新梢和含苞待放的花梗上，当幼虫孵化蛀入茎干后就倒折、萎蔫。幼虫沿着茎干中心继续向下蛀害，直到地下部分。月季茎蜂蛀害时无排泄排出，一般均充塞在蛀空的虫道内。10月后天气渐冷，幼虫做一薄茧在茎内越冬，其部位一般距地面10～20cm。

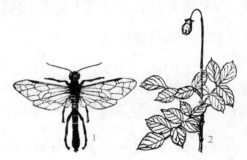

图4-59　月季茎蜂
1—成虫　2—被害状

（二）茎蜂类综合防治方法

1. 园林技术防治

及时剪除并销毁受害的枝条。

2. 药剂防治

在越冬代成虫羽化初期（柳絮盛飞期）和卵孵化期，使用40%氧化乐果1000倍液，或20%菊杀乳油1500～2000倍液毒杀成虫和幼虫。

八、螟蛾类

螟蛾类属鳞翅目螟蛾科。中小型蛾，细长柔弱，腹部末端尖削，鳞片细密，体光滑。下唇须长，伸出头的前方。为害园林植物严重的有松梢螟和大丽菊螟。

（一）松梢螟

又名松梢斑螟。全国分布。为害马尾松、黑松、油松、赤松、黄山松、云南松、华山松、加勒比松、火炬松、湿地松等多种松类植物。幼虫蛀食顶梢或其他嫩梢，引起侧梢丛生，树冠扫帚状，严重影响树木生长。

1. 形态特征

成虫体长 10~16mm，翅展 20~30mm。体灰褐色。触角丝状；前翅深灰褐色，翅中部有一肾形白斑，翅面上有 3 条灰白色波状横纹；后翅灰白色，无斑纹。卵椭圆形，长约 1mm，黄白色，有光泽，近孵化时变为樱红色。老熟幼虫体长 25mm 左右，头部及前胸背板红褐色，体淡褐色或浅绿色，各节着生对称的黑或褐色毛瘤，其上有短刚毛。蛹长 11~15mm，红褐色，腹末有 3 对钩状臀棘（图 4-60）。

2. 发生规律

1 年生 1~5 代，以幼虫在被害梢的蛀道内或在枝干伤口皮下越冬。次年 3 月底至 4 月初越冬幼虫开始活动，蛀食被害梢，一部分越冬幼虫转移到新梢为害。5 月上旬化蛹，下旬开始羽化。成虫昼伏夜出，有趋光性。卵散产于嫩梢针叶、叶鞘基部、球果以及树皮伤口处。初龄幼虫爬行迅速，寻找新梢为害，被咬处常有松脂凝结，之后逐渐蛀入髓心，形成一条长 15~30cm 的蛀道，蛀口圆形，其内堆积大量蛀屑及虫粪。6~10 年生的幼树被害最重。

（二）大丽菊螟

别名亚洲玉米螟。分布广泛。国内除西藏、青海未见报道外，其他各地均有发生。食性杂。在花卉中为害大丽花、菊花、美人蕉等。幼虫钻蛀茎部，受害严重时，植株几乎不能开花。

1. 形态特征

成虫体长 13~15mm，翅展 25~35mm，黄褐色。雌蛾体粗壮，前翅鲜黄，具两条明显波纹；雄蛾体瘦，翅色较雌蛾稍深，翅面波纹暗褐色。后翅灰褐色（图 4-61）。卵扁椭圆形，初乳白色后为黄色。老熟幼虫体长 20~30mm，圆筒形，头深褐色，胴部淡褐或淡红色，脊线明显，暗褐色。蛹长约 14mm，纺锤形，黄褐至赤褐色，腹末具钩状臀棘 6 根。

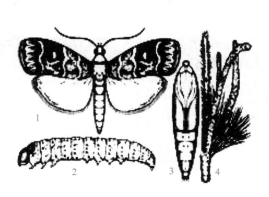

图 4-60　松梢螟
1—成虫　2—幼虫　3—蛹　4—被害状

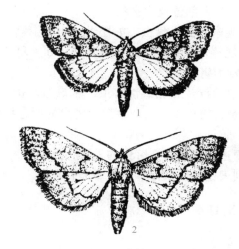

图 4-61　大丽菊螟
1—雄成虫　2—雌成虫

2. 发生规律

在江苏、浙江 1 年发生 3~7 代，以老熟幼虫在茎秆内越冬。翌年 5 月底成虫羽化。成虫昼伏夜出，趋光性强，喜产卵于花卉上部叶背及芽部。卵块产，卵块鱼鳞状，每雌虫可产卵 10~20 块，300~400

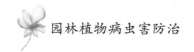

粒。初孵幼虫从花芽或叶柄基部蛀入茎秆，蛀孔周围皮色变黑，常堆有虫粪。美人蕉心叶被蛀，展叶后可见1排排横列小孔。幼虫有转移为害的习性，8~9月为害严重。

（三）螟蛾类综合防治方法

1. 园林技术防治

结合冬剪，除去被害枝梢，摘除受害果，捡拾落果并集中销毁。

2. 物理防治

成虫羽化期可用黑光灯诱杀。

3. 生物防治

保护和利用天敌，如赤眼蜂、长距茧蜂等。

4. 药剂防治

在幼虫孵化初期喷施30%灭铃灵乳油2000倍液，或25%西维因可湿性粉剂2000倍液等；也可用注射器向蛀孔蛀入80%敌敌畏乳油100倍液，然后用泥土封口。

实训16 钻蛀性害虫的形态及为害状识别

1. 目的要求

了解园林植物常见钻蛀性害虫的种类，掌握其主要种类的形态特征及为害状，为害虫防治奠定基础。

2. 材料及用具

双目解剖镜、放大镜、镊子、挑针等。主要钻蛀性害虫生活史标本；卵、幼虫、蛹浸渍标本；成虫针插干制标本。

3. 内容与方法

根据当地实际，结合教学的有关内容对实验材料进行观察，主要观察其形态及为害状。

（1）观察本地常见天牛　如星天牛、光肩星天牛、云斑天牛、桑天牛、桃红颈天牛等成虫、幼虫的形态特征、为害部位及为害状。

（2）观察常见小蠹虫　如松纵坑切梢小蠹、柏肤小蠹的形态特征及坑道系统的特点。

（3）观察吉丁虫类、象甲类害虫　如六星吉丁虫、柳吉丁虫、合欢吉丁虫、杨干象、臭椿沟眶象的形态特征及为害状观察。

（4）观察鳞翅目钻蛀性害虫　木蠹蛾、透翅蛾、螟蛾类如芳香木蠹蛾、咖啡豹蠹蛾、白杨透翅蛾、葡萄透翅蛾、松梢螟、大丽菊螟等害虫的形态特征及为害状观察。

4. 实训作业

1）简述各类钻蛀性害虫的为害特点。

2）列表比较供试标本的主要形态特征。

复习题

1. 填空题

1）园林植物钻蛀性害虫是指（　　）和（　　）的害虫，常以幼虫蛀食植物的（　　）部和（　　）部，严重影响输导组织的功能，并蛀成许多虫道，导致树势更加衰弱或遭风折而死亡。

2）松纵坑切梢小蠹不仅为害衰弱木使松树大量死亡，而且成虫（　　）时还钻蛀健康树梢，使梢头（　　），（　　），如同切梢一般，故得此名。

3）柏肤小蠹在我国一年发生（　　）代，以（　　）在柏树（　　）内越冬。

4）芳香木蠹蛾东方亚种在北方地区2年发生一代，第一年以（　　）在（　　）内越冬。第二年以（　　）在（　　）越冬。

5）玫瑰茎蜂属（　　）目，茎蜂科，分布于全国各地，主要为害（　　）和（　　）。

2. 单项选择题

1）小蠹虫的越冬的虫态为（　　）。

A. 成虫　　　　　B. 幼虫　　　　　C. 蛹　　　　　D. 卵

2）玫瑰茎蜂的越冬虫态是（　　）。

A. 成虫　　　　　B. 幼虫　　　　　C. 蛹

3）玫瑰茎蜂喜产卵的部位是（　　）。

A. 叶面　　　　　B. 皮缝中　　　　　C. 枝条嫩梢

3. 简答题

1）简述天牛类害虫的综合治理方法。

2）简述玫瑰茎蜂的防治方法。

课题4 地下害虫

地下害虫亦称根部害虫。苗圃及一、二年生的草、花地常发生严重。主要种类有蝼蛄、蛴螬、金针虫、小地老虎及根蛆。地下害虫主要为害幼苗、幼树根部或近地面的幼茎，造成死株缺苗。

一、蝼蛄类

蝼蛄类属直翅目蝼蛄科。俗称土狗、地狗、拉拉蛄等，为典型的地下害虫。前足粗壮，开掘式、胫节阔，有4个发达的齿，用于掘土和切碎植物的根。前翅短，仅达腹部中部，后翅纵折伸出腹末端如尾。产卵器不发达。成若虫咬食根部及靠近地面的幼茎，断口呈乱麻状。也常食刚发芽的种子。还在土壤表层开掘纵横交错的隧道，使幼苗根部与土壤分离而枯萎死亡，造成缺苗断垅。

（一）主要蝼蛄种类

为害园林植物主要是东方蝼蛄（原称非洲蝼蛄，国内1962年改为东方蝼蛄）及华北蝼蛄。华北蝼蛄主要分布在北方地区，东方蝼蛄几乎遍及全国，但以南方各地发生较普遍。华北蝼蛄在盐碱地、沙壤土发生多，东方蝼蛄在低湿和较黏的土壤中发生多（图4-62）。

1. 形态特征

华北蝼蛄和东方蝼蛄形态的区别见表4-1。

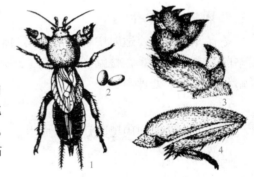

图 4-62　东方蝼蛄

1—成虫　2—卵　3—成虫前足　4—成虫后足

表4-1　华北蝼蛄和东方蝼蛄形态区别

虫　态	特　征	华 北 蝼 蛄	东 方 蝼 蛄
成虫	体长/mm	40～50	30～35
	体色	黑褐色	淡黄褐色
	腹部	近圆筒形	近纺锤形
	后足	腿节下缘弯曲，胫节背侧内缘有刺1～2根	腿节下缘平直，胫节背侧内缘有刺3～4根

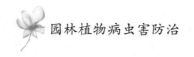

(续)

虫 态	特 征	华 北 蝼 蛄	东 方 蝼 蛄
若虫	后足	5～6 龄以上同成虫	2～3 龄以上同成虫
	体色	黄褐色	灰褐色
	腹部	近圆筒形	近纺锤形
卵		椭圆形	长椭圆形

2. 发生规律

华北蝼蛄约需 3 年完成 1 代。以成虫、若虫在 60cm 以下的土壤深层越冬。次年 3、4 月气温转暖达 8℃以上时开始活动，常可看到地面有拱起的虚土弯曲隧道。5、6 月气温在 12℃以上进入为害期；6、7 月气温再升高，便潜至土下 15～20cm 处做土室产卵。1 室产卵 50～80 粒。雌虫每次产卵 30～160 粒，一生可产 300～400 粒。卵经 2 周左右孵出若虫，8、9 月天气凉爽，又升迁到表土活动为害，形成 1 年中第二次为害高峰，10、11 月若虫达 9 龄时越冬。越冬若虫于次年 3、4 月开始活动，至秋季 12、13 龄时再越冬。到第 3 年秋季羽化为成虫，即以成虫越冬。

东方蝼蛄发生不整齐。南方每年发生 1 代，北方 1～2 年发生 1 代。成虫、若虫均可越冬。次年 3 月开始活动，越冬若虫于 5、6 月间羽化为成虫，7 月交尾产卵。卵经 2～3 周孵化为若虫。若虫期共 5 龄，4 个月羽化为成虫，一般在 10 月下旬入土越冬。有些发育较晚的若虫，即以若虫在土中越冬。据山西省忻县地区观察，东方蝼蛄 1 年中的活动情况，可分为冬季休眠、春季苏醒、出窝迁移、为害猖獗、越夏产卵和秋季为害 6 个阶段。

两种蝼蛄均昼伏夜出，具有趋光性，20：00～23：00 是活动取食高峰期。卵堆产于土室中，初孵若虫具有群集性，先取食腐殖质，3～6 天后分散为害。对马粪及未腐烂的有机物有趋性，有相互残杀习性，嗜好香甜物质，喜潮湿，一般低洼地，雨后和灌溉后为害最烈。

（二）蝼蛄类综合防治方法

1. 园林技术防治

冬春深翻园地，适时中耕，清除园圃杂草，注意堆肥、厩肥、饼肥等要充分腐熟后才能施用，避免蝼蛄前来产卵。夏季在蝼蛄产卵盛期，结合中耕，发现洞口时，向下挖 10～20cm，找到卵室，将挖出的蝼蛄和卵粒集中处理。

2. 物理防治

在成虫盛发期利用黑光灯诱杀成虫。

3. 生物防治

在土壤中接种白僵菌，使蝼蛄感病而死。红脚隼、戴胜、喜鹊、黑枕黄鹂和红尾伯劳等食虫鸟类是蝼蛄的天敌，可在苗圃周围栽防风林，招引益鸟栖息繁殖食虫。

4. 药剂防治

发现花木受害，可用 40.7% 毒死蜱 1000 倍液或 50% 辛硫磷乳剂 1000 倍液进行泼浇，毒杀成、若虫。也可用毒饵诱杀，用 40% 乐果乳油或 90% 晶体敌百虫 10 倍液，拌炒香的麦麸、谷壳、豆饼 50kg，制成毒饼，于傍晚撒在苗床上或根际周围毒杀成、若虫。

二、金龟甲类

金龟甲幼虫统称蛴螬。以幼虫为害为主，取食多种植物的地下部分及播下的种子，造成缺苗断株，断口平截。成虫主要啃食各种植物叶片，形成孔洞、缺刻或秃枝。

（一）主要种类

1. 铜绿丽金龟

属鞘翅目、金龟科。分布广。为害杨、柳、榆、松、杉、栎、油桐、油茶、乌桕、板栗、核桃、柏、枫杨等多种林木和果树。

（1）形态特征 成虫体长 15～18mm，宽 8～10mm。背面铜绿色，有光泽。头部较大，深铜绿色。复眼黑色，触角9节，黄褐色。前胸背板前缘呈弧状内弯，侧缘和后缘呈弧形外弯，背板有闪光绿色，密布刻点，两侧边缘有黄边。鞘翅为黄铜绿色，有光泽。臀板三角形，上有1个三角形黑斑（图4-63）。雌虫腹面乳白色，雄虫腹面棕黄色。卵为白色，初产时为长椭圆形，以后逐渐膨大至近球形，卵壳表面平滑。幼虫中型，体长 30mm 左右。头部暗黄色，近圆形，前顶毛每侧各为8根，后顶毛 10～14 根。腹部末端2节自背面观为褐色微蓝。臀节腹面具刺毛列，每列多由 13～14 根长锥刺组成，2列刺尖相交或相遇，钩状毛分布在刺毛列周围。肛门孔横列状。蛹椭圆形，长约18mm，略扁，土黄色，末端圆平。雌蛹末节腹面平坦，且有1细小的飞鸟形皱纹；雄蛹末节腹面中央有乳头状突起。

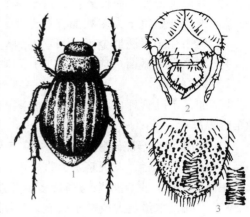

图 4-63 铜绿丽金龟
1—成虫 2—幼虫头部 3—幼虫肛腹片

（2）发生规律 1年发生1代。以3龄幼虫在土中越冬。次年5月开始化蛹，成虫的出现在南方略早于北方。一般在6月上旬，6月中、下旬至7月上旬为高峰期，至8月下旬终止。成虫高峰期开始见卵，幼虫8月出现，11月进入越冬。成虫羽化出土与5、6月降雨量有密切关系，如5、6月雨量充沛，出土较早，盛发期提前。成虫白天隐伏于灌木丛、草皮中或表土内，黄昏出土活动，闷热无雨的夜晚活动最盛。成虫有假死性和趋光性。食性杂，食量大，被害叶呈孔洞、缺刻状。成虫一生交尾多次，平均寿命为30天。卵散产。多产于5～6cm 深土壤中。每雌虫平均产卵40粒。卵期10天。幼虫主要为害林、果木根系。1、2龄幼虫多出现在7、8月，食量较小，9月后大部分变为3龄，食量猛增，越冬后又继续为害到5月。幼虫一般在清晨和黄昏由深处爬到表层，咬食苗木近地面的基部、主根和侧根。老熟幼虫于5月下旬至6月上旬进入蛹期，化蛹前先作一土室。预蛹期13天，蛹期9天。羽化前蛹的前胸背板和翅芽、足先变为绿色。

2. 华北大黑鳃金龟

（1）形态特征 成虫长椭圆形，体长 21～23mm、宽 11～12mm，黑色或黑褐色，有光泽。胸、腹部生有黄色长毛。鞘翅每侧有4条纵肋。前足胫节外侧3个尖锐齿突，中后足胫节末端2距。雄虫末节腹面中央凹陷、雌虫隆起。

（2）发生规律 华南地区1年1代，以成虫在土中越冬；其他地区2年1代，以成虫或幼虫越冬。在2年1代区，越冬成虫第二年春季 10cm 土温达 15℃时开始出土；17℃以上时成虫盛发。日均温度为 25℃左右时为产卵盛期，9月下旬为产卵末期。土温在5℃以下时全部进入越冬状态。越冬幼虫发育到3龄开始越冬，第二年春季继续为害，夏季化蛹并羽化成成虫，成虫当年不出土，在土中不吃不动，直至越冬。

成虫白天潜伏土中，黄昏活动，20：00～21：00 为出土高峰，有假死性及趋光性；成虫飞翔能力弱，因此常在局部地区形成连年为害的老虫窝。

幼虫3龄，在新鲜被害株下很易找到幼虫。幼虫终生栖于土中，且随地温升降而上下移动，最适合活动的土温为 13～18℃。春季 10cm 地温达 10℃时幼虫由土壤深处向上移动，地温约 20℃时主要在5～10cm 处活动取食，高于 23℃时又向深土层转移。至秋季地温降至适宜活动温度时再移向浅土层。土温降至 10℃以下时又向深处迁移，越冬于 30～40cm 处。

土壤过湿或过干都会造成幼虫大量死亡；灌水和降雨对幼虫在土壤中的分布也有影响，如遇降雨或灌水则暂停为害下移至土壤深处，若遭水浸则在土壤内作一穴室，如浸渍3天以上则常窒息而死，故可灌水减轻幼虫的危害。老熟幼虫在土深20cm处筑土室化蛹。

（二）金龟甲类综合防治方法

1. 防治成虫

1）金龟子一般都有假死性，可于早晚气温不太高时振落捕杀。

2）夜出性金龟子大多数都有趋光性，可设黑光灯诱杀。

3）利用性激素诱捕金龟，如苹毛丽金龟、小云斑鳃金龟等效果均较明显，有待于进一步研究应用。

4）成虫发生盛期（应避开花期）可喷洒40.7%乐斯本乳油1000倍液。

2. 除治蛴螬

1）加强苗圃管理，圃地勿用未腐熟的有机肥或将杀虫剂与堆肥混合施用。冬季翻耕，将越冬虫体翻至土表冻死。

2）可用50%辛硫磷颗粒剂30~37.5 kg/hm² 或毒死蜱颗粒剂处理土壤。

3）苗木出土后，发现蛴螬为害根部，可用50%辛硫磷1000~1500倍液或48%毒死蜱乳油2000倍液灌注苗木根际。灌注效果与药量多少关系很大，如药液被表土吸收而达不到蛴螬活动处，效果就差。

4）土壤含水量过大或被水久淹，蛴螬数量会下降，可于11月前后冬灌，或于5月上、中旬生长期间适时浇灌大水，均可减轻危害。

3. 生物防治

蛴螬乳状菌能感染十多种蛴螬，感病率一般在10%左右，最高可达60%以上，可将病虫包装处理后，用来防治蛴螬。蛴螬的其他天敌也很多，如各种益鸟、青蛙等，可以保护利用。

三、地老虎类

地老虎属鳞翅目，夜蛾科。目前国内已知有10余种。主要有小地老虎、大地老虎和黄地老虎。小地老虎分布普遍，其严重为害地区为长江流域、东南沿海各省，在北方分布在地势低洼、地下水位较高的地区。黄地老虎分布在淮河以北，主要为害区为甘肃、青海、新疆、内蒙古及东北北部地区。大地老虎只在局部地区造成为害。地老虎食性很杂，幼虫为害寄主的幼苗，从地面截断植株或咬食未出土幼苗，亦能咬食作物生长点，严重影响植株的正常生长。

（一）主要地老虎种类

1. 小地老虎

别名土蚕、地蚕。分布在全国各地，长江流域及南部沿海各省最多。为害松、杉、罗汉松苗及菊花、一串红、万寿菊、孔雀草、百日草、鸡冠花、香石竹、金盏菊、羽衣甘蓝等。幼虫为害寄主的幼苗，从近地面咬断植株或咬食未出土幼苗及生长点，使整株死亡，造成缺苗断垄，严重的甚至毁种。

（1）形态特征　成虫体长16~23mm，翅展42~54mm，深褐色，前翅由内横线、外横线将全翅分为3段，具有显著的肾状斑、环形纹、棒状纹和2个黑色剑状纹；后翅灰色无斑纹。卵长0.5mm，半球形，表面具纵横隆纹，初产乳白色，后出现红色斑纹，孵化前灰黑色。幼虫体长37~47mm，灰黑色，体表布满大小不等的颗粒，臀板黄褐色，具2条深褐色纵带。蛹长18~23mm，赤褐色，有光泽，第5~7腹节背面的刻点比侧面的刻点大，臀棘为短刺1对（图4-64）。

（2）发生规律　江苏1年5代，福州1年6代，以老熟幼虫、蛹及成虫越冬。成虫夜间活动、交配产卵，卵产在5cm以下矮小杂草上，尤其在贴近地面的叶背或嫩茎上，卵散产或成堆产，每雌

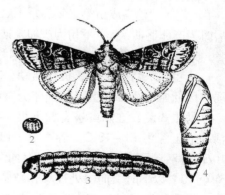

图4-64　小地老虎

1—成虫　2—卵　3—幼虫　4—蛹

虫平均产卵800~1000粒。成虫对黑光灯及糖醋酒等趋性较强。幼虫共6龄，3龄前在地面、杂草或寄主幼嫩部位取食，为害不大；3龄后昼间潜伏在表土中，夜间出来为害。老熟幼虫有假死习性，受惊缩成环形。老熟幼虫于土中筑土室化蛹。小地老虎喜温暖及潮湿的条件，最适发育温区为13~25℃，在河流湖泊地区或低洼内涝、雨水充足及常年灌溉地区，如属土质疏松、团粒结构好、保水性强的壤土、粘壤土、沙壤土均适于小地老虎的发生。尤在早春菜田及周缘杂草多，可提供产卵场所；蜜源植物多，可为成虫提供补充营养的情况下，将会形成较大的虫源，发生严重。

2. 大地老虎

别名黑虫、地蚕、土蚕、切根虫、截虫。分布北起黑龙江、内蒙古，南至福建、江西、湖南、广西、云南。为害菊花、香石竹、月季、罗汉松等。幼虫为害先取食近地面的叶片或将幼苗咬断拖到土穴内潜伏在土中取食。常将花圃内的月季茎基部皮层组织咬坏，呈环状后枯萎死亡。

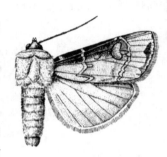

图4-65　大地老虎

（1）形态特征　成虫体长14~19mm，翅展32~43mm，灰褐至黄褐色。额部具钝锥形突起，中央有一凹陷。前翅黄褐色，全面散布小褐点，各横线为双条曲线但多不明显，肾纹、环纹和剑纹明显，且围有黑褐色细边，其余部分为黄褐色；后翅灰白色，半透明（图4-65）。卵扁圆形，底平，黄白色，具40多条波状弯曲纵脊，其中约有15条达到精孔区，横脊15条以下，组成网状花纹。幼虫体长33~45mm，头部黄褐色，体淡黄褐色，体表颗粒不明显，体多皱纹而淡，臀板上有两块黄褐色大斑，中央断开，小黑点较多，腹部各节背面毛片，后两个比前两个稍大。蛹体长16~19mm，红褐色。第5~7腹节背面有很密的小刻点9~10排，腹末生粗刺一对。

（2）发生规律　1年1代，以幼虫在杂草丛及表土层越冬。长江流域3月初出土为害，5月上旬进入为害盛期，气温高于20℃则滞育越夏，9月中旬开始化蛹，10月上中旬羽化为成虫。每雌可产卵1000粒，卵期11~24天，幼虫期300多天。

（二）地老虎类综合防治方法

1. 园林技术防治

早春清除杂草，防止地老虎成虫产卵是关键一环，清除的杂草，要沤粪处理。

2. 物理防治

一是黑光灯诱杀成虫。二是糖醋液诱杀成虫：糖6份、醋3份、白酒1份、水10份、90%敌百虫1份调匀，或用泡菜水加适量农药，在成虫发生期设置，均有诱杀效果。某些发酵变酸的食物，如甘薯、胡萝卜、烂水果等加入适量药剂，也可诱杀成虫。三是毒饵诱杀幼虫（参见蝼蛄）。四是堆草诱杀幼虫：在菜苗定植前，地老虎仅以田中杂草为食，因此可选择地老虎喜食的灰菜、刺儿菜、苦卖菜、小旋花、苜蓿、艾蒿、青蒿、白茅、鹅儿草等杂草堆放诱集地老虎幼虫，或人工捕捉，或拌入药剂毒杀。

3. 药剂防治

地老虎1~3龄幼虫期抗药性差，且暴露在寄主植物或地面上，是药剂防治的适期。喷洒2.5%溴氰菊酯或20%氰戊菊酯或20%菊·马乳油3000倍液、10%溴·马乳油2000倍液、90%敌百虫800倍液或50%辛硫磷800倍液。此外也可选用3%米乐尔颗粒剂，每1亩（667m²）2~5kg处理土壤。

四、金针虫类

金针虫类属鞘翅目叩甲科。其幼虫多为黄褐色，体壁坚硬、光滑，体形似针，故通称为金针虫。金针虫幼虫为害刚发芽的种子和幼苗的根部，也能咬食幼茎，受害部分不完全被咬断，切口不整齐，造成缺苗断垄，成虫咬食叶片成缺刻。

（一）常见金针虫种类

为害园林植物的常见金针虫类害虫有沟金针虫和细胸金针虫。

1. 沟金针虫

又名沟叩头虫、沟叩头甲、钢丝虫。分布于辽宁、河北、内蒙古、山西、河南、山东、江苏、浙江、安徽、湖北、陕西、甘肃、青海等地。为害松柏类、青桐、悬铃木、丁香、元宝枫、海棠及草本植物。

（1）形态特征　成虫体长 14～18mm，栗褐色。鞘翅长为头胸长度的 4～5 倍，纵列刻点不明显。当虫体被压住时，头和前胸能做叩头状的活动。成熟幼虫体长 20～30mm，金黄色，身体细长，圆柱形，略扁，皮肤光滑坚韧，头和末节特别坚硬，颜色多数是黄色或黄褐色。卵近椭圆形，乳白色。雌蛹长 16～22mm，雄蛹长 15～19mm（图 4-66）。

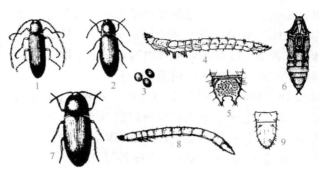

图 4-66　沟金针虫和细胸金针虫
沟金针虫：1—雄成虫　2—雌成虫　3—卵　4—幼虫
5—幼虫尾节特征　6—蛹
细胸金针虫：7—成虫　8—幼虫　9—幼虫尾节特征

（2）发生规律　2～3 年 1 代，以幼虫和成虫在土中越冬。越冬成虫于 2 月下旬开始出蛰，3 月中旬至 4 月中旬为活动盛期，白天潜伏于表土内，夜间出土交配产卵。雌虫无飞翔能力，每雌产卵 32～166粒，平均产卵 94 粒；雄成虫善飞，有趋光性。卵发育历期 33～59 天，平均 42 天。5 月上旬幼虫孵化，在食料充足的条件下，当年体长可至 15mm 以上，到第三年 8 月下旬，幼虫老熟，于 16～20cm 深的土层内作土室化蛹，蛹期 12～20 天，平均约 16 天。9 月中旬开始羽化，当年在原蛹室内越冬。在北京，3 月中旬 10cm 深土温平均为 6.7℃时，幼虫开始活动；3 月下旬土温达 9.2℃时，开始为害，4 月上中旬土温为 15.1～16.6℃时为害最严重。5 月上旬土温为 19.1～23.3℃时，幼虫则渐趋 13～17cm 深土层栖息；6月 10cm 土温达 28℃以上时，沟金针虫下潜至深土层越夏。9 月下旬至 10 月上旬，土温下降到 18℃左右时，幼虫又上升到表土层活动。10 月下旬随土温下降幼虫开始下潜，至 11 月下旬 10cm 土温平均 1.5℃时，沟金针虫潜于 27～33cm 深的土层越冬。由于沟金针虫雌成虫活动能力弱，一般多在原地交尾产卵，故扩散为害受到限制，因此在虫口高的田内一次防治后，在短期内种群密度不易回升。

2. 细胸金针虫

北至黑龙江、内蒙古、新疆，南至福建、湖南、贵州、广西、云南地区都有分布。主要发生在水湿地和低洼地。

（1）形态特征　成虫体长 8～9mm，宽约 2.5mm。体形细长扁平，被黄色细绒毛。头、胸部黑褐色，鞘翅、触角和足红褐色，光亮。鞘翅长约为头胸长度的 2 倍，上有 9 条纵裂刻点。幼虫淡黄褐色，光亮。尾节圆锥形，近基部两侧各有 1 个褐色圆斑和 4 条褐色纵纹。卵圆形，乳白色。蛹长 8～9mm（图 4-66）。

（2）发生规律　2～3 年完成 1 代。在内蒙古 6 月上旬土中有蛹，多在 7～10cm 深处，6 月中下旬羽化成为成虫。在土中产卵，卵散产。卵期 15～18 天。细胸金针虫在旱地几乎不发生，早春土壤解冻即开始活动，10cm 深土温达 7～12℃时为为害盛期。

（二）金针虫类综合防治方法

1. 园林技术防治

一是对于发生严重的地块，在深秋或初冬翻耕土地，不仅能直接消灭一部分害虫，并且将大量害虫暴露于地表，使其被冻死、风干或被天敌啄食、寄生等，一般可压低虫量15%～30%，明显减轻第二年的为害。二是苗圃地合理轮作。三是合理施用化肥：碳酸氢铵、腐殖酸铵、氨水、氨化过磷酸钙等化学肥料，散发出氨气对地下害虫具有一定的驱避作用。四是合理灌溉，土壤温湿度直接影响着害虫的活动。

2. 药剂防治

用50%辛硫磷乳油1000倍液、25%爱卡士乳油1000倍液、40%乐果乳油1000倍液或80%敌百虫可溶性粉剂1000倍液灌根。

实训 17 地下害虫的形态及为害状识别

1. 目的要求

识别当地常见地下害虫。

2. 材料及用具

小地老虎等当地常见地老虎，大黑鳃金龟、暗黑鳃金龟、铜绿丽金龟等当地常见金龟甲；沟金针虫等当地常见金针虫；东方蝼蛄等当地常见蝼蛄；蟋蟀、拟地甲、根蛆、根蟓、根象甲、根蚜等当地常见其他地下害虫的成、幼虫及为害状标本。

体视显微镜、放大镜、挑针、镊子、培养皿、泡沫塑料板等。

3. 内容与方法

（1）蝼蛄形态及为害状观察　肉眼观察蝼蛄成、若虫及卵的形态，比较成、若虫的形态特征。观察蝼蛄为害状，比较地上部分为害状与鼠的区别。

（2）金龟子（蛴螬）成虫与幼虫形态观察　肉眼观察金龟子成虫及幼虫形态，对照挂图识别其幼虫为害苗木根、成虫为害叶片后形成的孔洞。

（3）金针虫形态观察　扩大镜观察金针虫成虫与幼虫的形态特征，识别当地主要金针虫种类。

（4）小地老虎形态及为害状观察　观察小地老虎各虫态的形态特征，对照挂图或被害幼苗识别其为害状。

4. 实训作业

列表描述所观察到的地下害虫各虫态的形态及为害状。

复习题

1. 填空题

1）园林植物地下害虫主要有（　　　）类、（　　　）类、（　　　）类，金针虫类等。

2）金龟子的幼虫通称（　　　），属于（　　　）目的昆虫。

3）蛴螬类为害花卉幼苗根茎部，造成的伤口比较（　　　）。

4）蝼蛄为害植物幼苗根茎部，咬的切口（　　　）。

5）非洲蝼蛄在北方（　　　）年完成一代，华北蝼蛄（　　　）年完成一代。

6）地老虎类属于（　　　）目、（　　　）科昆虫，可以用（　　　）液诱杀其成虫。

7）金针虫为害主要在（　　　）、（　　　）两季。

8）小地老虎在我国一年发生（　　　）至7代。

9）用鲜草或（　　　）可以诱杀蝼蛄。

10）蛴螬体呈（　　　）色，头（　　　）色，身体呈（　　　）形弯曲，有（　　　）对胸足。

2. 选择题

1）在表土钻筑隧道，形成隆起墟土的是（　　　）。

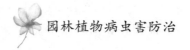

A. 蝼蛄   B. 蛴螬   C. 地老虎

2）在（　　）天气或雨前夜晚灯诱蝼蛄效果更好。

A. 温暖   B. 凉爽   C. 闷热

3）诱杀小地老虎的糖醋液配比为糖：醋：白酒：水各（　　）份。

A. 6：1：3：10   B. 6：3：1：10   C. 10：6：3：1

4）铜绿丽金龟以3龄幼虫在（　　）越冬。

A. 落叶层中   B. 土中   C. 树洞内

5）金针虫是（　　）幼虫的通称。

A. 鳞翅目夜蛾科   B. 鞘翅目金龟甲科   C. 鞘翅目叩甲科

3. 问答题

1）如何综合防治蝼蛄？

2）防治蛴螬幼虫可采用哪些措施？

3）如何综合防治地老虎类害虫？

单元5 园林植物主要病害及防治

学习目标

通过对叶花果病害、枝干病害、根部病害的种类、发生规律与综合防治措施等相关内容的学习，能根据病害特点开展有效综合防治。

知识目标

1. 掌握植园林植物主要病害的症状特点与发生规律。
2. 掌握园林植物主要病害综合管理方法。

能力目标

1. 能根据病害的症状特点诊断园林植物病害。
2. 能根据病害发生规律制订切实可行的综合防治方案，并组织实施，有效控制当地常见园林植物病害。

课题 1 叶花果病害

园林植物叶、花、果病害种类繁多。常见病害有白粉病、锈病、炭疽病、叶斑病、灰霉病、煤污病、霜霉病、叶畸形等。尽管叶花果病害很少引起植物死亡，但叶片上的斑点，特别是观叶植物，降低了其观赏价值，对园林植物的观赏效果影响很大。叶部病害通常引起早落叶、落花，削弱花木的生长势。

一、白粉病类

白粉病是植物受到白粉菌侵染所引起的病征。在我国各地均有发生，在北方地区的多雨季节以及长江流域及其以南的广大地区，发病率很高。除针叶树和球茎、鳞茎、兰花类等花卉以及角质层、蜡质层厚的花卉（如山茶、玉兰等）以外，许多观赏植物（如月季、瓜叶菊、金盏菊、松果菊、非洲菊、波斯菊、翠菊、大丽菊、百日菊、玫瑰、凤仙花、美女樱、秋葵、一品红、蜀葵、福禄考、秋海棠、栀子、紫藤、蔷薇、牡丹、菊花、芍药、大丽花、八仙花、九里香等大部分园林苗木及草坪植物）都有白粉病。白粉病主要为害花木的嫩叶、幼芽、嫩梢和花蕾。病征非常明显，在发病部位覆盖有一层白色粉层。

（一）常见园林植物白粉病

1. 月季白粉病

月季白粉病是一种常见病害，在我国各地均有发生。该病对月季危害较大，轻则使月季长势减弱、嫩叶片扭曲变形、花姿不整，影响生长和失去观赏价值，重则引起月季早落叶、花蕾畸形或不完全开放,连续发病则使月季枝干枯死或整株死亡,造成经济损失。该病也侵染玫瑰、蔷薇等植物。

(1)症状 大多发生在植株的嫩叶、幼芽、嫩枝及花蕾上。老叶较抗病。发病初期病部出现褪绿斑点,以后逐渐变成白色粉斑,逐渐扩大为圆形或不规则形的白粉斑,严重时布满白色粉状物,即病菌的分生孢子。最后粉斑上长出许多黄色小圆点。随后,小圆点颜色逐渐变深,直至呈现黑褐色,即病菌的闭囊壳。月季嫩芽受害后,病芽展开的叶片上、下两面都布满了白粉层,叶片皱缩、反卷、变厚,呈紫绿色,感病的叶柄及皮刺上的白粉层很厚,难剥离。嫩梢和叶柄发病时病斑略肿大,节间缩短,病梢弯曲、有回枯现象。花蕾染病时表面被满白粉,不能开花或花姿畸形。严重时,叶片干枯,花蕾凋落,甚至整株死亡(图5-1,图5-2)。

图5-1 月季白粉病症状

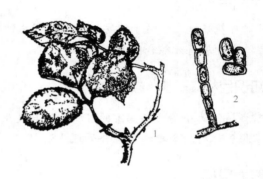

图5-2 月季白粉病
1—症状 2—白粉菌粉孢子

(2)病原 引起此病的病原常见的有以下两种:叉丝单囊壳菌 [*Podosphaera oxyaconthae* (DC.) debary],属子囊菌亚门、核菌纲、白粉菌目、叉丝单囊壳属。闭囊壳上附属丝6~16根,顶部叉状分枝2~5次,分枝的顶端膨大呈锣槌状,子囊1个,短椭圆形或近球形,子囊孢子8个,椭圆形或肾形。无性阶段为山楂粉孢霉(*Oidium crataegi* Grogn),分生孢子串生,单胞,卵圆形或桶形,无色。

单囊白粉菌 [*Sphaerotheca fulinea* (Schlecht.) Salm],属子囊菌亚门、核菌纲、白粉菌目、单囊白粉菌属。闭囊壳壳壁的细胞特大,附属丝5~10根,菌丝状,褐色,有隔膜。子囊短椭圆形或近球形。子囊孢子8个,椭圆形,无色透明。无性阶段为粉孢霉属的真菌(*Oidium* sp.),粉孢子串生,椭圆形,无色。

(3)发病规律 病原菌主要以菌丝体在芽中越冬,闭囊壳也可以越冬,但一般情况下,月季上较少产生闭囊壳。翌年春季病菌随芽萌动而开始活动,侵染幼嫩部位,3月中旬产生粉孢子。粉孢子主要通过风的传播,直接侵入。在温度20℃、湿度97%~99%的条件下,粉孢子2~4h就能萌发,3天左右就又能形成新的孢子。潜育期短,人工接种为5~7天。病原菌生长的最适温度为21℃;最低温度为3℃,最高温度为33℃。粉孢子萌发的最适湿度为97%~99%。露地栽培月季以春季4~6月和秋季9~10月发病较多,温室栽培可整年发生。

温室内光照不足、通风不良、空气湿度高、种植密度大,发病严重;氮肥施用过多、土壤中缺钙或过干的轻沙土,有利于发病;温差变化大、花盆土壤过干等,使寄主细胞膨压降低,都将减弱植物的抗病力,有利于白粉病的发生。月季的品种不同,白粉病的发生也有所不同,芳香族的多数品种不抗病,尤其是红色花品种极易感病。一般小叶、无毛的蔓生、多花品种较抗病。抗病品种叶片中磺基丙氨酸含量高,而感病品种的嫩叶中有β-丙氨酸,抗病品种和感病品种的老叶中则没有β-丙氨酸。

2. 紫薇白粉病

紫薇白粉病在我国普遍发生。据报道,云南、四川、湖北、浙江、江苏、山东、上海、北京、湖南、贵州、河南、福建等省市均有发生。白粉病使紫薇叶片枯黄,引起早落叶,影响树势和观赏。

(1)症状 白粉病主要侵害紫薇的叶片,嫩叶比老叶易感病。嫩梢和花蕾也会受侵染。叶片展开即可受侵染。发病初期，叶片上出现白色小粉斑，后扩大为圆形病斑，白粉斑可相互连接成片，有时白粉层覆盖整个叶片。叶片扭曲变形，枯黄早落。发病后期白粉层上出现由白而黄，最后变为黑色的小点粒——闭囊壳（图5-3，图5-4）。

图 5-3　紫薇白粉病症状

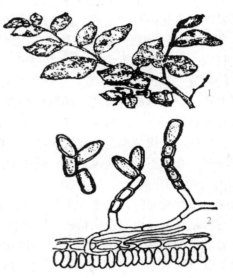

图 5-4　紫薇白粉病
1—症状　2—白粉菌分生孢子

（2）病原　为南方小钩丝壳菌［*Uneinuliella australiana*（MoAlp.）zheng&chen］，属子囊菌亚门核菌纲白粉菌目小钩丝壳属。菌丝体着生于叶片上下表面。闭囊壳聚生至散生，暗褐色，球形至扁球形，附属丝有长、短两种，长附属丝直或弯曲，长度为闭囊壳的1~2倍，顶端钩状或卷曲1~2周；子囊3~5个，卵形、近球形；子囊孢子5~7个，卵形。

（3）发病规律　病原菌以菌丝体在病芽或以闭囊壳在病落叶上越冬，粉孢子由气流传播；生长季节有多次再侵染。粉孢子萌发最适宜的温度为19~25℃。

紫薇发生白粉病后，其光合作用强度降低，病叶组织蒸腾强度增加，从而加速叶片的衰老、死亡。紫薇白粉病主要发生在春、秋季，秋季发病为害最为严重。

3. 大叶黄杨白粉病

大叶黄杨白粉病是大叶黄杨上的常见病害。在我国四川、上海、浙江、山东、江西等地均有发生。大叶黄杨易受白粉病为害的是嫩叶和新梢，严重时叶卷曲，枝梢扭曲变形，甚至枯死。

（1）症状　白粉多分布于大叶黄杨的叶面，也有生长在叶背面的。单个病斑圆形，白色，愈合之后不规则。将表生的白色粉状菌丝和孢子层拭去时原发病部位呈现黄色圆形斑。严重时新梢感病可达100%。有时病叶发生皱缩，病梢扭曲畸形，甚至枯死（图5-5，图5-6）。

图 5-5　大叶黄杨白粉病症状

图 5-6　大叶黄杨白粉病
1—症状　2—菌丝和分生孢子

（2）病原　为正木粉孢霉［*Oidium euonymijaponicae*（Arc.）Sacc.］，属半知菌亚门、丝孢菌纲、丛梗孢目、丛梗孢科、粉孢霉属。菌丝表生，无色，有隔膜，具分枝，分生孢子梗棍棒状，基部细胞稍扭曲，分生孢子椭圆形，单独成熟或成短链。在全年植物生长季节所采集的标本上均不产生有性阶段，但经人工诱发可产生病菌有性阶段，有性阶段为 *Microsphaera sp.*。

（3）发病规律　病菌一般以菌丝体在病组织越冬，病叶、病梢为翌春的初侵染来源。在大叶黄杨展叶时和生长期，病原菌产生大量的分生孢子，分生孢子随风雨传播，直接穿透侵入寄主，潜育期5~8天。发病的峰值一般出现于4~5月。病斑的发展也与叶的幼老关系密切，随着叶片的老化，病斑发展受限制，在老叶上往往形成有限的近圆形的病斑，而在嫩叶上，病斑扩展几乎无限，甚至布满整个叶片。以后，病害发展停滞下来，特别是7~8月，在白粉病病斑上常常出现白粉寄生菌（*Cicinnobolus* sp.），严重时，整个病斑变成黄褐色。在发病期间，雨水多则发病严重；徒长枝叶发病重；栽植过密，行道树下遮阴的绿篱，光照不足、通风不良、低洼潮湿等因素都可加重病害的发生，绿篱较绿球病重。

4. 瓜叶菊白粉病

白粉病是瓜叶菊温室栽培中的主要病害。除瓜叶菊外，此病还发生在菊花、金盏菊、波斯菊、百日菊等多种菊科花卉上。苗期发病植株，因生长不良成矮化或畸形，发病严重时全叶干枯。

（1）症状　此病主要为害叶片，严重时也可发生在叶柄、嫩茎以及花蕾上。发病初期，叶面上出现不明显的白色粉霉状病斑，后来成近圆形或不规则形黄色斑块，上覆一层白色粉状物，严重时多个病斑相连白粉层覆盖全叶。在严重感病的植株上，叶片和嫩梢扭曲，新梢生长停滞，花朵变小，有的不能开花，最后叶片变黄枯死。发病后期，叶面的白粉层变为灰白色或灰褐色，其上可见黑色小点粒——病菌的闭囊壳（图5-7）。

（2）病原　病原菌为二孢白粉菌（*Erysiphe eichoracearum* DC.），属子囊菌亚门、核菌纲、白粉菌目、白粉菌属。闭囊壳上附属丝多，菌丝状；子囊6~21个，卵形或短椭圆形；子囊孢子2个，少数3个，椭圆形。该菌的无性阶段为豚草粉孢霉属（*Oidium ambrosiae* Thum.）分生孢子椭圆形或圆筒形。

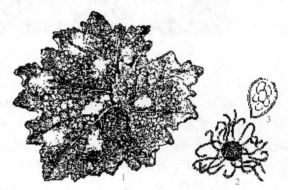

图5-7　瓜叶菊白粉病
1—症状　2—闭囊壳　3—子囊及子囊孢子

（3）发病规律　病原菌以闭囊壳在病株残体上越冬。翌年病菌借助气流和水流传播，孢子萌发后以菌丝自表皮直接侵入寄主表皮细胞。该病的发生与温度关系密切，15~20℃有利于病害的发生，7~10℃以下时，病害发生受到抑制。病害的发生一年中有两个高峰，苗期发病盛期为11~12月，成株发病盛期为3~4月。

（二）白粉病类防治措施

1. 清除侵染来源

秋冬季结合清园扫除枯枝落叶，生长季节结合修剪整枝及时除去病芽、病叶和病梢，以减少侵染来源。

2. 加强栽培管理

提高园林植物的抗病性。适当增施磷、钾肥，合理使用氮肥；种植不要过密，适当疏伐，以利于通风透光；及时清除感病植株，摘除病叶，剪去病枝，是减少棚室花卉白粉病发生的一条有效措施；加强温室的温湿度管理，特别是早春保持较恒定的温度，防止温度的忽高忽低，有规律地通风换气，使湿度不至于过高，营造不利于白粉病发生的环境条件。

3. 选用抗病品种

尽可能地选择抗病品种，繁殖时不使用感病株上的枝条或种子。例如月季可选白金、女神、爱斯来拉达、爱、金凤凰等抗白粉病的品种。

4. 药剂防治

发芽前喷施 3~4Be°的石硫合剂（草本花木上禁用）；生长季节用 25% 粉锈宁可湿性粉剂 2000 倍液、30% 氟菌唑 800~1000 倍液、80% 代森锌可湿性粉剂 500 倍液、70% 甲基托布津可湿性粉剂 1000 倍液、50% 退菌特 800 倍液或 15% 绿帝可湿性粉剂 500~700 倍液进行喷雾，每隔 7~10 天喷 1 次，喷药时先叶后枝干，连喷 3~4 次，可有效地控制病害发生。在温室内可用 45% 百菌清烟剂熏烟，每 1 亩（667m²）用药量为 250g，也可在夜间用电炉加热硫磺粉（温度控制在 15~30℃），对白粉病有较好的防治效果。

二、锈病类

锈病是园林植物中的一类常见病害。园林植物受害后，发病部位产生黄褐色锈状物，常造成提早落叶、花果畸形、嫩梢易折，影响植物的生长，降低植物的观赏性。

（一）常见园林植物锈病

1. 玫瑰锈病

玫瑰锈病为世界性病害。我国的北京、山东、河南、陕西、安徽、江苏、广东、云南、上海、浙江、吉林等地均有发生。该病还可为害月季、野玫瑰等园林植物，感病植物提早落叶，削弱植物生长势，影响观赏效果，减少切花产量。

（1）症状 病菌主要为害叶片和芽。玫瑰芽受害后，展开的叶片布满鲜黄色粉状物，叶背出现黄色的稍隆起的小斑点（锈孢子器）。小斑点最初生于表皮下，成熟后突破表皮，散出橘红色粉末，病斑外围往往有褪色环圈。叶正面的性孢子器不明显。随着病情的发展，叶片背面（少数地区叶正面也会出现）出现近圆形的橘黄色粉堆（夏孢子堆）。发病后期，叶背出现大量黑色小粉堆（冬孢子堆）（图 5-8）。

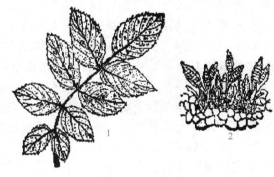

图 5-8 玫瑰锈病
1—症状 2—冬孢子堆

病菌也可侵害嫩梢、叶柄、果实等部位。受害后病斑明显地隆起，嫩梢、叶柄上的夏孢子堆呈长椭圆形，果实上的病斑为圆形，果实畸形。

（2）病原 引起玫瑰锈病的病原种类很多，国内已知有 3 种均属担子菌亚门、冬孢菌纲、锈菌目、多胞菌属（*Phraymidium*）分别为短尖多胞锈菌［*Ph. mucronatum*（Pers.）Schlecht.］、蔷薇多胞锈菌（*Ph. rosaemultiflorae* Diet.）和玫瑰多胞锈菌（*Ph. rosaerugprugosae* Kasai.）。其中短尖多胞锈菌为害大、分布广。该病菌性孢子器生于上表皮，往往不明显。锈孢子器橙黄色，周围有很多侧丝；锈孢子亚球形或广椭圆形，淡黄色，有瘤状刺。夏孢子堆橙黄色；夏孢子球形或椭圆形，孢壁密生细刺。冬孢子堆红褐色、黑色；冬孢子圆筒形，暗褐色，3~7 个横隔，不缢缩，顶端有乳头状突起，无色，孢壁密生无色瘤状突起；孢子柄永存，上部有色，下部无色，显著膨大。

（3）发病规律 该病原菌为单主寄生（在玫瑰上可完成其整个生活史）。病原菌以菌丝体在病芽、病组织内或以冬孢子在病落叶上越冬。翌年芽萌发时，冬孢子萌发产生担孢子，侵入植株幼嫩组织。在南京地区 3 月下旬出现明显的病芽，在嫩芽、嫩叶上产生橙黄色粉状的锈孢子。4 月中旬在叶背产生橙黄色的夏孢子，经风雨传播后，由气孔侵入进行第一次侵染，以后条件适宜时，叶背不断产生大量夏孢子，进行多次再侵染，病害迅速蔓延。发病的最适温度为 18~21℃。一年中以 6~7 月发病比较重，秋季有一次发病小高峰。温暖、多雨、多露、多雾的天气有利于病害的发生；偏施氮肥会加重病害的危害。

2. 草坪草锈病

草坪草锈病是草坪草上的常见病害，发生非常普遍，我国的黑龙江、山东、广东、江苏、四川、云南、上海、北京、浙江、湖南、台湾等地均有发生。锈病发生严重时，草坪草过早地枯黄，降低使用价值及观赏性。

由于草坪草的种类很多，锈菌种类也不相同，这里仅以研究较多的细叶结缕草（天鹅绒草）锈病为例做介绍。

（1）症状 该病主要发生在结缕草的叶片上，发病严重时也侵染草茎。早春叶片一展开即可受侵染。发病初期叶片上下表皮均可出现疱状小点，逐渐扩展形成圆形或长条状的黄褐色病斑——夏孢子堆，稍隆起。夏孢子堆在寄主表皮下形成，成熟后突破表皮裸露呈粉堆状，橙黄色。夏孢子堆长 1mm 左右。冬孢子堆生于叶背，黑褐色，线条状，长 1～2mm，病斑周围叶肉组织失绿变为浅黄色。发病严重时整个叶片枯黄、卷曲干枯（图 5-9）。

（2）病原 结缕草柄锈菌（*Puccinia zoysiae* Diet.）是细叶结缕草锈病的病原菌，属担子菌亚门、冬孢菌纲、锈菌目、柄锈菌属。夏孢子堆椭圆形；夏孢子椭圆形至卵形，单胞，淡黄色，表面有小刺，冬孢子棍棒状，双细胞，黄褐色，顶部细胞壁厚，平钝。细叶结缕草锈病菌为转主寄生锈菌，其性孢子器及锈孢子器生于转主寄主鸡矢藤等寄主植物上。

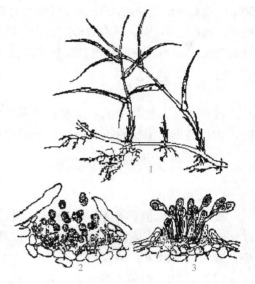

图 5-9 细叶结缕草锈病
1—症状 2—夏孢子堆 3—冬孢子堆

（3）发病规律 病原菌可能以菌丝体或冬孢子堆，在病株或病植物残体上越冬。根据观察，细叶结缕草 4～5 月叶片上出现褪绿色病斑，5～6 月及秋末发病较重，9～10 月草叶枯黄。9 月底、10 月初产生冬孢子堆。病原菌生长发育适温为 17～22℃；空气相对湿度在 80% 以上有利于侵入。

光照不足，土壤板结，土质贫瘠，偏施氮肥的草坪发病重；病残体多的草坪发病重。

3. 毛白杨锈病

又名白杨叶锈病。分布于全国各毛白杨栽植区，尤其河南、河北、北京、山东、山西、陕西、新疆、广西等地更为严重。近年来，浙江省各杨树栽培基地发生严重。主要为害毛白杨，还为害新疆杨、苏联塔形杨、河北杨、山杨和银白杨等白杨派杨树。

（1）症状 毛白杨春天发芽时，病芽早于健康芽 2～3 天发芽，上面布满锈黄色粉状物，形成锈黄色球状畸形病叶，远看似花朵，严重时经过 3 周左右就干枯变黑。正常叶片受害后在叶背面出现散生的橘黄色粉状堆，是病菌进行传播和侵染的夏孢子。受害叶片正面有大型枯死斑。嫩梢受害后，上面产生溃疡斑。早春在前一年病落叶上可见到褐色、近圆形或多角形的疱状物，为病菌的冬孢子堆（图 5-10，图 5-11）。

图 5-10 毛白杨锈病症状

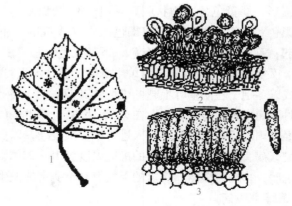

图 5-11 毛白杨锈病
1—叶片散生、聚生的夏孢子 2—夏孢子堆 3—冬孢子堆

（2）病原　我国报道的毛白杨锈病的病原菌有三种：马格栅锈菌（*Melampsora magnusiana* Wagner）和杨栅锈菌（*M. rostrupii* Wagner），属担子菌亚门、冬孢菌纲、锈菌目、栅锈属；圆痂夏孢锈菌（*Uredo tholopsora* Cummis）属担子菌来亚门、冬孢菌纲、锈菌目、夏孢锈属。

我国毛白杨以马格栅锈菌引起的锈病最为普遍。夏孢子新鲜时近圆形，内含物鲜黄色，均匀，失水后变形为钝卵圆形，外壁无色，密生刺状突起；侧丝头状或球拍状，有少许鲜黄色或无色内含物；冬孢子堆褐色，圆痂状；冬孢子柱状，上部宽于下部。

（3）发病规律　病菌主要在受侵染的冬芽内越冬，翌年放芽时，散发出大量夏孢子，成为初侵染的重要来源。夏孢子芽管直接穿透角质层，自叶的正、背两面侵入。潜育期约 5～18 天。马格栅锈菌的转主寄主为紫堇属和白屈菜属植物，杨栅锈菌的转主寄主为山靛属植物，但在我国一般只有毛白杨等寄主的情况下，白杨叶锈病依然发生。春天毛白杨发芽时始发病，5～6 月为第 1 次发病高峰，8 月以后长新叶，又出现 1 次发病高峰，但比春天发病轻。毛白杨锈病主要为害 1～5 年生幼苗和幼树，老叶很少发病。不同杨树发病轻重不同，毛白杨比新疆毛白杨感病重，不同来源的毛白杨感病情况也不同，河北的毛白杨较抗病，河南的毛白杨和箭杆毛白杨易感病。苗木过密、通风透光不良，病害发生得早而且重。灌水过多或地势低洼、雨水偏多时病害严重。

4. 海棠锈病

又名梨桧锈病，主要为害海棠及其仁果类观赏植物和桧柏。该病在我国发生普遍，各地均有发生。该病使海棠叶片病斑密布、枯黄早落，造成桧柏针叶小枝干枯、树冠稀疏，影响观赏效果。

（1）症状　病菌主要为害海棠的叶片，也可为害叶柄、嫩枝、果实。感病初期，叶片正面出现橙黄色、有光泽的小圆斑，病斑边缘有黄绿色的晕圈，其后病斑上产生针头大小的黄褐色小颗粒，即病菌的性孢子器。大约 3 周后病斑的背面长出黄白色的毛状物，即病菌的锈孢子器。叶柄、果实上的病斑明显隆起，多呈纺锤形，果实畸形并开裂。嫩梢发病时病斑凹陷，病部易折断。

秋冬季病菌为害转主寄主桧柏的针叶和小枝，最初出现淡黄色斑点，随后稍隆起，最后产生黄褐色圆锥形角状物或楔形角状物，即病菌的冬孢子角，翌年春天，冬孢子角吸水膨胀为橙黄色的胶状物，犹如针叶树"开花"（图 5-12）。

（2）病原　病原菌主要有 2 种：山田胶锈菌（*Gymnosporangium yamadai* Miyabe）和梨胶锈菌（*G. haraeanum* Syd.），均属担子菌亚门、冬孢菌纲、锈菌目、胶锈菌属。

山田胶锈菌：性孢子器球形，生于叶片的上表皮下，丛生，由蜡黄色渐变为黑色；性孢子椭圆形或长圆形。锈孢子器毛发状，多生于叶背的红褐色病斑上，丛生；锈孢子球形至椭圆形，淡黄色。冬孢子广椭圆形或纺锤形，双细胞，分隔处稍缢缩或不缢缩，黄褐色，有长柄。担孢子亚球形、卵形、无色、单胞。

梨胶锈菌与山田胶锈菌相似。但性孢子器扁球形，较小，而性孢子纺锤形，较大。

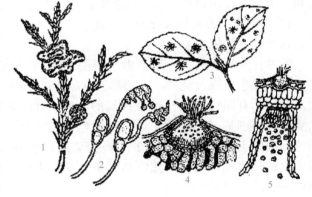

图 5-12　海棠锈病
1—桧柏上的冬孢子角　2—冬孢子萌发
3—海棠叶上的症状　4—性孢子器　5—锈孢子器

（3）发病规律　病菌以菌丝体在桧柏上越冬，可存活多年。翌年 3、4 月冬孢子成熟，春雨后，冬孢子角吸水膨大成花朵状，当日平均气温达 10.6～11.6℃，旬平均温度达 8.2～8.3℃以上时，萌发产生担孢子；担孢子借风雨传播到海棠的嫩叶、叶柄、嫩枝、果实上，萌发产生芽管直接由表皮侵入；经 6～10 天的潜育期，在叶正面产生性孢子器；约 3 周后在叶背面产生锈孢子器。锈孢子借风雨传播到桧柏上侵入新梢越冬。因该病菌无夏孢子，故生长季节没有再侵染。

该病的发生与气候条件关系密切。春季多雨气温低或早春干旱少雨发病轻，春季温暖多雨则发病

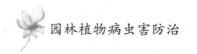

重。该病发生与园林植物的配置关系十分密切。该病菌需要转主寄生才能完成其生活史，故海棠与桧柏类针叶树混栽发病就重。

（二）锈病类防治措施

1. 合理配置园林植物

为了预防海棠锈病，在园林植物配置上要避免海棠和桧柏类针叶树混栽；如因景观需要必须一起栽植，则应考虑将桧柏类针叶树栽在下风向，或选用抗性品种。

2. 清除侵染来源

结合庭园清理和修剪，及时除去病枝、病叶、病芽并集中烧毁。

3. 药剂防治

在休眠期喷洒3Be°的石硫合剂可以杀死在芽内及病部越冬的菌丝体；生长季节喷洒25%粉锈宁可湿性粉剂1500~2000倍液，或12.5%烯唑醇可湿性粉剂3000~6000倍液，或65%代森锌可湿性粉剂500倍液，可起到较好的防治效果。

三、炭疽病类

炭疽病是园林植物上的一类常见病害。其主要症状特点是子实体呈轮状排列，在潮湿情况下病部有粉红色的粘孢子团出现。炭疽病主要是由炭疽菌属（*Colletotrichum*）的真菌引起的，主要为害植物叶片，有的也能为害嫩枝。炭疽病有潜伏侵染的特点。

（一）常见园林植物炭疽病

1. 山茶炭疽病

山茶炭疽病是庭园及盆栽山茶上普遍发生的重要病害。我国四川、江苏、浙江、江西、湖南、湖北、云南、贵州、河南、陕西、广东、广西、天津、北京、上海均有发生。病害引起提早落叶、落蕾、落花、落果和枝条回枯，削弱山茶生长势，影响切花产量。

（1）症状　病菌侵染山茶地上部分的所有器官，主要为害叶片、嫩枝。

叶片：发病初期，叶片上出现浅褐色小斑点，逐渐扩大成赤褐色或褐色病斑，近圆形，直径5~15mm或更大。病斑上有深褐色和浅褐色相间的轮纹。叶缘和叶尖的病斑为半圆形或不规则形。病斑后期呈灰白色，边缘褐色。病斑上轮生或散生许多红褐色至黑褐色的小点，即病菌的分生孢子盘，在潮湿情况下，从其上溢出粉红色粘孢子团（图5-13）。

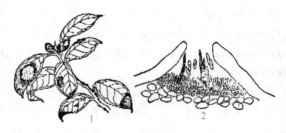

图 5-13　山茶炭疽病
1—症状　2—分生孢子盘

梢：病斑多发生在新梢基部，少数发生在中部，椭圆形或梭形，略下陷，边缘淡红色，后期呈黑褐色，中部灰白色，病斑上有黑色小点和纵向裂纹。病斑环梢一周，梢即枯死。

枝干：病斑呈梭形溃疡或不规则下陷，常具同心轮纹，削去皮层后木质部呈黑色。

花蕾：病斑多在茎部鳞片上，不规则形，黄褐色或黑褐色，无明显边缘，后期变为灰白色，病斑上有黑色小点。

果实：病斑出现在果皮上，黑色，圆形，有时数个病斑相连成不规则形，无明显边缘，后期病斑上出现轮生的小黑点。

（2）病原　病菌无性阶段为山茶炭疽菌（*Colletotrichum camelliae* Mass.）属半知菌亚门、腔孢菌纲、黑盘孢目、炭疽菌属。分生孢子盘着生于表皮细胞下；分生孢子梗无色，棍棒形；分生孢子长圆形，两端略钝圆，有的肾形，单胞，含有两个油球；分生孢子盘内有暗褐色刚毛，刚毛顶端尖锐，有时可见横隔膜。

病菌有性阶段为围小丛壳菌［*Glomerella cingulata*（Ston）Spauld et Schtenk.］，属子囊菌亚门、核菌纲、球壳菌目、小丛壳属。子囊壳黑色，球形，有乳状突起，有时有附属丝；子囊无色棒状，内有两排子囊孢子；子囊圆筒形，稍弯曲，无色，单胞。病菌的有性阶段比较少见。

（3）发病规律 病菌以菌丝、分生孢子或子囊孢子在病蕾、病芽、病果、病枝、病叶上越冬。翌年春天温湿度适宜时，产生分生孢子，成为初侵染来源。分生孢子借风雨传播，从伤口和自然孔口侵入。在一个生长季节里有多次再侵染。一年中，一般5～11月都可以发病，7～9月为发病高峰。病害发生与温湿度关系密切，旬平均温度达16.9℃左右，相对湿度86%时，开始发病；温度25～30℃，旬平均相对湿度88%时，出现发病高峰。山茶的不同品种间抗病性有差异。

2. 兰花炭疽病

兰花炭疽病是兰花上普遍发生的严重病害。除为害兰花外，还可为害虎头兰、宽叶兰、广东万年青等园林植物。我国兰花栽培区均有发生。兰花炭疽病轻者影响观赏效果，重者导致植株死亡，造成经济损失。

（1）症状 病菌主要侵害叶片，也侵害果实。发病初期，叶片上出现黄褐色稍凹陷的小斑点，后扩大为暗褐色圆形或椭圆形病斑，较大。发生在叶尖、叶缘的病斑呈半圆形或不规则形。发生在叶尖的病斑向下扩展，枯死部分可占叶片的1/5～3/5，发生在叶基部的病斑导致全叶或全株枯死。病斑中央灰褐色，有不规则的轮纹，其上着生许多近轮状排列的黑色小点，即病菌的分生孢子盘。潮湿情况下，产生粉红色粘孢子团。果实上的病斑不规则形，稍长（图5-14）。

（2）病原 为害春兰、建兰、婆兰等品种的病原菌为兰炭疽菌（*Colletotrichum orchidaerum* Allesoh.）属半知菌亚门、腔孢纲、黑盘孢目、炭疽菌属。分生孢子盘垫状，小形；刚毛黑色，有数个隔；分生孢子梗短细，不分枝；分生孢子圆筒形。

图5-14 兰花炭疽病
1—症状 2—病原菌分生孢子盘、分生孢子及刚毛

为害寒兰、蕙兰、披叶刺兰、建兰、墨兰等品种的病原菌为兰叶炭疽菌（*C. orchidaerum* f. *eymbidii* Allesoh.）。分生孢子盘周围有刚毛，褐色，一个分隔；分生孢子梗短、束生；分生孢子圆筒形、单胞，无色，中央有一油球。

（3）发病规律 炭疽菌以菌丝体和分生孢子盘在病株残体、假鳞茎上越冬。翌年气温回升，兰花展开新叶时，分生孢子进行初次侵染。病菌借风、雨、昆虫传播。一般自伤口侵入，嫩叶可直接侵入。潜育期2～3周。有多次再侵染。分生孢子萌发的适温为22～28℃。每年3～11月均可发病，4～6月梅雨季节发病重。株丛过密，叶片相互摩擦易造成伤口，蚧虫为害严重有利于病害发生。

（二）炭疽病类防治措施

1. 清除侵染来源

冬季彻底清除病株残体并集中烧毁；发病初期及时摘除病叶，剪除枯枝（应从病斑下5cm的健康组织处剪除），挖除严重感病植株。

2. 加强栽培管理

营造不利于病害发生的环境条件。控制栽植密度或盆花摆放密度，及时修剪，以利于通风透光，降低温度；改进灌水方式，以滴灌取代喷灌；多施磷、钾肥，适当控制氮肥，提高寄主的抗病力。选用抗病品种和健壮苗木。

3. 药剂防治

当新叶展开、新梢抽出后，喷洒1%的等量式波尔多液；发病初期喷施70%甲基托布津+50%福美双混剂1000倍液，或45%咪鲜胺水乳剂1500倍液，或80%炭疽福美可湿性粉剂1000倍液，或65%代森锌可湿性粉剂500倍液，或75%百菌清可湿性粉剂500~600倍液，或70%甲基托布津可湿性粉剂800倍液，或50%多菌灵可湿性粉剂800倍液，每隔7~10天喷1次，连续喷3~4次，要交替使用不同类型的药剂，也可混合用药。在温室内可以使用45%百菌清烟剂，每1亩（667m²）用药250g。

四、叶斑病类

叶斑病是叶片组织受病菌的局部侵染，而形成各种颜色各种形状斑点的一类病害的总称。叶斑病根据病斑的颜色或形状又可分为黑斑病、褐斑病、圆斑病、角斑病、斑枯病、轮斑病等种类。这类病害的大多数，后期往往在病斑上产生各种小颗粒或霉层。叶斑病严重影响叶片的光合作用效果，并导致叶片的提早脱落，影响植物的生长和观赏效果。

（一）常见园林植物叶斑病

1. 水仙大褐斑病

水仙大褐斑病是世界性病害，我国水仙栽培区发生普遍。水仙受害后，轻者叶片枯萎，重者降低鳞茎的成熟度，影响鳞茎质量。该病也可为害朱顶红、文珠兰、百支莲、君子兰等多种园林植物。

（1）症状　病菌侵染水仙的叶片和花梗。发病初期，叶尖出现水渍状斑点，后扩大成褐色病斑，病斑向下扩展至叶片的1/3或更大。再侵染多发生在花梗和叶片中。初为褐色斑，后变为浅红褐色，病斑周围的组织变黄色，病斑相互连接成长条状大斑。在潮湿情况下，病部密生黑褐色小点，即病菌的分生孢子器（图5-15）。

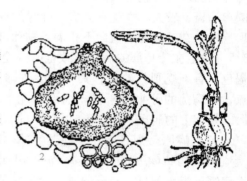

图5-15　水仙大褐斑病
1—症状　2—分生孢子器

（2）病原　病原菌为水仙大褐斑病菌 [*Stagonospora curtisu* (Berk.) Sacc. = S. parcissi Holls.]，属半知菌亚门、腔孢菌纲、球壳菌目、壳多隔孢属。分生孢子器聚生，球形或扁球形；分生孢子长椭圆形或圆筒形，无色，横隔1~3个，分隔处缢缩，含有一个大油球。

（3）发病规律　病菌以菌丝体或分生孢子在鳞茎表皮的上端或枯死的叶片上越冬或越夏。分生孢子由雨水传播，自伤口侵入，潜育期5~7天。病菌生长最适温度是20~26℃。4~5月气温偏高、降雨多则发病重。连作发病重。崇明水仙最易感病，黄水仙、臭水仙、青水仙、喇叭水仙等较抗病。

2. 茶花灰斑病

又名山茶轮斑病，是温室及苗圃栽培山茶最常见的重要病害之一。该病在我国发生普遍，且有些地区发病严重。该病在山茶叶上形成大的枯斑，引起叶枯、早落。连年发生树势衰弱，生长不良。该病还侵染茶梅、茶、木兰、杜鹃等植物。

（1）症状　山茶灰斑病主要为害叶片，也侵害嫩梢及幼果。发病初期，叶片正面出现浅绿色的或暗褐色的小斑点，逐渐扩大形成圆形、半圆形或不规则的大病斑，病斑褐色至黑色，后期病斑变为灰白色，但病斑边缘为暗褐色，稍隆起。病斑可以相互连合占据叶片的大部分，导致叶片早落。发病后期，病斑上着生许多较粗大的黑色点粒，即为病原菌的分生孢子盘。在潮湿条件下，从黑点粒中挤出黑色的粘孢子团。病原菌多从叶缘和叶尖侵入，因此病斑多发生在叶缘或叶尖。病斑组织可以脱落呈穿孔状，或撕裂使叶片支离破碎。嫩梢发病，病斑开始为淡褐色的水渍状长条斑，尔后病斑逐渐凹陷，病斑通常3~4mm长，有时长达10~30mm。病梢往往从基部脱落。果实发病，果皮开始出现茶褐色小斑点，逐渐扩展到整个果面，病果变软。后期病斑上轮生子实体（图5-16）。

（2）病原　山茶灰斑病病原菌是茶褐斑盘多毛孢（*Pestalotia puepini* Desm.），属半知菌亚门、丝孢菌纲、腔孢菌目、多毛孢属。分生孢子盘生在表皮下，成熟后突破表皮外露。分生孢子梗长，分生孢子纺锤形，有4个横隔，两端的细胞无色，中间3个细胞淡褐色，顶生鞭毛2～8根。有性阶段为赤叶枯菌［*Guignadia camelliae*（Cke.）Butler.］。

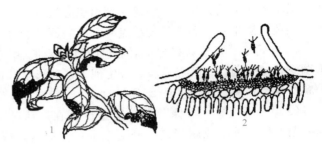

图5-16　茶花灰斑病
1—症状　2—分生孢子盘

（3）发病规律　病原菌以分生孢子或分生孢子盘或以菌丝体在病枯枝落叶上越冬。分生孢子由风雨传播；分生孢子自伤口侵入寄主组织，潜育期10天左右。温室栽培可以周年发病。田间接种实验证明，温度为26℃时分生孢子萌发率最高，是一种高温病菌。该病主要发生在5～10月。1年有2个发病高峰，即5月至6月初；7月初至8月中旬。该病10月下旬发生处于停滞状态。

高温、高湿条件是该病发生的诱因。气温和空气相对湿度升高时，病情指数也上升，一般条件下，在降雨5～10天后病情指数增高。抚育管理粗放，日灼、药害、机械损伤、虫伤等造成的大量伤口，均有利于病原菌的侵入。山茶品种抗病性有一定的差异。栽培的山茶花品种均有不同程度的感病。

3. 菊花褐斑病

该病又名菊花斑枯病，是菊花栽培品种上常见的重要病害。我国菊花产地均有发生，杭州、西安、广州、沈阳等市发病严重。该病侵染菊花，削弱菊花植株的生长，减少切花的产量，降低菊花的观赏性；还侵染野菊、杭白菊、除虫菊等多种菊科植物。

（1）症状　褐斑病主要为害菊花的叶片。发病初期，叶片上出现淡黄色的褪绿斑，或紫褐色的小斑点，逐渐扩大成为圆形的、椭圆形的或不规则形的病斑，褐色或黑褐色。后期，病斑中央组织变为灰白色，病斑边缘为黑褐色。病斑上散生着黑色的小点粒，即病原菌的分生孢子器。病斑的大小和颜色与菊花品种密切相关，如"登龙门""紫金荷"等品种上的病斑小，褐色，而"银峰铃""紫云风""初樱"等品种上的病斑大，褐色（图5-17）。

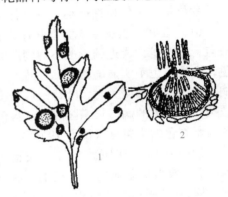

图5-17　菊花褐斑病
1—症状　2—分生孢子器

发病严重时叶片上病斑相互连接，使整个叶片枯黄脱落，或干枯倒挂于茎秆上。

（2）病原　菊花褐斑病病原菌是菊壳针孢菌（*Septoria chrysanthemella* Sacc.），属半知菌亚门、腔孢菌纲、球壳孢目、壳针孢属。分生孢子器球形或近球形，褐色至黑色；分生孢子梗短，不明显；分生孢子丝状，无色，有4～9个分隔。此外，美国还报道了另外一种病原菌：菊粗壮壳针孢菌（*S. obesa* Syd.）。

（3）发病规律　病原菌以菌丝体和分生孢子器在病残体或土壤中的病残体上越冬，成为次年的初侵染来源。分生孢子器吸水涨发溢出大量的分生孢子；由风雨传播；分生孢子从气孔侵入，潜育期20～30天。潜育期长短与菊花品种的感病性、温度有关，温度高潜育期较短，抗病品种潜育期较长。病害发育适宜温度为24～28℃。褐斑病的发生期是4～11月，8～10月为发病盛期。

秋雨连绵、种植密度或盆花摆放密度大、通风透光不良，均有利于病害的发生。连作，或老根留种及多年栽培的菊花发病均比较严重。不同菊花品种抗病性差异很显著。

4. 荷花斑枯病

斑枯病是荷花常见的病害之一。我国荷花产地均有发生，尤其缸（盆）栽荷花发病最严重。斑枯病使荷花生长衰弱，开花少而小。

（1）症状　荷花斑枯病主要为害荷花叶片。发病初期，叶片上出现许多褪绿的小斑点，以后逐渐扩大形成不规则形的大病斑。病斑中部组织红褐色，病斑干枯后呈浅褐色至深棕色，并具有轮纹。发病后期，病斑上散生着许多黑色的小点粒，即病原菌的分生孢子器。

（2）病原　斑枯病的病原菌是自睡莲叶点霉菌（*Phyllosticta hydrophlla* Sacc.），属半知菌亚门、腔孢菌纲、球壳菌目、叶点霉属。分生孢子器球形至凸镜状，褐色；分生孢子圆柱形至纺锤形，弓形至弯曲状，两端略尖，无色（图 5-18）。

（3）发病规律　病原菌以分生孢子器在病落叶上越冬，寄生性较强；病原菌分生孢子由风雨传播；分生孢子自伤口侵入或自表皮直接侵入，潜育期 5～7 天。该菌生长适宜温度为 25～30℃，温度范围为 16～38℃。在浙江，荷花斑枯病发生期为 5～10 月，8～9 月为发病盛期。

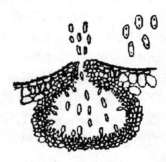

图 5-18　荷花斑枯病病原

病害发生的早晚和严重程度主要和气温及空气相对湿度有关。温度在 23℃ 以上，降雨量在 140mm 以上时发病严重。

病残体多、土壤贫瘠加重斑枯病的发生。新叶抽出期及结实期比开花期的叶片敏感，发病严重。立叶发病往往严重，浮叶发病轻，盆（缸）栽荷花发病严重，湖塘栽植的荷花发病轻。

5. 芍药褐斑病

又称芍药红斑病。是芍药上的一种重要病害。我国的四川、河北、河南、浙江、江苏、陕西、吉林、山东、山西、兰州、乌鲁木齐、上海、天津、北京、大连等地均有发生。该病也能侵害牡丹。常引起叶片早枯，致使植株矮小、花小且少，严重的会造成植株死亡。

（1）症状　病菌主要为害叶片，也能侵染枝条、花、果实。发病初期，叶背出现针尖大小的凹陷的斑点，逐渐扩大成近圆形或不规则形的病斑，叶缘的病斑多为半圆形。叶片正面的病斑为暗红色或黄褐色，有淡褐色不明显的轮纹。叶背的病斑一般为淡褐色（因品种而异）。严重时病斑连接成片，叶片皱缩、枯焦。在湿度大时，叶背的病斑上产生墨绿色的霉层，即为病菌的分生孢子梗和分生孢子。幼茎、枝条、叶柄上的病斑长椭圆形，红褐色。叶柄基部、枝干分叉处的病斑呈黑褐色溃疡斑。病害在花上表现为紫红色的小斑点（图 5-19）。

（2）病原　病原菌为牡丹枝孢霉（*Clados poriumpaeoniae* Pass.），属半知菌亚门、丝孢纲、丛梗孢目、枝孢菌属。分生孢子梗 3～7 根丛生，黄褐色，有 2～6 个分隔；分生孢子纺锤形或卵形，1～2 个细胞，多为单胞，偶见双胞。

（3）发病规律　病菌主要以菌丝体在病部或病株残体上越冬。翌年春天，在潮湿情况下产生分生孢子，借风雨传播，一般从伤口侵入，也可从表皮细胞直接侵入。潜育期短，一般为 6 天左右，但病斑上子实体的形成时间很长，大约在病斑出现后 1.5～2 个月左右时间才出现子实体，因此一般在一个生长季节只有一次再次侵染。该病的发生与春天降雨情况、立地条

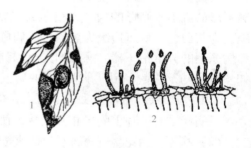

图 5-19　芍药褐斑病
1—症状　2—分生孢子及分生孢子梗

件、种植密度关系密切。春雨早、雨量适中，发病早、为害重；土壤贫瘠、含沙量大，植物生长势弱，发病重；种植过密、株丛过大，致使通风不良，加重病害发生。芍药的栽培品种之间抗病性差异很大。"东海朝阳""紫袍金带""小紫玲""兰盘银菊""粉霞点翠""凤落金池"等品种抗病性强，"紫芙蓉""胭脂点玉""无暇玉""娃娃面""粉边金鱼""粉珠盘""黑紫含金"等品种最易感病。

6. 月季黑斑病

月季黑斑病是月季上的一种重要病害，我国各月季栽培地区均有发生。月季感病后，叶片枯黄、早落，导致月季第二次发叶，严重影响月季的生长，降低切花产量，影响观赏效果。该病也能为害玫瑰、黄刺梅、金樱子等蔷薇属的多种植物。

（1）症状　病菌主要为害叶片，也能侵害叶柄、嫩梢等部位。在叶片上，发病初期正面出现褐色小

斑点，后逐渐扩大成圆形、近圆形、不规则形的黑紫色病斑，病斑边缘呈放射状，这是该病的特征性症状。病斑中央灰白色，其上着生许多黑色小颗粒，即病菌的分生孢子盘。病斑周围组织变黄，在有些月季品种上黄色组织与病斑之间有绿色组织，这种现象称为"绿岛"。嫩梢、叶柄上的病斑初为紫褐色的长椭圆形斑，后变为黑色，病斑稍隆起。花蕾上的病斑多为紫褐色的椭圆形斑（图 5-20）。

（2）病原　病原菌为蔷薇放线孢菌 [*Actinonema rosae* (Lib.) Fr.]，属半知菌亚门、腔孢菌纲、黑盘孢目、放线孢属。分生孢子盘生于角质层下，盘下有呈放射状分枝的菌丝；分生孢子长卵圆形或椭圆形，无色，双胞，分隔处略缢缩，二个细胞大小不等，直或略弯曲；分生孢子梗很短，无色。病菌的有性阶段为蔷薇双壳菌（*Diplocarpan rosae* Wolf.），一般很少发生。子囊壳黑褐色；子囊孢子 8 个长椭圆形，双细胞，二个细胞大小不等，无色。

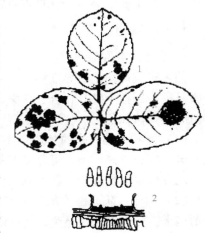

图 5-20　月季黑斑病
1—被害叶片　2—分生孢子盘及分生孢子

（3）发病规律　本病以菌丝体或分生孢子盘在芽鳞、叶痕及枯枝落叶上越冬。早春展叶期，产生分生孢子，通过雨水、喷灌水或昆虫传播。孢子萌发后直接穿透叶面表皮侵入。潜育期 7～10 天。不久即可产生大量的分生孢子，继续扩大蔓延，进行再侵染。在一个生长季节中有多次再侵染。该病在长江流域一带一年中有 5～6 月和 8～9 月两个发病高峰，在北方地区只有 8～9 月一个发病高峰。在丽水 4 月中旬发病，6 月梅雨季节和 9 月秋雨连绵时发病严重。雨水是该病害流行的主要条件。据观察，地势低洼积水处，通风透光不良，水肥不当、植株生长衰弱等都有利发病。多雨、多雾、露水重则发病严重。老叶较抗病，展开 6～14 天的新叶最感病。月季的不同品种之间其抗病性也有较大的差异，一般浅黄色的品种易感病。

（二）叶斑病类防治措施

1. 加强检疫

松针褐斑病等是检疫性病害，要防治病害的蔓延，注意不要从疫区购进松类苗木，也不要向保护区出售松类苗木。

2. 清除初侵染来源

彻底清除病株残体及病死植株，并集中烧毁。芍药可在秋季割除地上部分并集中烧毁，可减轻来年病害的发生。每年进行一次花盆土消毒。休眠期在发病重的地块喷洒 3Be° 的石硫合剂，或在早春展叶前喷洒 50% 多菌灵可湿性粉剂 600 倍液。

3. 选种抗病品种和健壮苗木

园林植物特别是花卉的栽培品种很多，各栽培品种之间抗病性存在较大差异，在园林植物配置上，可选用抗性品种避免种植感病品种，可减轻病害的发生。不同的培育方式的苗木抗病性也存在差异。如香石竹的组培苗比扦插苗抗病，选用组培苗可减轻叶枯病的发生。

4. 加强栽培管理

适当控制栽植密度，及时修剪，芍药株丛过大要及时进行分株移栽，以利于通风透光；改进灌水方式，采用滴灌或沟灌或沿盆沿浇水，避免喷灌，减少病菌的传播机会。实行轮作；及时更新盆土，防止病菌的积累。增施有机肥、磷肥、钾肥，适当控制氮肥，提高植株抗病能力。

5. 药剂防治

在发病初期及时喷施杀菌剂。如 50% 甲基托布津可湿性粉剂 1000 倍液，或 50% 退菌特可湿性粉剂 1000 倍液，或 65% 代森锌可湿性粉剂 800 倍液，或 40% 福星乳油 3000 倍液、10% 世高水分散粒剂 2000 倍液、10% 多抗霉素可湿性粉剂 1000 倍液等。

五、灰霉病类

灰霉病是草本观赏植物的最常见真菌病害，对保护地栽培植物为害最大。灰霉病的病征很明显，在潮湿情况下病部会形成显著的灰色霉层。灰葡萄孢霉（*Botrytis cinerea*）是最重要的病原菌，该菌寄主范围很广，几乎能侵染每一种草本观赏植物。

（一）常见灰霉病

1. 仙客来灰霉病

仙客来灰霉病是世界性病害，尤其是温室花卉发病十分普遍，我国仙客来栽培地区均有发生。还能为害月季、倒挂金钟、百合、扶桑、樱花、白兰花、瓜叶菊、芍药等多种园林植物，造成叶、花腐烂，严重时导致植株死亡。

（1）症状 仙客来的叶片、叶柄、花梗和花瓣均可发生此病。叶片发病初期，叶缘出现暗绿色水渍状病斑，病斑迅速扩展，可蔓延至整个叶片。病叶变为褐色，以至干枯或腐烂。叶柄、花梗和花瓣受害时，均发生水渍状腐烂。在潮湿条件下，病部产生灰色霉层，即病原菌的分生孢子和分生孢子梗。

（2）病原 病原菌为灰葡萄孢霉（*Botrytis cinerea* Perset Fr.），属半知菌亚门、丝孢纲、丛梗孢目、葡萄孢属。分生孢子梗丛生，有横隔，灰色到褐色，顶端树枝状分叉，分叉末端膨大。分生孢子椭圆形或卵圆形，成葡萄穗状聚生于分生孢子梗上。

该病菌有性阶段属子囊菌亚门的富氏葡萄盘菌〔*Botryotinia fuckeliana*（deBary）Whetzel.〕。

（3）发病规律 病菌的分生孢子、菌丝体、菌核在病组织或随病株残体在土中越冬。翌年借助于气流、灌溉水以及园艺措施等途径传播到侵染点，直接从表皮侵入，或由老叶的伤口、开败的花器以及其他的坏死组织侵入。病部所产生的分生孢子是再侵染的主要来源。该病一年中有两次发病高峰，即2~4月和7~8月。温度20℃左右，相对湿度90%以上，有利于发病。温室大棚温度适宜、湿度大，适宜该病的发生，如果管理不善，该病整年都可以发生且严重。室内花盆摆放过密、施用氮肥过多引起徒长、浇水不当以及光照不足等，都可加重病害的发生。土壤粘重、排水不良、光照不足、连作的地块发病重。

2. 月季灰霉病

又名四季海棠灰霉病。是世界各地都有分布的一种病害，在我国尤以长江以南多雨地区发病严重。为害月季叶片、花、花蕾、嫩茎等部位，使被害部位腐烂。也侵害竹叶海棠、斑叶海棠等。

（1）症状 病菌可侵害叶片、花蕾、花瓣和幼茎，但以为害花器为主。叶片受害，在叶缘和叶尖出现水渍状淡褐色斑点，稍凹陷，后扩大并发生腐烂。花蕾受害变褐枯死，不能正常开花。花瓣受害后变褐皱缩和腐烂。幼茎受害也发生褐色腐烂，造成上部枝叶枯死。在潮湿条件下，病部长满灰色霉层，即病原菌的分生孢子和分生孢子梗（图5-21）。

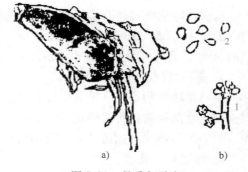

图5-21 月季灰霉病
a）症状 b）病原
1—分生孢子梗 2—分生孢子

（2）病原 病原菌无性阶段为灰葡萄孢霉（*Botrytis cinerea* Perset Fr.），其有性阶段为富氏葡萄盘菌〔*Botryotinia fuckeliana*（deBary）Whetzel.〕。

（3）发病规律 病菌以分生孢子、菌丝体和菌核越冬。分生孢子借风雨传播，多自伤口侵入，也可直接从表皮侵入或从自然孔口侵入。湿度大是诱发灰霉病的主要原因。播种过密，植株徒长，植株上的衰败组织不及时摘除，伤口过多以及光照不足，温度偏低，可加重该病的发生。

（二）灰霉病类防治措施

1. 清除侵染来源

种植过有病花卉的盆土，必须更换掉或者经消毒之后方可使用。要及时清除病花、病叶，拔除重病株，集中销毁，以免扩大传染。

2. 控制温室湿度

为了降低棚室内的湿度，应经常通风，最好使用换气扇或暖风机。

3. 加强肥水管理，注意园艺操作

定植时要施足底肥，适当增施磷钾肥，控制氮肥用量。要避免在阴天和夜间浇水，最好在晴天的上午浇水，浇水后应通风排湿。一次浇水不宜太多。在养护管理过程中应小心操作，尽量避免在植株上造成伤口，以防病菌侵入。

4. 药剂防治

于生长季节喷药保护，可选用50%扑海因（异菌脲）可湿性粉剂1500倍液，或50%腐霉利（速克灵）可湿性粉剂1000倍液，或75%百菌清可湿性粉剂600倍液，或70%甲基托布津可湿性粉剂800～1000倍液，或50%多菌灵可湿性粉剂1000倍液，或50%农利灵可湿性粉剂1500倍液，进行叶面喷雾。每两周喷1次，连续喷3～4次。有条件的可试用10%绿帝乳油300～500倍液或15%绿帝可湿性粉剂500～700倍液。为了避免产生抗药性，要注意交替和混合用药。在温室大棚内使用烟剂和粉尘剂，是防治灰霉病的一种方便有效的方法。用50%速克灵烟剂熏烟，每1亩（667m²）的用药量为200～250g，或用45%百菌清烟剂，每1亩（667m²）的用药量为250g，于傍晚分几处点燃后，封闭大棚或温室，过夜即可。有条件的可选用5%百菌清粉尘剂，或10%灭克粉尘剂，或10%腐霉利粉剂喷粉，每1亩（667m²）用药粉量为1000g。烟剂和粉尘剂每7～10天用1次，连续用2～3次，效果很好。

六、霜霉（疫）病类

该病的病原物为低等的鞭毛菌，低温潮湿的情况下发病重。

（一）常见园林植物霜霉病

1. 月季霜霉病

霜霉病是月季栽培中较重要的病害之一，发生较普遍。除为害月季外，还为害蔷薇属中的其他花卉。

（1）症状　该病为害植株所有地上部分，叶片最易受害，正面常形成多角形黄褐色病斑。花梗、花萼或枝干上受害后形成紫色至黑色大小不一的病斑，感病枝条常枯死。发病后期，叶片背面对应位置出现白色霜状霉层，常布满整个叶片。

（2）病原　*Peronospora sparsa* Berk，属鞭毛菌亚门，霜霉属蔷薇霜霉菌。孢囊梗锐角二叉状多次分枝，末端尖锐，其顶端着生孢子囊。孢子囊椭圆形，卵孢子球形。

（3）发病规律　病菌以卵孢子和菌丝在患病组织或落叶中越冬越夏。翌春，条件适宜时萌发产生孢子囊，随风传播。游动孢子自气孔侵入进行初侵染和再侵染。孢子传播的适宜温度为10～25℃，相对湿度为100%。湿度大有利于病害的发生与流行。露地栽培时该病主要发生在多雨季节，温室栽培时主要发生在春秋季。因昼夜温差较大，若温室不通风，湿度较高，叶缘易积水发病。

2. 紫罗兰霜霉病

分布广泛。主要为害叶片，可导致叶片萎蔫，植株枯萎。病菌也侵染幼嫩的茎和叶，使植株矮化变形。

（1）症状　该病主要为害叶片，使得叶片正面产生淡绿色斑块，后期变为黄褐至褐色的多角形病斑，叶片背面长出稀疏白色霜状霉层。许多病斑相连，可使叶片干枯、死亡。

（2）病原　*Peronospora parasitica*，属鞭毛菌亚门霜霉属。

（3）发病规律　病菌以卵孢子在病组织越冬越夏，以孢子囊蔓延侵染。在植株下层叶片发病较多。栽植过密、通风透光不良、氮肥过多，或阴雨、潮湿天气发病重。

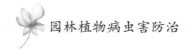

3. 百合疫病（百合脚腐病）

河北、甘肃、陕西、山东、浙江、江西、河南、湖北、湖南、四川、贵州、云南、西藏、江苏等地均有分布。全株均可发病。严重时叶、花软腐，茎曲折下垂，鳞茎褐变并坏死，丧失观赏价值。

（1）症状 茎、叶、花、鳞片和球根均能染病。茎部染病时初生水渍状褐斑，并逐渐腐烂，病斑向上、下扩展，茎部腐烂加重，植株折倒或枯死。叶片染病时初生水渍状小斑，后扩展成灰绿色大斑。花染病呈软腐状。球茎染病出现水渍状褐斑，扩展后根部变褐并逐渐坏死，其上产生稀疏白色霉层。

（2）病原 *Phytophthora parasitica* Dast，属鞭毛菌亚门，疫霉属真菌。也有人认为是烟草疫霉（*P. nicotianae* van Brede de Haan）。菌丝无色、无隔膜，不产生吸器，直接穿入寄主细胞吸取养分，后期大量产生孢子囊。孢囊梗大多数不分枝，顶生单胞。孢子囊萌发时产生多个椭圆形游动孢子。

（3）发病规律 病菌以卵孢子在土壤中越冬。降雨多、排水不良的种植区发病严重。栽培介质不同，发病率也有差别。培养土经消毒后，植株发病率大大降低。

（二）霜霉病（疫病）类防治措施

（1）加强栽培管理 及时清除病枝及枯落叶。采用科学浇水方法，避免大水漫灌。温室栽培应注意通风透气，控制温湿度。露地种植的花卉也应注意阳光充足，通风透气。

（2）药剂防治 花前，结合防治其他病害喷施1次等量式波尔多液、75%百菌清可湿性粉剂800倍液或80%克菌丹可湿性粉剂500倍液。6月从田间零星出现病斑时，开始喷施72.2%霜霉威水剂500倍液，或58%瑞毒霉·锰锌可湿性粉剂400倍液，或69%安克·锰锌可湿性粉剂800倍液，或40%疫霉灵可湿性粉剂250倍液，或64%杀毒矾可湿性粉剂400倍液，或72%克露可湿性粉剂750倍液。7月再喷施1次，即可基本控制危害。发病后，也可用50%甲霜铜可湿性粉剂600倍液、60%琥·乙磷铝可湿性粉剂400倍液灌根，每株灌药液300g。

七、叶畸形类

叶变形病主要是由子囊菌亚门的外子囊菌和担子菌亚门的外担子菌引起的。寄主受病菌侵害后组织增生，使叶片肿大、皱缩、加厚，果实肿大、中空成囊状，引起落叶、落果，严重的引起枝条枯死，影响观赏效果。

（一）常见园林植物叶畸形病

1. 桃缩叶病

我国各地均有发生，浙江地区发生较重。除为害桃树外，还为害樱花、李、杏、梅等园林植物。发病后引起早期落叶、落花、落果，减少当年新梢生长量，严重时树势衰退，容易受冻害。

（1）症状 病菌主要为害叶片，也能侵染嫩梢、花、果实。叶片感病后，一部分或全部波浪状皱缩卷曲，呈黄色至紫红色，加厚，质地变脆。春末夏初，叶片正面出现一层灰白色粉层，即病菌的子实层，有时叶片背面也可见灰白色粉层。后期病叶干枯脱落。病梢为灰绿色或黄色，节间短缩肿胀，其上着生成丛、卷曲的叶片，严重时病梢枯死。幼果发病初期果皮上出现黄色或红色的斑点，稍隆起，病斑随果实长大，逐渐变为褐色，并龟裂，病果早落（图5-22）。

图5-22 桃缩叶病
1—症状 2—子囊及子囊孢子

（2）病原　病原菌为畸形外囊菌［*Taphrina deformans*（Berk.）Tul.］，属子囊菌亚门、半子囊菌纲、外子囊菌目、外囊菌属。子囊直接从菌丝体上生出，裸生于寄主表皮外；子囊圆筒形，无色，顶端平截；子囊内有8个子囊孢子，偶为4个；子囊孢子球形至卵形，无色。子囊孢子以出芽生殖方式产生芽孢子，芽孢子球形。

（3）发病规律　病菌以厚壁芽孢子在树皮、芽鳞上越夏和越冬。翌年春天，成熟的子囊孢子或芽孢子随气流等传播到新芽上，自气孔或上、下表皮侵入。病菌侵入后，在寄主表皮下或在栅栏组织的细胞间隙中蔓延，刺激寄主组织细胞大量分裂，胞壁加厚，病叶肥厚皱缩、卷曲并变红。

早春温度低、湿度大有利于病害的发生。如早春桃芽膨大期或展叶期雨水多、湿度大，发病重；但早春温暖干旱时，发病轻。缩叶病发生的最适温度为10~16℃，但气温上升到21℃，病情减缓。此病于4~5月为发病盛期，6~7月后发病停滞。无再次侵染。

2. 杜鹃饼病

又称叶肿病。此病为杜鹃花上的一种常见病。分布于我国江南地区及山东、辽宁等地。除为害杜鹃外，还为害茶、石楠科植物，导致叶、果及梢畸形，影响园林植物观赏效果。

（1）症状　病菌主要为害叶片、嫩梢，也为害花和果实。发病初期叶片正面出现淡黄色、半透明的近圆形病斑，后变为淡红色。病斑扩大，变为黄褐色并下陷，而叶背的相应位置则隆起成半球形，产生大小不一菌瘿，小的直径3~10mm，大的直径23mm左右，表面产生灰白色粉层，即病菌的子实层，灰白色粉层脱落，菌瘿成褐色至黑褐色。后期病叶枯黄脱落。受害叶片大部分或整片加厚，如饼干状，故称饼病。新梢受害，顶端出现肥厚的叶丛或形成瘤状物。花受害后变厚，形成瘿瘤状畸形花，表面生有灰白色粉状物（图5-23）。

（2）病原　杜鹃饼病是由担子菌亚门层菌纲外担子菌目外担子菌属（*Exobasidium*）的真菌引起的，常见的有二种：

半球外担子菌（*E. hemisphaericum* Shirai）：子实层白色；担子棒棒形或圆筒形，顶生4个小梗；担孢子纺锤形，稍弯曲，无色，单胞。半球外担子菌为害叶脉、叶柄等部位，产生半球形或扁球形的菌瘿。

图5-23　杜鹃饼病
1—症状　2—病原菌的担子和担孢子

日本外担子菌（*E. japonicum* Shirai）：担子棒棒形或圆柱形，顶生3~5个小梗；担子无色，单胞，圆筒形。日本外担子菌寄生在嫩叶上，产生较小的菌瘿。

（3）发病规律　病菌以菌丝体在病叶组织内越冬，次年环境条件适宜时，产生担孢子，随风雨吹送到杜鹃嫩叶上。如果叶片上有充分水分，担孢子便可萌发侵入。脱落的担孢子萌发前形成中隔，变成双胞，发芽时各细胞长出一个芽管，当芽管侵入叶片组织，在寄主组织不断发展菌丝，经过7~17天左右产生病斑，在浙江丽水4月中旬产生病斑，5月初可见子实层。本病在生长季节可多次重复侵染，不断蔓延，但其担孢子寿命很短，对日光抵抗力甚弱，一般几天后，便会失去萌发能力。因此病菌以菌丝体形式在病组织内越冬和越夏，病组织内潜伏的菌丝是发病的来源。带菌苗木为远距离传播的重要来源。

该病是一种低温高湿病害，低温高湿，荫蔽、日照少，管理粗放的花圃或盆栽植株有利病害发生。其发生的适宜温度为15~20℃，适宜相对湿度为80%以上。在一年中有二个发病高峰，即春末夏初和夏末秋初。高山杜鹃容易感病。

（二）叶畸形类病害防治措施

1. 清除侵染来源

生长季节发现病叶、病梢和病花，要在灰白色子实层产生以前摘除并销毁，防止病害进一步传播蔓延。

2. 加强栽培管理

种植密度或花盆摆放不宜过密，使植株间有良好的通风透光条件。选择弱酸性且土质疏松的土壤栽培杜鹃，不要积水，促进植株生长，提高抗病能力。

3. 药剂防治

在重病区，发芽展叶前，喷洒 3～5Be° 的石硫合剂保护；发病期喷洒 0.5Be° 的石硫合剂，或 65% 代森锌可湿性粉剂 400～600 倍液，或 0.5% 的波尔多液，或 0.2%～0.5% 的硫酸铜液 3～5 次。

八、煤污病类

煤污病是园林植物上的常见病害。发病部位的黑色"煤烟层"是煤污病的典型特征。由于叶面布满了黑色"煤烟层"使叶片的光合作用受到抑制，既削弱植物的生长势，又影响植物的观赏效果。

煤污病在南方各省份的花木上普遍发生，常见的寄主有：山茶、米兰、扶桑、木本夜来香、白兰花、蔷薇、夹竹桃、木槿、桂花、玉兰、紫背桂、含笑、紫薇、苏铁、金橘、橡皮树等。发病部位的黑色"煤烟层"削弱植物的生长势，影响观赏效果。

1. 症状

病菌主要为害植物的叶片，也能为害嫩枝和花器。病菌的种类不同引起的花木煤污病的病状也略有差异，但黑色"煤烟层"是各种花木煤污病的典型特征（图5-24）。

2. 病原

引起花木煤污病的病原菌种类有多种。常见的病菌其有性阶段为子囊菌亚门、核菌纲、小煤炱菌目、小煤炱菌属的小煤炱菌（*Meliola* sp.）和子囊菌亚门、腔菌纲、座囊菌目、煤炱菌属的煤炱菌（*Capnodium* sp.），其无性阶段为半知菌亚门、丝孢菌纲、丛梗孢目、烟霉属的散播霉菌（*Fumago vagans* Pers）。煤污病病原菌常见的是无性阶段，其菌丝匍匐于叶面，分生孢子梗暗色，分生孢子顶生或侧生，有纵横隔膜作砖状分隔，暗褐色，常形成孢子链。

3. 发病规律

病菌主要以菌丝、分生孢子或子囊孢子越冬。翌年温湿度适宜，叶片及枝条表面有植物的渗出物、蚜虫的蜜露、介壳虫的分泌物时，分生孢子和子囊孢子就可萌发并在其上生长发育。菌丝和分生孢子可由气流、蚜虫、介壳虫等传播，进行再次侵染。病菌以昆虫的分泌物或植物的渗出物为营养，或以吸器直接从植物表皮细胞中吸取营养。

图 5-24 山茶煤污病
1—病叶　2—山茶小煤炱的子囊壳
3—茶煤炱菌的子囊腔、子囊及子囊孢子

病害的严重程度与温度、湿度、立地条件及蚜虫、介壳虫的关系密切。温度适宜、湿度大，发病重；花木栽植过密，环境阴湿，发病重；蚜虫、介壳虫为害重时，发病重。

在露天栽培的情况下，一年中煤污病的发生有二次高峰，3～6月和9～12月。温室栽培的花木，煤污病可整年发生。

4. 煤污病防治措施

（1）及时防虫　及时防治蚜虫、介壳虫的为害为防治本病的重要措施。

（2）加强管理　营造不利于煤污病发生的环境条件。注意花木栽植的密度，防止过密，适时修剪、整枝，改善通风透光条件，降低林内湿度。

（3）药剂防治　喷施杀虫剂防治蚜虫、介壳虫的为害（详见蚜虫、介壳虫的防治）；在植物休眠季节喷施 3~5Be° 的石硫合剂以杀死越冬病菌，在发病季节喷施 0.3Be° 的石硫合剂，有杀虫治病的效果。

九、病毒病类

病毒病在园林植物上普遍存在且严重。寄主受病毒侵害后，常导致叶色、花色异常，器官畸形，植株矮化。

（一）常见园林植物病毒病

1. 唐昌蒲花叶病

是唐昌蒲的世界性病害，我国凡是种有唐昌蒲的地方均有发生。该病使唐昌蒲球茎退化、植株矮小、花穗短小、花少且小，严重影响切花产量，是我国唐昌蒲打入国际市场的主要障碍。该病除侵害唐昌蒲外还侵害多种蔬菜和园林植物。

（1）症状　病毒主要侵染叶片，也可侵染花器。发病初期，叶片上出现褪绿的角斑或圆斑，后变为褐色，病叶黄化、扭曲。花器受害后，花穗短小，花少且小，发病严重时抽不出花穗，有的品种花瓣变色，呈碎锦状。叶片上也有深绿和浅绿相间的块状斑驳和线纹。初夏的新叶症状明显，盛夏时症状不明显。

（2）病原　引起唐昌蒲花叶病的病毒主要有 2 种，即菜豆黄花叶病毒（Bean yellow mosaic virus）和黄瓜花叶病毒（Cucumber mosaic virus）。

菜豆黄花叶病毒属马铃薯 Y 病毒（Potato virus Y）组。病毒粒体为线条状，长 750nm；内含体风轮状、束状；钝化温度为 55~60℃；稀释终点为 10^{-4}；体外存活期为 2~3 天。

黄瓜花叶病毒属黄瓜花叶病毒组。病毒粒体球形，直径为 28~30nm；钝化温度为 70℃；稀释终点为 10^{-4}；体外存活期为 3~6 天。

（3）发病规律　两种病毒均在病球茎及病植株体内越冬。由蚜虫和汁液传播，自微伤口侵入。种球茎的调运是远距离传播的媒介。两种病毒的寄主范围都较广，菜豆黄花叶病毒可侵染美人蕉、曼陀罗、克利芙兰烟及多种蔬菜，黄瓜花叶病毒能侵害美人蕉、金盏菊、香石竹、兰花、水仙、百合、萱草、百日草等 40~50 种花、草。

2. 美人蕉花叶病

分布十分广泛。欧洲、美洲、亚洲等许多温带国家都有记载。我国上海、北京、杭州、成都、武汉、哈尔滨、沈阳、福州、珠海、厦门等地区均有该病发生。病毒病是美人蕉上的主要病害。被该病害侵害的美人蕉植株矮化，花少、花小；叶片着色不匀，撕裂破碎，丧失观赏性。

（1）症状　该病侵染美人蕉的叶片及花器。发病初期，叶片上出现褪绿色小斑点，或呈花叶状，或有黄绿色和深绿色相间的条纹，条纹逐渐变为褐色坏死，叶片沿着坏死部位撕裂，叶片破碎不堪。某些品种上出现花瓣杂色斑点和条纹，呈碎锦。发病严重时心叶畸形、内卷呈喇叭筒状，花穗抽不出或很短小，其上花少、花小；植株显著矮化（图 5-25）。

图 5-25　美人蕉花叶病

（2）病原　黄瓜花叶病毒是美人蕉花叶病的病原。病毒粒体为 20 面体，直径 28~30nm；钝化温度为 70℃；稀释终点为 10^{-4}；体外存活期为 3~6 天。另外，我国有关部门还从花叶病病株内分离出美人蕉矮化类病毒，初步鉴定为黄化类型症状的病原物。

（3）发病规律　黄瓜花叶病毒在有病的块茎内越冬。该病毒可以由汁液传播，也可以由棉蚜、桃蚜、玉米蚜、马铃薯长管蚜、百合新瘤额蚜等做非持久性传播，由病块茎做远距离传播。黄瓜花叶病毒寄主范围很广，能侵染40~50种花卉（如唐菖蒲花叶病）。美人蕉品种对花叶病的抗性差异显著。大花美人蕉、粉叶美人蕉、普通美人蕉均为感病品种；红花美人蕉抗病，其中的"大总统"品种对花叶病是免疫的。蚜虫虫口密度大，寄主植物种植密度大，枝叶相互摩擦发病均重。美人蕉与百合等毒源植物为邻，杂草、野生寄主多，均加重病害的发生。挖掘块茎的工具不消毒，也容易造成有病块茎对健康块茎的感染。

3. 郁金香碎锦病

是世界性病害，我国郁金香栽培地区均有发生。该病引起郁金香鳞茎退化、花变小、单色花变杂色花，影响观赏效果，严重时有毁种的危险。

（1）症状　病毒侵害叶片及花冠。受害叶片上出现淡绿色或灰白色的条斑；受害花瓣畸形，原为色彩均一的花瓣上出现淡黄色、白色条纹或不规则斑点，称为"碎锦"。受害花的花色因品种、发病时间、环境条件不同而不同。病鳞茎退化变小，植株矮化，生长不良（图5-26）。

（2）病原　引起郁金香碎锦病的病毒为郁金香碎锦病毒（Tulip breaking virus）。病毒粒体线状，直或稍弯曲。内含体为束状或线圈状。钝化温度为65~70℃；稀释终点为10^{-5}；体外保毒期18℃时为4~6天。

（3）发病规律　该病毒在病鳞茎内越冬，由桃蚜和其他蚜虫作非持久性传播。寄主范围广，能侵害山丹、百合、万年青等多种花卉。

图5-26　郁金香碎锦病

4. 菊花矮化病

该病在国外发生普遍，我国只有上海、广州、杭州、常德等少数几个地方发生。是菊科植物上的一种重要病害。

（1）症状　叶片和花变小、花色异常、植株矮化是该病害的典型症状。病株比正常植株抽条早、开花早，有的品种还有腋芽增生和匍匐茎增多的现象，有的品种叶片上出现黄斑或叶脉上出现黄色线纹。

（2）病原　引起菊花矮化病的病原是菊花矮化类病毒（Chrysanthemum stunt viroid，CSV）。类病毒是低分子量的核糖核酸，具有高度的热稳定性和侵染性。钝化温度为96~100℃；稀释终点为10^{-5}~10^{-4}。粗汁液的侵染活性在18.3℃下能保持6周，在3℃下能保持100天，在干燥叶片中能保持2年以上。

（3）发病规律　类病毒在病株体内及落叶上越冬，自伤口侵入，潜育期为6~8个月。类病毒可通过嫁接、修剪、汁液、种子及菟丝子传播。该类病毒仅侵染菊科植物。

（二）病毒病类防治措施

1. 加强检疫

防止病苗和带毒繁殖材料进入无病地区，切断病害长距离传播的途径，防止病害扩散、蔓延。兰花病毒病防治就是通过采用销毁病株以达到减少传毒源的目的。

2. 培育无毒苗

选用健康无病的枝条、种球作为繁殖材料；建立无毒母本园以提供无毒健康系列材料；采用茎尖脱毒法通过组织培养繁殖脱毒幼苗。

3. 加强栽培管理

加强对园林工具的消毒，修剪、切花等的园林工具及人手在园林作业前必须用3%~5%的磷酸三钠溶液、酒精或热肥皂水反复洗涤消毒，以防止病毒通过园林操作传播。及时清除染病植株。对于菊花矮化病要注意圃地卫生，及时清除枯落叶，因为类病毒能在干燥病落叶中存活。

4. 及时防治刺吸式口器昆虫

详见刺吸式口器害虫防治措施。

5. 药剂防治

可选用植病灵、氨基寡糖素、宁南霉素、病毒 A、83 增抗剂、抗病毒 1 号等钝化病毒的药剂。

十、君子兰细菌性软腐病

该病俗称烂头病，是君子兰上为害最严峻的叶斑病，我国长春、南京、北京、天津、杭州、银川、合肥、唐山等地均有发作。该病病斑面积大，叶基部发病时全叶腐朽、假鳞茎发病致使全株腐朽、逝世，经济损失严峻。

1. 症状

该病首要为害君子兰叶片及假鳞茎。发病前期，叶片上呈现水渍状斑，然后迅速扩展，病部腐朽呈半透明状，病斑周围有黄色晕圈，晕圈呈宽带状。在温湿度适合的条件下病斑拓展快，全叶腐朽崩溃呈湿腐。茎基部发病也呈现水渍状小斑驳，逐步拓展构成淡褐色的病斑。病斑扩展很快，蔓延到整个假鳞茎，腐朽崩溃呈软腐状，有微酸味。发作在茎基部的病斑也能够沿叶脉向叶片拓展，致使叶片腐朽，从假鳞茎上掉落。

2. 病原

有 2 种，均为细菌，一种为菊欧文氏菌（*Eruinia chrysanthe-mi* Burknolder, Mcfadden et Dimock），属细菌纲、真细菌目、欧文氏杆菌属。菌体杆状，周生鞭毛，革兰氏阴性菌。在 PDA 培育基上（pH 6.5）培养 3~5 天，菌落为瘤状，菌落边际为波涛状或珊瑚状（油煎蛋状）。另一种病原细菌是软腐欧文氏菌黑茎病变种［*E. carotovora* var. *atroseptica*（Hellmers et Dowson）Dye］，分类位置同菊欧文氏菌。菌体杆状，周生鞭毛 4~6 根。在肉汁蛋白胨培育基上培育 7 天（培育温度为 28℃）时，菌落直径为 0.5~1.0mm，淡灰白色，近圆形，稍拱起，菌落粘质状。

3. 发病规律

病原细菌在土壤中的病残体或土壤内越冬，在土壤中能存活几个月；细菌由雨水及灌溉水传达，也能够经过病叶及健叶的彼此触摸，或操作东西等物传达；细菌由创伤侵入，潜育期短，2~3 天，最适合温度为 27~30℃。成长时节有屡次再侵染。6~10 月该病均可发作，但 6~7 月最适合发病。

高温、高湿条件有利于发病，其中高湿是影响发病的首要因素。夏日，君子兰茎心有些淋雨，或喷水不小心灌入茎心内，都是软腐病发作的首要诱因。多施氮肥也加剧病害的发作。除君子兰外，菊欧文氏杆菌还侵染菊花、大丽花、麝香石竹、银胶菊、花叶万年青、秋海棠、喜林芋等欣赏花木。

4. 防治措施

（1）减少侵染来源　有病土壤不能接连运用，患病花钵等用具有必要进行热力消毒后方可运用；及时剪除叶片上的病斑并加以焚毁。

（2）加强栽培管理　多施磷、钾肥，氮肥要适当；灌水方法要稳当，禁防把水灌入茎心内。

（3）药剂防治　发病初期喷施用 72% 农用链霉素可溶性粉剂 1000 倍液或 1.5% 噻霉酮水乳剂 800 倍液。

实训18 园林植物叶部病害症状识别

1. 目的要求

通过对白粉病、锈病、霜霉病、疫病、叶斑病以及叶畸形病、病毒病等病害的症状特点和病原形态的识别，掌握上述叶部病害的症状特点及病原类型。

2. 材料及用具

叶部病害的盒装标本、浸渍标本、挂图、幻灯片、新鲜发病的植物等。

显微镜、镊子、滴瓶、纱布、放大镜、挑针、刀片、盖玻片、载玻片、清水等。

3. 内容与方法

1）观察所有叶部病害的标本、挂图及幻灯片。

2）以当地园林植物常见的典型叶部病害 2～3 种（如白粉病、锈病、炭疽病等）为代表，观察其症状特点和病原物形态（在镜检时，可根据具体情况材料）。

4. 实训作业

1）列表描述所观察到的叶部病害的症状特点、病原类型。

2）绘病原物形态图。

复习题

1. 填空题

1）园林植物炭疽病主要为害（　　　　），其病原菌主要是真菌中的（　　　　）亚门（　　　　）属。

2）观赏植物灰霉病的症状很明显，往往在（　　　　）条件下灰色霉层显著，通过通风来（　　　　）湿度（　　　　）光照可以提高植物对该病害的抗性。

3）叶斑病是叶组织受（　　　　）侵染，形成各种斑点病的总称，可分为（　　　　）、褐斑病、圆斑病等，叶斑上常常生有各种点粒或（　　　　）。

4）芍药褐斑病又称芍药（　　　　）。

5）花木煤污病由气流和（　　　　）等传播，病原菌常常寄生在（　　　　）、（　　　　）、（　　　　）昆虫的排泄物及分泌物上。

6）叶畸形类病害主要发生在木本植物上，例如桃（　　　　）病和杜鹃花（　　　　）病等。

7）叶斑病类的防治可以在发病初期喷施多菌灵、退菌特、（　　　　）和（　　　　）等药剂。

2. 选择题

1）桃缩叶病在（　　　　）季发病。

A. 春　　　　B. 夏　　　　C. 秋

2）植物病毒病的防治要注意防治传毒昆虫，如（　　　　）和叶蝉等。

A. 天牛　　　B. 食心虫　　　C. 蚜虫

3）用（　　　　）处理带毒种子可以防治某些植物的病毒病。

A. 高温　　　B. 低温　　　C. 中温

4）仙客来灰霉病在（　　　　）的条件下容易发生和流行。

A. 潮湿　　　B. 温暖　　　C. 炎热

5）灰霉病是（　　　　）观赏植物上最常见的真菌病害。

A. 木本　　　B. 草本　　　C. 藤本

6）玫瑰锈病可以使用 25%（　　　　）可湿性粉剂防治。

A. 多菌灵　　　B. 代森锌　　　C. 粉锈宁

7）有些锈病常常是转主寄生的，例如（　　　　）。

A. 月季锈病　　B. 草坪草锈病　　C. 海棠锈病

8）花木白粉病是由（　　　　）亚门真菌引起的。

A. 子囊菌　　　B. 担子菌　　　C. 鞭毛菌

3. 问答题

1）园林植物常见叶、花、果的病害有哪些？试列举出 5 类。

2）简述月季白粉病的症状特点及防治方法。

3）简述兰花炭疽病类症状特点及防治方法。

4）简述月季黑斑病的症状特点及防治方法。

6）简述海棠锈病的发病规律。

7）简述仙客来灰霉病的症状特点及防治方法。

8）简述美人蕉花叶病的症状特点及防治方法。

课题2 枝干病害

园林植物枝干病害的种类虽不如叶部病害多，但对园林植物的危害性很大，花木的枝条或主干，受病后往往直接引起枝枯或全株枯死，对某些名贵花卉和古树名木，有时造成不可挽回的损失。

一、枯萎病

（一）榆树枯萎病

榆树枯萎病是榆树最危险的病害（图5-27），分布在荷兰、比利时、法国等欧洲各国。近几年来，美国因该病每年损失约1亿美元以上，不仅经济上造成巨大损失，而且破坏了公园、道路等地的绿化。迄今为止，我国尚未发现该病，已列为对外检疫对象。

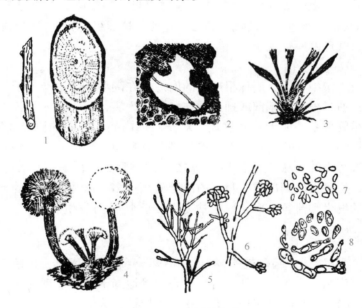

图5-27　榆树枯萎病

1—受害枝剖面　2—病菌菌丝穿过导管横切图　3—集生之孢梗束　4—带有分生孢子团的孢梗束，菌核
5—分生孢子梗　6—分生孢子堆　7—分生孢子　8—放大的分生孢子和呈酵母状萌发情况

1. 症状

本病征状常表现为2种类型。

急性枯萎型：上层个别枝条突然失水萎蔫，并迅速扩展到其他枝梢，叶片内卷稍褪绿，干枯而不脱落，嫩梢下垂枯死。

慢性黄化型：个别枝条上的叶片变黄色或红褐色，萎蔫，逐渐脱落，并向周围枝梢扩展，病枝分叉处常有小蠹虫蛀食的虫道。

以上2种类型在病枝的横切面上，均有褐色环纹。在剖面上，可见到外层木质部上有黑褐色条纹。

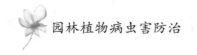
变色导管被一些填侵物和一些胶状物所堵塞。幼树发病常表现为急性型，易当年枯死。

2. 病原

病原为榆长喙壳［（*Ceratocystis ulmi*（Buis）Moreau Ophiostoma ulmi（Buism）Nannf）］，属子囊菌亚门、核菌纲、球壳菌目真菌。

3. 发病规律

病原菌侵入榆树导管后，通过纹孔从一导管扩展到另一导管，导管内菌丝能产生类酵母菌状的芽孢，可在导管中随树液的流动而扩散。孢子的存活期很长，在伐倒病株的原木上可存活2年之久。病原菌对活榆树的侵染主要由带菌的小蠹虫危害引起。该病亦可通过根接触传染。炎热干旱的年份，病害会加速发展。所有欧洲榆和美洲榆都易感病，亚洲榆抗病性较强。

（二）香石竹枯萎病

该病主要分布于天津、广东、浙江、上海等地，为害香石竹、石竹、美国石竹等多种石竹属植物。

1. 症状

主要为害叶片，发病初期，植株下部叶片萎蔫，迅速向上蔓延，叶片由正常的深绿色变为淡绿色，最终呈苍白的稻草色。纵切病茎可看到维管束中有暗褐色条纹，横切病茎可见到明显的暗褐色环纹。

2. 病原

为石竹尖镰孢菌（*Fusarinm oxysporum* Snyder&Hansen），属于半知菌亚门，丝孢纲、瘤座孢目、镰孢属。引起石竹维管束病害，病菌产生分生孢子座。分生孢子有2种，即大型分生孢子和小型分生孢子。大型分生孢子较粗短，由几个细胞组成，稍弯曲，呈镰刀形，顶端略尖，孢壁较薄；小型分生孢子较小，卵形到矩圆形，有1~2个细胞，当环境不利时，垂死的植株组织和土壤内的病残体可产生大量的厚垣孢子，它是一种较小、圆形的厚壁孢子。

3. 发病规律

病原菌在病株残体或土壤中存活，病株根或茎的腐烂处在潮湿环境中产生子实体、孢子借气流或雨水、灌溉水的溅泼传播；通过根和茎基部或插条的伤口侵入为害，病菌进入维管束系统并逐渐向上蔓延扩展。病菌可能定殖在维管束系统而无症状表现。对寄主体内病菌扩展的研究表明，在症状出现以前，维管束内病菌扩展是不快的，但从感病母株上获得的部分繁殖材料可能有隐匿寄生。因此，繁殖材料是病害传播的重要来源，被污染的土壤也是传播来源之一。一般在春夏季节，若土壤温度较高，阴雨连绵，土壤积水的条件下，病害发生则严重。栽培中氮肥施用过多，以及偏酸性的土壤，均有利于病菌的生长和侵染，促进病害的发生和流行。广州地区枯萎病常于4~6月发生。

（三）松材线虫枯萎病

该病被称为松树的"癌症"，为检疫性病害。此病1982年在我国南京中山陵首次发现，在短短的十几年里，又相继在安徽、广东、山东、浙江、台湾及香港等地局部地区发现并流行成灾，导致大量松树枯死，在我国主要为害黑松、赤松、马尾松、海岸松、火炬松、黄松等。

1. 症状

松材线虫通过松褐天牛补充营养的伤口进入木质部，寄生在树脂道中。在大量繁殖的同时移动，逐渐遍及全株，并导致树脂道薄壁细胞和上皮细胞的破坏和死亡，造成植株失水，蒸腾作用降低，树脂分泌急剧减少和停止。所表现出来的外部症状是针叶陆续变为黄褐色乃至红褐色，萎蔫，最后整株枯死。病死木的木质部往往由于有蓝变菌的存在而呈现蓝灰色。病害发展过程分4个阶段：

1）外观正常，树脂分泌减少，蒸腾作用下降，在嫩枝上往往可见天牛啃食树皮的痕迹。

2）针叶开始变色，树脂分泌停止，除见天牛补充营养痕迹外，还可发现产卵刻槽及其他甲虫侵害的痕迹。

3）大部分针叶变为黄褐色，萎蔫，可见到天牛及其他甲虫的蛀屑。

4）针叶全部变为黄褐色至红褐色，病树整株干枯死亡。此时树体一般有许多次期害虫栖居。

2. 病原

松树线虫病由松材线虫 ［*Bursaphelenchus xylophlus*（Steiner et Buhrer）Nikle］（图 5-28）为害造成。

3. 发病规律

我国松材线虫病最重要的传播媒介是天牛，天牛羽化后在健树新梢上取食造成的伤口侵入，适宜温度下，4~5 天完成一代。2 周后可分散到全株，破坏树脂道细胞，使水分疏导受到阻碍，导致树木死亡。天牛在衰弱或死亡树木上产卵，幼虫孵化后蛀入木质部，秋冬季线虫聚集在天牛蛹室，天牛化蛹时，越冬 4 龄幼虫线虫钻入天牛成虫气管内，由天牛携带传播。高温干旱对病害有利，最适温度是 20~30℃，病害多发生在 7~9 月。土壤缺水加速病害发展。不同品种抗病性不同。我国主要发生在黑松、赤松和马尾松上。

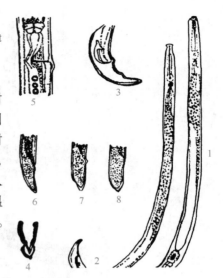

图 5-28　松材线虫

1—雌成虫　2—雄成虫　3—雄虫尾部
4—交合伞　5—雌虫阴门　6~8—雌虫尾部

（四）枯萎病类的防治措施

1. 加强检疫

对于松材线虫要加强检疫。

2. 防虫治病

对传病昆虫的防治是防止松材线虫扩散蔓延的有效手段。防治松树线虫的主要媒介为松墨天牛，在天牛羽化前，可用敌敌畏杀死松材内的松墨天牛的幼虫。

3. 清除侵染来源

挖除病株并烧毁，进行土壤消毒，有效控制病害的扩展。

4. 药剂防治

在发病初期用 50% 多菌灵可湿性粉剂 80 倍液，或 50% 苯来持 500 倍液灌注根部土壤。防治松材线虫病可在树木被侵染前用克线磷等或阿维菌素等进行根部土壤处理。

二、腐烂病、溃疡病类

（一）杨树腐烂病

又称杨树烂皮病。我国杨树栽培地区均有发生，主要为害杨属树种，也为害柳、榆、樱、接骨木、花楸、木槿等园林树种，是公园、绿地、行道树和苗木的常见病和多发病，常引起杨树的死亡。

1. 症状

病菌主要为害杨树的主干和枝条，表现为干腐和枯枝两种类型。

（1）干腐型　主要发生在主干、大枝及分岔处。病斑初期呈暗褐色水浸状，微隆起，病皮层腐烂变软，手压病部有水渗出，随后失水下陷，病部呈现浅砖红色，有明显的黑褐色边缘，病变部分分界明显。后期在病部产生许多针头状小突起，即病菌的分生孢子器。雨后或潮湿天气，从针头状小突起处挤出橘黄色卷丝状物（分生孢子角）。腐烂的皮层、纤维组织分离如麻状，易与木质部剥离。条件适宜时，病斑很快向外扩展，向上下扩展比横向扩展速度快。病斑包围树干后，导致树木死亡。秋季，在死亡的病组织上会长出一些黑色小点，即病菌的子囊壳（图 5-29）。

（2）枯枝型　主要发生在小枝上。小枝染病后迅速枯死，无明显的溃疡症状。病枝上也产生小颗粒点和分生孢子角。

2. 病原

病原为污黑腐皮壳（*Valsa sordida* Nit），属子囊菌亚门、核菌纲、球壳菌目、黑腐皮壳属。侵染所致。无性型为金黄壳囊孢菌 ［*Cytospora chrysosperma*（pers.）Fr］，属半知菌亚门、腔孢纲、球壳菌目、壳囊孢属。

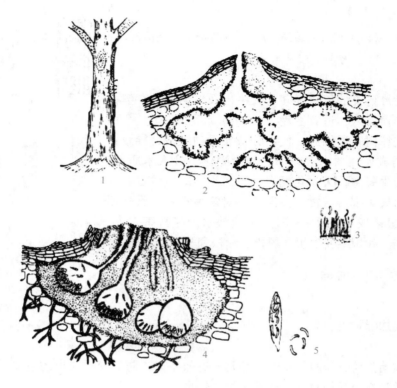

图 5-29　杨树腐烂病

1—病株上的干腐和枯枝型症状　2—分生孢子器　3—分生孢子梗和分生孢子　4—子囊壳　5—子囊和子囊孢子

3. 发病规律

病菌以菌丝和分生孢子器及子囊壳在病组织内越冬。翌年春天，孢子借雨水和风传播，从伤口及死亡组织侵入寄主，潜育期 6~10 天。病害每年 3~4 月开始发生，5、6 月为发病盛期，病斑扩展很快，7 月后病势渐缓，至 9 月基本停止。病菌分生孢子器 4 月开始形成，5~6 月大量产生，以后减少。子囊壳于 11~12 月在枯枝或病死组织上可以见到。病菌在 4~35℃ 范围内均可生长，但以 25℃ 生长最适宜。菌丝生长最适 pH 4。分生孢子和子囊孢子萌发的适温为 25~30℃。

（二）松烂皮病

分布于黑龙江、吉林、辽宁、北京、河北、陕西、江苏、四川、山东等地，为害红松、赤松、黑松、油松、华山松、樟子松、云南松等多种松树，常引起枝枯、株枯，严重影响绿化效果和城市景观。

1. 症状

该病为害红松幼树的枝干皮部，严重时也能发生在干基部，引起溃疡病。感病部位以上松针变成黄绿色至灰绿色，并逐渐变成褐色至红褐色。被害枝干由于失水而收缩起皱，针叶脱落痕处稍显膨大。侧枝基部发病时，侧枝便向下垂曲。小枝基部发病，便显示枯枝病状。主干发病时，病部流脂，发生溃疡呈烂皮状，病皮逐渐干缩下陷，流脂加剧。4 月起病部皮层产生裂缝，从其中生出黄褐色的盘状物，为病原菌的子囊盘，子囊盘一至数个成簇，逐渐发育长大后，颜色变深，遇雨伸开呈盘状拥挤成丛。干燥后干缩变黑，其边缘由两侧或 3 个方向向中心卷曲（图 5-30）。

图 5-30　松烂皮病

1—症状　2—子实体放大　3—子实体切面　4—子囊和子囊孢子

2. 病原

病原为铁锈薄盘菌（*Cenangium ferruginosurn* Fr. ex Fr.），属子囊菌亚门、盘菌纲、柔膜菌目真菌。

3. 发病规律

该病为害 4 年以上的幼树枝干。病原菌以菌丝体在感病植株病皮内越冬，第二年春出现松针枯萎病状，3～4 月上、中旬，由皮厂生出子囊盘。子囊盘 5 月下旬至 6 月下旬成熟，并释放孢子。子囊孢子可持续放散 3 个月左右。孢子借风力、雨水传播，在水湿条件下萌发后由伤口侵入植株皮中，越冬后再显病状。病原菌常在树木的下层侧枝上生存，积极分解枯枝上的死皮，促进天然整枝，所以又称之为修枝菌。当松树因旱、涝、冻、虫、栽植过密或土壤瘠薄，导致生长衰弱时，它便能侵染衰弱的枝干皮部，引起烂皮病状。此外，因蚜虫和蚧类的危害或雪压，造成幼树生长衰弱时，该病就急速扩展，造成巨大损失。

（三）杨树溃疡病

又称水泡型溃疡病，是我国杨树上分布最广，危害最大的枝干病害。病害几乎遍及我国各杨树栽培区。为害杨树、柳树、刺槐、油桐等多种阔叶树。

1. 症状

主要为害杨、柳的枝干，能造成大苗及新造的杨树林大量枯死。发病率高达 80%。此病有溃疡型和枝枯型 2 种症状。

溃疡型：3 月中下旬感病植株的干部出现褐色病斑，圆形或椭圆形，大小在 1cm，质地松软，手压有褐色臭水流出。有时出现水泡，泡内有略带腥味的粘液。5、6 月水泡自行破裂，流出粘液，随后病斑下陷，很快发展成长椭圆形或长条形斑，病斑无明显边缘。4 月上中旬，病斑上散生许多小黑点，即病菌的分生孢子器，并突破表皮。当病斑包围树干时，上部即枯死。5 月下旬病斑停止发展，在周围形成一隆起的愈伤组织，此时中央裂开，形成典型的溃疡症状。11 月初在老病斑处出现粗黑点，即病菌的子座及子囊壳（图 5-31）。

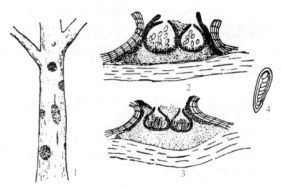

图 5-31　杨树溃疡病
1—树干受害症状　2—分生孢子器
3—子囊壳　4—子囊和子囊孢子

枯梢型：在当年定植的幼树主干上先出现不明显的小斑，呈红褐色，2～3 月后病斑迅速包围主干，致使上部梢头枯死。有时在感病植株的冬芽附近出现成段发黑的斑块，剥开树皮可见里面已腐烂，引起梢枯。溃疡随后在枯死部位出现小黑点。此种类型发生普遍，危害性大。

2. 病原

为子囊菌亚门葡萄座腔菌［*Botryosphaeria ribis*（Tode）Grosssenb. et Dugg.］，无性世代为半知菌亚门群生小穴壳菌（*Dothiorella gregaria* Sacc.）。

3. 发病规律

病菌以菌丝在寄主体内越冬，翌春气温 10℃以上时开始活动。南京地区病害于 3 月下旬开始发病，4 月中旬至 5 月上旬为发病高峰，病害发生轻重与气象因子、立地条件和造林技术等密切相关。春旱、春寒、西北风次数多则病害发生重；沙丘地比平沙地发病重，苗木生长不良，病害发生也重；苗木假植时间越长，发病越重；根系受伤越多，病害越重。

（四）月季枝枯病

又名月季普通茎溃疡病。我国上海、江苏、浙江、湖南、河南、陕西、山东、天津、安徽、广东等地均有发生。为害月季、玫瑰、蔷薇等蔷薇属多种植物，常引起枝条顶梢部分枯死，严重的甚至全株枯死。

1. 症状

病菌主要侵染枝干。发病初期，枝干上出现灰白、黄或红色小点，后扩大为椭圆形至不规则形病斑，中央灰白色或浅褐色，有小突起，边缘为紫色和红褐色，与茎的绿色对比十分明显。后期表皮纵向开裂，着生有许多黑色小颗粒，即病菌的分生孢子器，潮湿时涌出黑色孢子堆。病斑环绕枝条一周，引起病部以上部分枯死（图5-32）。

图 5-32　月季枝枯病
1—枝条上的症状　2—病原菌的分生孢子器

2. 病原

病原菌为蔷薇盾壳霉（*Coniothyrium fucklii* Sacc.），属半知菌亚门、腔胞纲、球壳孢目、盾壳霉属。分生孢子器生于寄主植物表皮下，黑色，扁球形，具乳突状孔口；分生孢子梗较短，不分枝，单胞，无色；分生孢子小，浅黄色，单胞，近球形或卵圆形。

3. 发病规律

病菌以菌丝和分生孢子器在枝条的病组织中越冬。翌年春天，在潮湿情况下分生孢子器内的分生孢子大量涌出，借雨水融化，风雨传播，成为初侵染来源。病菌为弱寄生菌，主要通过休眠芽和伤口侵入寄主，极少数可直接通过无伤害表皮侵入。管理不善、过度修剪、生长衰弱的植株发病重。潮湿的环境，或受干旱，有利于发病。

（五）腐烂病、溃疡病类防治措施

1. 加强检疫
防止危险性病害的扩展蔓延，一旦发现，立即烧毁。

2. 清除侵染来源
及时清除病死枝条和植株，减轻病害的发生。

3. 加强栽培管理
适地适树，合理修剪、剪口涂药。避免干部皮层损伤，随起苗随移植，避免假植时间过长。秋末冬初树干涂白。合理施肥是防治仙人掌茎腐病的关键。

4. 药剂防治
树干发病时可用50%代森铵、50%多菌灵可湿性粉剂200倍液药剂喷涂。茎、枝梢发病时可喷洒50%退菌特可湿性粉剂800倍液，或50%多菌灵可湿性粉剂800倍液，或70%百菌清可湿性粉剂1000倍液，或65%代森锌可湿性粉剂1000倍液。

三、丛枝病类

1. 症状

竹丛枝病又称雀巢病或扫帚病。分布较广。为害刚竹、淡竹、苦竹、紫竹、毛竹等竹种。病竹生长衰弱，发笋少，影响其观赏性，发病严重时病株枯死。发病初期仅个别枝条感病，病枝细弱，节间缩短，叶片呈鳞片状，侧枝丛生成鸟巢状或成团下垂，每年4~6月在病枝梢端叶鞘产生大量白色米粒状物，即病菌的无性世代。从5月下旬至6月下旬，白色米粒状物变黄褐色，即有性世代。最后导致全株枯死（图5-33）。

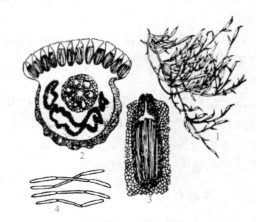

图 5-33　竹丛枝病
1—症状　2—假菌核　3—子囊壳和子囊　4—分生孢子

2. 病原

竹瘤座菌［*Balansiatake*（Miyake）Hara.］，属子囊菌菌亚门、核菌壳目。

3. 发病规律

病菌在病竹枝内越冬，翌春在病枝新梢上产生分生孢子，借风雨传播，该病为局部侵染，2～3年后逐渐形成鸟巢状或扫帚状。病害在管理不善，生长不良和栽植过密的竹林内容易发生。4年生以上的竹子易发病。

4. 防治措施

（1）园林技术防治　新建竹园时防止带入有病母株。病竹结合冬季清园，在4月前彻底清除病丛枝。按时砍去老竹，保持适当密度，除草施肥，保持竹园生长健壮。加强植株的水肥管理，每年进行2～3次叶面喷施2%磷酸二氢钾溶液，提高抗病能力。

做好竹林的抚育管理，及时松土、施肥和做好排灌工作，为竹子创造一个良好的生长环境，使竹子内部营养体生长旺盛，增强抗病能力。竹林中一旦发现个别丛枝病株，立即剪除病枝烧毁。

（2）药剂防治　早春采用3～5Be°石硫合剂喷施保护植株，尤其是发病严重的植株应喷施2～3次。必要时，在5～6月喷施70%甲基托布津1000倍液，或50%多菌灵500倍液。5～8月是竹丛枝病的发病旺季，应及时在竹枝上喷洒波尔多液，以预防病菌感染。波尔多液的配制办法：用生石灰、硫酸铜各1000g，分别加水50kg溶化，然后把两种药液同时倒入大缸或木桶中（切忌用铁器和钢器）边倒边搅，配成浅蓝色、有附着力的波尔多液。要随配随喷，才能提高药效。

复习题

1. 填空题

1）杨树溃疡病的病原为（　　）菌。

2）竹子丛枝病病原为（　　）菌。

2. 问答题

1）简述香石竹枯萎病的症状特点及防治方法。

2）如何防治杨树溃疡病？

课题3　苗期与根部病害

苗期与根部病害，可为害多种园林植物的幼苗，常导致死苗、烂苗，甚至毁床。为害根部造成根部腐烂、畸形，影响水分和养分的运输，给园林植物造成重大经济损失。苗期病害主要是立枯病和猝倒病，根部病害主要是根腐病、根癌病、根结线虫病等。

一、苗期病害

常见的苗期病害主要是立枯病和猝倒病。引起立枯病的病原物属半知菌亚门丝核菌属；引起猝倒病的病原属鞭毛菌亚门腐霉属和半知菌亚门镰刀菌属。

1. 立枯病

（1）症状　发病初期，幼苗茎基部产生椭圆形，暗褐色病斑，病株停止生长，叶片失水，萎蔫下垂。以后病斑绕茎一周扩展，缢缩，干枯，根部变黑直立枯死。潮湿条件下，病部有褐色菌丝体和土粒状菌核。

（2）病原　立枯丝核菌（*Rhizoctonia solani* Kühn），属半知菌亚门、丝孢纲、无孢菌目、丝核菌属。菌丝分隔，分枝近直角，分枝处明显缢缩。初期无色，老熟时浅褐色至黄褐色。成熟菌丝常呈一连串的桶形细胞，菌核即由桶形细胞菌丝交织而成。菌核黑褐色，质地疏松。（图5-34）。

（3）发病规律　以菌核在土壤和病残体上越冬。病菌在土壤中能够长期存活。在适宜的环境条件下，从伤口或表皮直接侵入为害。病菌借雨水、农具等传播。苗床高湿，播种过密，光照不足，通风条件差，均有利于发病。

2. 猝倒病

（1）症状　初期幼苗茎基部呈水渍状斑，后逐渐变为淡褐色，并凹陷缢缩。病斑迅速绕茎基部一周，幼苗倒伏，幼叶依旧保持绿色。最后病苗腐烂或干枯。当土壤湿度较高时，病苗及附近土表常有白色絮状物出现，即菌丝体。

（2）病原　瓜果腐霉 ［*P. aphanidermatum*（Eds.）Fitz.］，属鞭毛菌亚门、卵菌纲、霜霉目、腐霉属。菌丝无隔，无性阶段产生游动孢子囊，囊内产生游动孢子，在水中游动到达侵染部位。有性阶段产生厚壁而色泽较深的卵孢子，有时附有空膜有雄器（图5-35）。

图 5-34　幼苗立枯病
1—症状　2—菌丝体聚集形成菌核

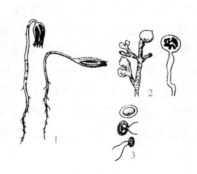

图 5-35　幼苗猝倒病
1—症状　2—孢囊梗及孢子囊　3—卵孢子和游动孢子

（3）发病规律　以卵孢子在土壤或病残体上越冬。病菌的腐生性很强，可在土壤中存活数年，土壤带菌是主要初侵染来源。苗床高湿，播种过密，种子质量差，播种后连续阴雨，幼苗抗性差，光照不足，通风条件差，均有利于发病。

3. 苗期病害防治措施

1）选择排水较好、通风透光的地段育苗。

2）苗期控制浇水量，土壤不宜过湿，播种不宜过密。

3）病害严重的地区，避免连作，或播种前对土壤进行消毒。旧苗床可用敌克松、杀毒矾、恶霉灵、福美双、多菌灵、甲基托布津、百菌清等进行消毒。

4）发病初期，喷施75%百菌清可湿性粉剂600倍液、50%福美双可湿性粉剂500倍液、70%代森锰锌可湿性粉剂600倍液防治立枯病，或25%甲霜灵可湿性粉剂800倍液、72.2%普力克水剂400倍液浇灌苗床，或40%乙膦铝可湿性粉剂400倍液近土面喷雾。定植后每隔10天喷施一次。

二、根部病害

（一）根腐病类

1. 紫纹羽病

苗木紫纹羽病又名紫色根腐病，为害松、杉、柏、柳、栎等，是多种树木、果木和农作物常见的根部病害。苗木受害后，病害发展很快，常导致苗木枯死；大树发病后，生长衰弱，个别严重的植物会因根茎腐烂而死亡。

（1）症状　从小根开始发病，逐渐蔓延至侧根及主根，甚至到树干基部，皮层腐烂，易与木质部剥离，病根及干基部表面有紫色网状菌丝层或菌丝束，有的形成一层质地较厚的毛绒状紫褐色菌膜，如膏药状贴在干基处，夏天在上面形成一层很薄的白粉状孢子层。在病根表面菌丝层中有时还有紫色球状的菌核。病株地上部分表现为：顶梢不发芽、叶形变小、发黄、皱缩卷曲，枝条干枯，最后全株死亡（图5-36）。

（2）病原　病原为紫卷担子菌，属担子菌亚门，层菌纲、银耳目、卷担菌属。

（3）发病规律　以菌丝体、菌束或菌核随着病根在土壤中越冬，成为来年发病的初侵染源。带菌苗木可进行远距离传播，菌核可在土中存活数年，条件适合时，萌发形成菌丝，从伤口如虫伤、机械伤等侵染树木幼根，使根部腐烂。菌丝束能在土中或地表蔓延，随着病根与健根的接触而感染。7~8月为发病盛期。该病在低洼潮湿、土质黏重、土壤板结、土壤瘠薄或排水不良的情况下容易发生。

2. 苗木白绢病

苗木白绢病又称苗木菌核性根腐病，为害油茶、楠木、樟、马尾松等苗木，亦为害兰花及茄科蔬菜。

（1）症状　染病苗木根颈部皮层腐烂，苗木凋萎死亡。油茶、乌桕、楠木等苗生病后，叶片逐渐凋萎脱落，全株枯死，容易拔起，同时病部生有丝状白色菌丝层，在潮湿环境下，大量的白色菌丝蔓延到苗木茎基部及周围的土壤及落叶上，后逐渐形成油菜籽状或泥沙样的小菌核。菌核表生，初为白色，后转变为黄褐色或深褐色。

（2）病原　病原菌为齐整小核菌，属半知菌亚门，小核菌属（图5-37）。

（3）发病规律　主要以菌核在土中越冬，也可在被苗木及被害杂草上越冬，翌年土壤温湿度适宜时菌核萌发产生菌丝体，侵染为害。病菌以菌丝在土中蔓延传播。病害6月上旬开始发生，7~8月为发病盛期，9月基本停止扩张。土质黏重、排水不良、土层浅薄、肥力不足及酸性至中性土壤、苗木生长不良等条件下极易发生，而土壤有机质丰富、含氮量高及偏碱性土壤则发病少。

3. 根腐病类防治措施

（1）清除病株残体，减少初侵染源　如必须在旧林地建果园时，首先要彻底清除树桩、残根、烂皮等带病残体，集中烧毁，以减少来年的初侵染源。

（2）加强栽培管理　实行轮作，合理密植，加强苗床管理，挖沟排水、培育壮苗，提高幼苗的抗病性。

（3）正确选择苗床　育苗时，选择地势较高、深厚肥沃、排水良好、土壤砂性的山脚坡地做苗圃，若平地育苗应推广高床、开深沟、营养钵育苗，并施足基肥。苗床可用1:200倍多菌灵或其他杀菌剂拌成药土盖种。

（4）土壤处理　对于可能带菌的土壤，要妥善进行处理。还要对土壤进行翻晒、晾晒、灌水、增施有机肥，掺沙改粘、种植绿肥等；有条件者可用聚乙烯薄膜覆盖土壤过夏。土壤消毒可用70%甲基托布津800倍液进行消毒，也可撒石灰消毒。

（5）苗木处理　对新栽苗木进行消毒处理，可用70%甲基托布津可湿性粉剂或50%多菌灵可湿性粉剂800倍液、0.5%硫酸铜、50%代森铵水剂1000倍液等浸苗10~15min，清水洗净后种植。初发病时，以1:（30~50）的70%甲基托布津可湿性粉剂与细土拌匀，施于根基，或以50%代森铵500倍液或1:120硫酸铜溶液泼烧或喷雾。

图 5-36　苗木紫纹羽病
1—病根症状　2—病菌的菌丝束
3—病菌的担子　4—病菌的担孢子

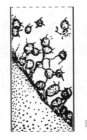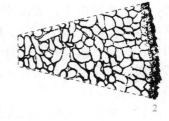

图 5-37　白绢病病原
1—菌核　2—菌核剖面

（二）根癌病

1. 月季根癌病

除为害月季外，还为害菊、大理菊、樱花、夹竹桃、银杏、金钟柏等。

（1）症状　月季根癌病主要发生在根颈处，也可发生在主根、侧根以及地上部的主干和侧枝上。发病初期病部膨大至球形的瘤状物。幼瘤为白色，质地柔软，表面光滑。以后，瘤渐增大，质地变硬，褐色或黑褐色，表面粗糙、龟裂。由于根系受到破坏，发病轻的造成植株生长缓慢、叶色不正常，重则引起全株死亡。

（2）病原　由细菌引起，为根癌土壤杆菌，又名根癌脓杆菌，菌体短杆状，具 1~3 根极生鞭毛。革兰氏染色反应阴性，在液体培养基上形成较厚的、白色或浅黄色的菌膜；在固体培养基上菌落圆而小，稍突起，半透明。发育最适温度为 22℃，最高为 34℃，最低为 10℃，致死温度为 51℃（10min）。耐酸碱度范围为 pH 5.7~9.2，以 pH 7.3 为最适合。

（3）发病规律　病原细菌可在病瘤内或土壤中病株残体上生活一年以上，若两年得不到侵染机会，细菌就会失去致病力和生活力。病原细菌传播主要靠灌溉水和雨水、采条、耕作农具、地下害虫等传播。远距离传播靠病苗和种条的运输。病原细菌从伤口侵入，经数周或一年以上就可出现症状。偏碱性、湿度大的沙壤土发病率较高。连作有利于病害的发生，苗木根部伤口多发病重。

2. 樱花根癌病

感病植株发育不良，叶色不正常，影响观赏。

（1）症状　本病主要发生在根颈处，也可发生在主根、侧根以及地上部的主干和侧枝上。发病初期膨大呈球形的瘤状物。幼瘤为白色，质地柔软，表面光滑，以后，瘤渐增大，质地变硬，褐色或黑褐色，表面粗糙、龟裂。肿瘤的大小形状各异，草本植物上的肿瘤小，木本植物及肉质根的肿瘤更大。根系感病后，发育不良，须根极少。感病植株地上部分生长缓慢，树势衰弱，开花少，花期短，严重时叶片黄花，早落，甚至全株枯死（图5-38）。

（2）病原　病原为细菌，根癌土壤杆菌。

（3）发病规律　病原菌及病瘤存活在土壤中或寄主瘤状物表面，随病组织残体在土壤中可存活一年以上。灌溉水、雨水、采条嫁接、作业农具及地下害虫均可传播病原细菌。带病种苗和种条调运可远距离传播。碱性大、湿度大的沙壤土易发病。连作利于发病。苗木根部有伤口易发病。

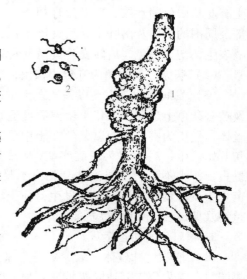

图 5-38　樱花根癌病
1—根颈部被害状　2—病原细菌

3. 根癌病防治措施

（1）加强检疫　对怀疑有病的苗木可用 500~2000mg/kg 链霉素液浸泡 30min 或 1% 硫酸铜液浸泡 5min，清水冲洗后栽植。

（2）苗木处理　苗木栽种前最好用 1% 硫酸铜溶液浸 5~10min，再用水洗净，然后栽植。或利用抗根癌剂（K84）生物农药 30 倍浸根 5min 后定植，或 4 月中旬切瘤灌根。用放射形土壤杆菌菌株 k84 处理种子、插条及裸根苗，浸泡或喷雾，处理过的材料，在栽种前要防止过干。用这种方法可获得较理想防效。

（3）实行床土、种子消毒　对病株周围的土壤可按 50~100g/m² 的用量，撒入硫磺粉消毒。

（4）处理土壤　花木定植前 7~10 天，每亩底肥增施消石灰 100kg 或在栽植穴中施入消石灰与土拌匀，使土壤呈微碱性，有利于防病。

（5）病区消毒或轮作　病土须经热力或药剂处理后方可使用。最好不在低洼地、渍水地、稻田种植花木，或用氯比苦消毒土壤后再种植。病区可实施两年以上的轮作。

（6）细心栽培，避免各种伤口 注意防治地下害虫。因为地下害虫造成的伤口容易增加根瘤病菌侵入的机会。

（7）改变嫁接方法 改劈接为芽接，嫁接用具可用0.5%高锰酸钾消毒。

（8）发病地的治疗 对已发病的轻病株可用抗菌剂402 300倍液浇灌，也可切除癌瘤后用2000mg/kg链霉素或1000mg/kg土霉素或5%硫酸亚铁涂抹伤口。对重病株要拔除，在株间向土面每亩（677m²）撒生石灰100kg，并翻入土表，或者浇灌15%石灰水，发现病株集中销毁。还可用刀具切除癌瘤，然后用尿素涂切除肿瘤部位，据说这种方法在日本已成功。另据报道，用甲冰碘液（甲醇50份、冰酸醋25份、碘片12份）涂瘤有治疗作用。

（三）根结线虫病

1. 柳树根结线虫病

（1）症状 柳树侧根和须根受线虫侵染后，引起根皮及中柱组织细胞畸形生长，形成许多大大小小的根瘤，大的如小黄豆，小的如油菜籽般大小，较大根上的根瘤成结节状，病株根系须根少，新根瘤呈黄白色，然后褐色，最后根系呈褐色腐烂，地上部分生长黄瘦衰弱（图5-39）。

（2）病原 柳树根结线虫病病原为根结线虫属，雌雄异形，雄幼虫虫线状，雌虫梨形、桃形或袋形。

（3）发病规律 除为害柳树外，还可为害泡桐、悬铃木、梓树等。以幼虫在土中或以成虫和卵在根线中越冬。一年可发生数代。

2. 栀子花根结线虫病

（1）症状 小叶栀子花受害最为严重，盆栽及苗圃均会受害。植株地上部分叶色发黄，缺少生机，叶形变小。拔起后可见根上有大小不一的根结，病株根系不发达，生长受阻，剖开根结，可见白色圆形粒状物，即根结线虫虫体。严重时可导致全株发黄变衰死亡。

（2）病原 由南方根结线虫和花生根结线虫侵染所致。雌虫外观梨形，雄虫线形。

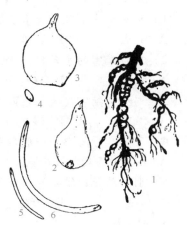

图5-39 根结线虫病
1—为害状 2—雌虫 3—产卵雌虫
4—卵 5—幼虫 6—雄虫

（3）发病规律 线虫在土中越冬，雌虫可存活一年以上，夏季为活动盛期，侵入根部为害。根结线虫分泌消化液刺激根部细胞增多、体积增大而形成根结。根结大小及多少与侵入根部的线虫数量有关。土壤过分干燥可造成大部分线虫死亡。

3. 根结线虫病防治措施

（1）选用无病苗木 引进苗木时剔除病苗，可进一步进行热水处理，把带病的苗木根部浸泡在热水中（水温50℃，浸泡10min；水温55℃，浸泡5min）可杀死线虫而不伤根。同时多施腐熟有机肥，增强树势，增强抗病力。

（2）处理土壤 用克线磷处理土壤；盆土上盆前让烈日暴晒至土壤完全干燥也可灭除土中线虫。

（3）药剂防治 根部撒施克线磷颗粒剂，或用阿维菌素、福气多乳油灌根。

实训19 园林植物枝干与根部病害症状识别

1. 目的要求

熟悉主要园林植物枝干和根部病害的症状，掌握主要病害的症状，原菌形态特征和诊断技术。

2. 材料及用具

枝干和根部病害的盒装标本、浸渍标本、挂图、幻灯片、新鲜发病的植物等。

显微镜、镊子、滴瓶、纱布、放大镜、挑针、刀片、盖玻片、载玻片、清水等。

3. 内容与方法

1）枝干病害症状观察与描述。

2）根部病害症状观察与描述。

4. 实训作业

列表描述所观察枝干病害和根部病害的症状特点、病原类型。

 复习题

1. 填空题

1）花木根部病害的发生与（　　　）的理化性质密切相关。

2）根部病害的预防措施包括：选择适于植物生长的（　　　）条件及改良土壤的（　　　）性质。

3）根部病害的传播途径主要是靠（　　　）、（　　　），病健根接触及（　　　）等。

2. 选择题

1）根部病害病原物大多具有较强的（　　　）能力。

A. 寄生　　　　　　B. 腐生　　　　　　C. 寄生及腐生

2）根部病害的主动传播靠（　　　）等方式。

A. 水　　　　　　　B. 根生长　　　　　C. 菌索

3）与根部病害发生关系最密切的环境因素是（　　　）。

A. 温度　　　　　　B. 湿度　　　　　　C. 土壤

4）下列病原物中，一般不引起根部病害的是（　　　）。

A. 细菌，真菌　　B. 病毒　　　　　　C. 线虫

5）引起兰花白绢病的病原属于（　　　）。

A 真菌　　　　　　B. 细菌　　　　　　C. 病毒

3. 问答题

1）简述苗木猝倒病和立枯病的症状表现。

2）简述樱花根癌病的症状特点及防治方法。

3）简述花木根结线虫病的症状特点及防治方法。

参 考 文 献

[1] 彭素琼，徐大胜. 园林植物病虫害防治 [M]. 成都：西南交通大学出版社，2013.

[2] 康克功，曾晓楠，吴庆丽. 园林植物病虫害防治 [M]. 2 版. 武汉：华中科技大学出版社，2016.

[3] 迟全元. 植物保护技术实训 [M]. 北京：中国农业出版社，2016.

[4] 江世宏. 园林植物病虫害防治 [M]. 重庆：重庆大学出版社，2007.

[5] 迟全元. 园林植物保护 [M]. 北京：机械工业出版社，2013.

[6] 陈啸寅，朱彪. 植物保护 [M]. 3 版. 北京：中国农业出版社，2015.

[7] 张随榜，强磊. 园林植物保护 [M]. 3 版. 北京：中国农业出版社，2015.

[8] 陶振国. 园林植物保护 [M]. 2 版. 北京：中国劳动社会保障出版社，2014.

[9] 万树青. 生物农药及使用技术 [M]. 北京：金盾出版社，2003.

[10] 王江柱，孙双全. 无公害果蔬农药选择与使用教材 [M]. 北京：金盾出版社，2005.

[11] 王丽平，曹洪青，杨树明. 园林植物保护 [M]. 北京：化学工业出版社，2006.

[12] 吴杏霞，胡敦孝. 温室白粉虱、烟粉虱及银叶粉虱的识别 [J]. 北京农业科学，2000，18（增刊）：36-41.

[13] 王瑞灿，孙企农. 园林花卉病虫害防治手册 [M]. 上海：上海科学技术出版社，1999.

[14] 魏岑. 农药混剂研制及混剂品种 [M]. 北京：化学工业出版社，1999.

[15] 武三安. 园林植物病虫害防治 [M]. 3 版. 北京：中国林业出版社，2015.

[16] 李清西，钱学聪. 植物保护 [M]. 北京：中国农业出版社，2002.

[17] 李庆孝，何传据. 生物农药使用指南 [M]. 北京：中国农业出版社，2006.

[18] 李云瑞. 农业昆虫学 [M]. 北京：高等教育出版社，2006.

[19] 费显伟. 园艺植物病虫害防治 [M]. 2 版. 北京：高等教育出版社，2010.

[20] 韩召军. 植物保护学通论 [M]. 2 版. 北京：高等教育出版社，2012.

[21] 葛祖跃. 城市园林绿化植物主要害虫防治技术 [J]. 森林病虫通讯，2004（4）：37-38.

[22] 贺水山，徐瑛，程先锋，等. 木质包装松材线虫溴甲烷熏蒸处理 [J]. 植物保护学报，2005，32（3）：314-318.

[23] 黄宏英，程亚谯. 园艺植物保护概论 [M]. 北京：中国农业出版社，2006.

[24] 黄少彬. 园林植物病虫害防治 [M]. 2 版. 北京：高等教育出版社，2012.

[25] 金波. 园林花木病虫害识别与防治 [M]. 北京：化学工业出版社，2004.

[26] 丁梦然，等. 园林苗圃植物病虫害无公害防治 [M]. 北京：中国农业出版社，2004.

[27] 丁世民，刘玉娥，任有华，等. 城市园林绿地有害生物综合治理浅析 [J]. 广西植保，2003，16（1）：27-31.

[28] 张学哲. 作物病虫害防治学 [M]. 北京：高等教育出版社，2005.

[29] 赵善欢. 植物化学保护 [M]. 3 版. 北京：中国农业出版社，2000.

[30] 杨向黎，杨田堂. 园林植物保护及养护 [M]. 北京：中国水利水电出版社，2007.

[31] 殷培峰，毛建萍，浦冠勤. 美国白蛾的发生规律与综合治理 [J]. 蚕业通报，2005（2）：167-175.

[32] 袁锋. 农业昆虫学 [M]. 3 版. 北京：中国农业出版社，2001.

[33] 袁会珠，徐映明，芮昌辉. 农药应用指南 [M]. 北京：中国农业科学技术出版社，2011.

[34] 张灿峰，吴芸，巨云为，等. 触破式微胶囊防治城市害虫展望 [J]. 城市环境与城市生态，2003（4）：89-91.

[35] 徐秉良，马书智. 百合疫病病原菌的鉴定及培养基的筛选 [J]. 植物保护学报，2005，32（3）：287-290.

[36] 许文耀. 普通植物病理学实验指导 [M]. 北京：科学出版社，2006.

[37] 许志刚. 普通植物病理学 [M]. 3 版. 北京：中国农业出版社，2006.

[38] 李梦楼. 森林昆虫学通论 [M]. 北京：中国林业出版社，2002.

[39] 宋瑞清，董爱荣. 城市绿地植物病害及其防治 [M]. 北京：中国林业出版社，2001.

[40] 夏希纳，丁梦然. 园林观赏树木病虫害无公害防治 [M]. 北京：中国农业出版社，2004.

[41] 岑炳沾，苏星. 景观植物病虫害防治 [M]. 广州：广东科技出版社，2003.

[42] 黄少彬，孙丹萍，朱承美. 园林植物病虫害防治 [M]. 北京：中国林业出版社，2000.

[43] 张中社，江世宏. 园林植物病虫害防治 [M]. 2 版. 北京：高等教育出版社，2010.

［44］郑进，孙丹萍. 园林植物病虫害防治［M］. 北京：中国科学技术出版社，2003.

［45］周尧. 周尧昆虫图集［M］. 郑州：河南科学技术出版社，2002.

［46］宋健英. 园林植物病虫害防治［M］. 北京：中国林业出版社，2005.

［47］迟德富，严善春. 城市绿地园林植物病虫害及防治［M］. 北京：中国林业出版社，2001.

［48］佘德松. 园林植物病虫害防治［M］. 杭州：浙江科学技术出版社，2007.

［49］彭素琼. 常见花木病虫害诊治技术指南［M］. 成都：西南交通大学出版社，2009.

［50］张红燕，石明杰. 园林作物病虫害防治［M］. 北京：中国农业大学出版社，2009.

［51］乔卿梅，史洪中. 药用植物病虫害防治［M］. 北京：中国农业大学出版社，2008.

［52］王善龙. 园林植物病虫害防治［M］. 北京：中国农业出版社，2001.

［53］邱强. 花卉病虫实用原色图谱［M］. 郑州：河南科学技术出版社，2001.

［54］彩万志，庞雄飞，花保祯，等. 普通昆虫学［M］. 2 版. 北京：中国农业大学出版社，2011.

［55］全国农业技术推广服务中心. 植物检疫性有害生物图鉴［M］. 北京：中国农业出版社，2005.

［56］葛祖月. 城市园林绿化植物主要害虫防治技术［J］. 森林病虫通讯，2004（4）：37-38.

［57］罗天相. 城市园林食叶害虫的综合防治措施［J］. 当代生态农业，2004（1）：108-109.

［58］卢希平. 园林植物病虫害防治［M］. 上海：上海交通大学出版社，2004.

［59］朱天辉. 园林植物病理学［M］. 北京：中国农业出版社，2003.

［60］杨子琦，曹华国. 园林植物病虫害防治图鉴［M］. 北京：中国林业出版社，2002.